まえがき

本書はこれから固体物理学を学ぼうとしている大学生のための入門書で，世界的な名著であるキッテル著『固体物理学入門』を読む前の足がかりとしていただきたいと考えています．それゆえ当該原本の内容を尊重し，理解しやすく解説し，固体物理学の知識が読者に伝わるよう努めたつもりです．また分量は大学における講義の 2 単位分を想定し，半期で 14 回分の学習量にとどめました．これを学んだ後，より詳しい内容を深く探求したい場合には，巻末の参考文献に列記した多くの名著が学習者の好奇心を駆り立ててくれると信じています．ぜひ手に取ってみてください．

本書では結晶性固体を対象として，基礎的な物理学と数学の知識があれば十分理解しうる内容としました．固体物理学は量子力学や熱力学，そして統計力学などを用いて議論されますが，そのような箇所には平易な解説を加え，難解な部分は付録に詳述しました．各章の解説は定性的な表現を避け，数式や図表示および実験で得た結果などを用いて定量的かつ簡潔に記述しました．

本書の特徴は，各章や節の目的と議論を明確にするため，各章の冒頭に Key point を，節の初めにはキーワードを示し，本文中の特に重要と思われる項目や専門用語には NOTE を付記して理解しやすいよう配慮したところにあります．また，学習効率の観点から，なるべく例題を取り入れ，数式等の途中計算を省略せずに導出するよう心掛けて丁寧に解説することで，知識の整理と自学自習の一助としていただけると期待しています．

本書が取り扱う結晶は，それを構成する原子が規則的にかつ周期的に秩序配列している固体です．主としてその物理的諸特性は，巨視的には結晶の組織構造に，微視的には構成原子の電子状態，特に最外殻にある不対電子（価電子）によるものです．それらの電子は固体内を運動する際，不純物や格子欠陥との衝突や散乱および場のポテンシャル等との相互作用を考慮しなければなりません．その場合，電子の運動エネルギーがそれらの相互作用エネルギーに比べて十分に大きければ，電子に及ぼす相互作用を無視して自由電子として扱えます．しかし，相互作用が電子の運動に影響する場合には，それらの作用と効果を考慮しなければなりません．しかし実際に結晶内の個々の電子について一つひとつ扱うことは不可能であるので，物質の性質および特性に係わるすべての電子を平均化して1個の電子で代表し，その電子の振る舞いをもって全体の電子の平均化された運動として捉えます．

本書は以下に示すように，第Ⅰ部では最初に固体結晶全体について巨視的な観点から概観し，その後，第Ⅱ部では固体電子の物理的な性質について量子力学および熱力学や統計力学を用いて微視的な視点から議論するよう構成しました．第1章では固体物質全般の物性を概説し，物質の波動性と粒子性の考え方を示し，第2章と第3章で結晶格子とその逆格子の意味を述べました．第4章では固体物質の形成について解説し，第5章と第6章では固体電子によるエネルギー・バンドについて議論しました．第7章以降の各章で具体的な物質の性質について解説しました．

最後に，筆者らがこれまで研究や若手の指導に従事してくることができたのは，東海大学における教育研究環境のおかげだと思っています．この場をお借りして，改めて感謝いたします．最後に，本書を出版する機会をいただいた共立出版株式会社の木村邦光さんならびに中川暢子さん，河原優美さんをはじめ関係者の方々にお礼を申し上げます．

2021年9月

監修者・著者　一同

目　次

第I部　固体物理学の基礎

付　録

第 I 部
固体物理学の基礎

第 1 章

固体物質

Key point　物質の形態と特徴

表 1.1　物質の状態と構造的概念ならびに特性.

状態・形態	特 徴	組織構造	特性（形式表示の一例）
固 体 固形粉体	原子間もしくは分子間の結合が強い.	結晶（単結晶・多結晶）： 固体を構成する原子分子が全体として規則的に周期的に配列している. 非晶質（アモルファス）：原子分子が部分的に規則配列していても全体として無秩序.	シュレーディンガー方程式 1 次元の場合 $-\dfrac{\hbar^2}{2m}\dfrac{d^2\phi}{dx^2}+U\phi=E\phi$ $\phi=\phi(x)$：時間に依存しない状態関数 E：状態関数の固有値 U：結晶中の全ポテンシャルエネルギー
液 体 形をもたない	原子間もしくは分子間の結合が固体ほど強くない.	液体を構成する原子分子の配列が部分的に規則的であっても全体として無秩序.	流体の連続方程式 $\dfrac{\partial\rho}{\partial t}+div(\rho\boldsymbol{u})=0$ $\rho=\rho(\boldsymbol{r},t)$：質量密度関数 $\boldsymbol{r}=\boldsymbol{r}(x,y,z)$：位置ベクトル $\boldsymbol{u}$：ベクトル場
気 体 形をもたない ［理想気体：ボイル・シャルルの法則が成り立つ］	原子間もしくは分子間の結合が液体よりも弱い.	気体を構成する粒子（原子または分子）の配列が全体にわたって無秩序.	ボルツマン方程式 $\dfrac{\partial f}{\partial t}+\boldsymbol{v}\cdot grad\,f+\alpha\cdot grad\,f=\left(\dfrac{\partial f}{\partial t}\right)_{coll}$ f：気体粒子の分布関数 $\boldsymbol{\alpha}=\dfrac{d\boldsymbol{v}}{dt}$：加速度 $\boldsymbol{v}=\boldsymbol{v}(x,y,z)$：速度ベクトル

Key point　エネルギー・バンドの形成

個々の原子間距離が大きく互いに相互作用をもたない孤立原子状態（気体）の場合，原子内の電子は $K(1s)$，$L(2s, 2p)$，$M(3s, 3p, 3d)$，$\cdots$ などの電子軌道を占有し固有のエネルギー準位を作っている．これらの各原子間の距離 R が狭まり，原子間相互作用が現われはじめると，原子は互いにエネルギー準位の高い軌道間の交わりを生じ，エネルギー準位に広がりをもつようになる（図 1.1）．さらに原子間距離 R が狭くなり状態の転移を生じる限界距離 R_0 以下になると，各原子は凝集して固体を形成する．この状態ではエネルギー準位の高い最外殻電子から低い方へと軌道の交わりをもち，エネルギー準位の重なりが生じる．この重なりによりエネルギー・バンドがつくられる．固体のエネルギー・バンドは金属，半導体および絶縁体等において，それぞれ物質固有のバンドを形成する．

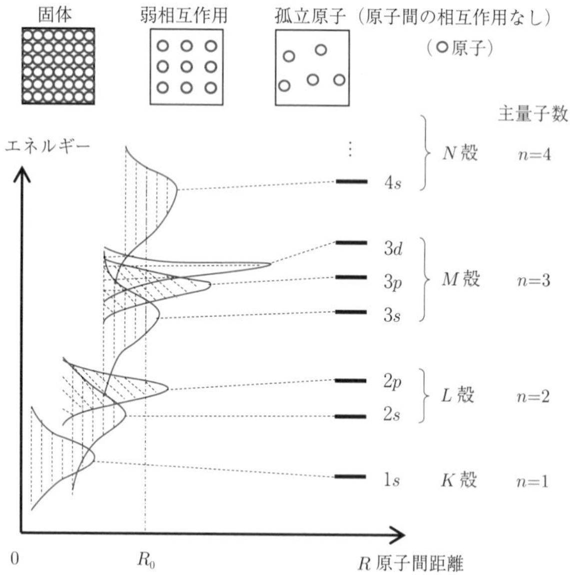

図 1.1　原子間距離をパラメータとする孤立原子状態から凝集状態への模式図．

1.1 固体の概念

キーワード ●結晶 ●アモルファス ●電気伝導 ●磁化 ●熱伝導

1.1.1 固体の構造

固体は多原子・分子が凝集し結合して，固有の組織構造（相）を形成している物質であり，その性質は原子・分子の結合の仕方による．結合の仕方は結合力の強い順にイオン結合，共有結合，金属結合，分子結合で与えられる．

このように多原子・分子の凝集した集合体は組織構造を形成する．すなわち，固体を構成している原子（またはイオン）が規則的に周期的に配列して空間をつくっているとき，これを結晶という．特に，結晶内のすべての原子が固体全体にわたって，ある特定の方向に向かって規則配列しているものは単結晶とよばれる．これに対して小さな結晶粒が集合して1つの固体をつくっているものは（粉末結晶を含めて）多結晶という．一般に日常的に使っている生活用品は多結晶であるが，装飾品などに用いられるダイヤモンドは単結晶である．単結晶は天然に存在するものと人工的につくられたものがある．

ガラスのような無定形微細粒の集合体や原子配列が不規則で無秩序な構造の固体は非晶質（アモルファス）とよばれ，結晶とは異なる性質を有する．また，アモルファスは，液体や気体の原子配列が不規則で無秩序であることから，これらと類似した構造の特別な固体と考えられる．

固体の電気的磁気的性質，熱力学，弾性力学および光学などの物理的な諸特性は主に結晶構造とともに，組成原子の最外殻の電子状態によって特徴づけられる．結晶内で隣接する原子間の電子軌道は互いに重なりや電子交換などによりエネルギー・バンドを形成し，物理的特性に関与している．ただし，電子状態は孤立原子状態と固体状態（例えば，Feの孤立原子と金属状態）とでは異なる．このことは与えられた物理的条件のもとで，固体内の各原子・電子がエネルギー的に最も低く安定した結晶構造と電子状態を形成するためである．

1.1.2 電気的性質

物質の電気伝導特性は，オームの法則により物質に与える電流密度を j（もしくは電流 J_e）とし，物質に作用する電場の強さを E（もしくは電圧 V），物質の電気伝導度を $\sigma(=1/\rho;\ \rho$ 抵抗率）および電気抵抗を R とすると，

$$j = \sigma E = \frac{E}{\rho} \text{ もしくは } J_e = \frac{V}{R} \tag{1.1}$$

の関係で与えられる．電気伝導度は金属で大きく，酸化物などのセラミクスでは小さい．また，電気伝導度は温度 T や圧力 P によって変化する性質があるが，通常，σ に対する圧力の効果は温度の効果に比べて十分小さいので無視される．

NOTE 1.1

物質の電気伝導度 (σ) の温度 (T) 特性

表 1.2　各物質の電荷の担体と電気伝導度．

物 質	電気伝導度 $\sigma(T)$	担体（キャリア）
金属	低温の場合 $\sigma \propto \frac{1}{T}$ 高温の場合 $\sigma \propto \frac{1}{T^5}$	電子
イオン化合物	$\sigma = \sigma_0 \exp\left(-\frac{Q}{k_B T}\right)$	イオン
半導体	$\sigma = q_e n_e \mu_e + q_h n_h \mu_h$	電子あるいは正孔
酸化物（セラミクス）	金属と半導体の両者の伝導性を示し，一般式では表せない	ポーラロン

ただし，n_e は電子密度（物質の単位体積当たりの電子数），n_h は正孔密度．

$$n_e = 2\left(\frac{2\pi m k_B T}{h^2}\right)^{\frac{3}{2}} \exp\left(\frac{E_F - E_c}{k_B T}\right),\ n_h = 2\left(\frac{2\pi m k_B T}{h^2}\right)^{\frac{3}{2}} \exp\left(\frac{E_v - E_F}{k_B T}\right)$$

q_e, q_h：電子と正孔の電荷量 $(-e, +e)$，σ_0：イオンの固有移動度，Q：活性化エネルギー，μ_e：電子の移動度，μ_h：正孔の移動度，m：担体の質量，h：プランク定数，k_B：ボルツマン定数，E_F：フェルミ・エネルギー，E_c：伝導帯の最下端のエネルギー，E_v：価電子帯の最上端のエネルギー．

1.1.3　磁気的性質

物質に磁場を作用すると磁化する．この磁化の仕方は物質によってさまざまである．物質に作用する磁場の強さを H，磁化の大きさを I とすると

$$I = \chi H \tag{1.2}$$

の関係で表せる．上式の係数 χ は磁化率もしくは磁気的感受率とよばれる物質固有の値であり，次のように分類される．

$1 \ll \chi$ ・・・ 強磁性体（フェロ磁性，フェリ磁性）

$0 < \chi < 1$ ・・・ 弱磁性体（常磁性，反強磁性）

$-1 \leq \chi < 0$ ・・・ 反磁性体

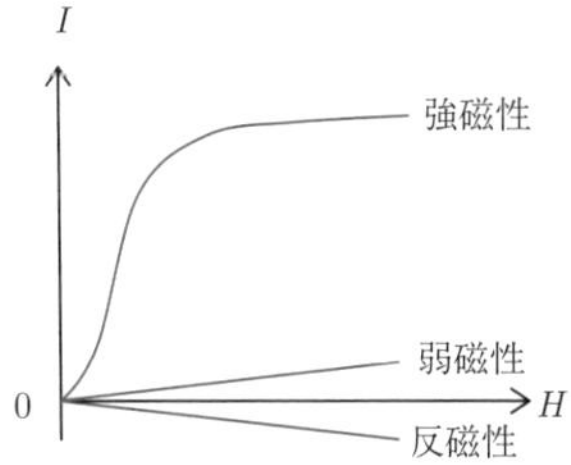

図 1.2 物質の磁化特性.

式 (1.2) による物質の磁化特性の概略を図 1.2 に示す．物質の磁化は式 (1.2) に示す作用磁場中での物質固有の磁化率 χ によるが，本来，磁化の起源は主に物質の組成原子の不対電子スピンおよびバンド構造による．物質の磁性に関与する 1 原子当たりの有効磁気モーメントを M とし，単位体積当たりの磁性原子の数を $N(=1/V,\ V$ は物質の体積) とすると，磁化 I は

$$I = NM \tag{1.3}$$

で与えられ，物質の単位体積当たりの磁気モーメントの大きさで定義される．磁気モーメントとは，原子 1 個を“磁石”とみなし，その原子磁石の強さを意味する．磁化は温度に対して非常に敏感であり，ある温度を境に性質がまったく変わってしまう（磁気変態点）．このことから物質の磁性を調べることは，与えられた条件のもとで，磁気モーメントを追求することになる．

1.1.4 熱的性質

熱伝導性は金属物質では良好だが，セラミクスなどの絶縁体では悪い．これは熱伝導を担っているのは電気伝導と同じ電子の移動によるからである．物質の熱伝導特性を表す熱伝導度 κ は

$$\kappa = \sigma T \tag{1.4}$$

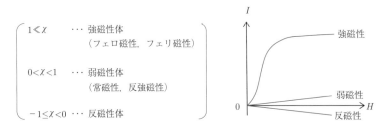

で与えられ，ウィーデマン－フランツの法則とよばれる．ただし，σ は電気伝導度である．式 (1.4) から電気伝導と熱伝導が対応していることがわかる．物質の熱伝導測定は難しいが，式 (1.4) によりその電気伝導度を求めて κ の値を得ることができる．

NOTE 1.2

物質の性質と測定パラメータ（T, P, V, E, H）

表 1.3 物質の物理的性質.

T = 温度, P = 圧力, V = 体積, E = 電場, H = 磁場

性 質	測定量	関係する要素
構 造	格子定数, 原子配列	T, P
力 学	弾性定数, 歪応力	T, P, 結晶構造
熱力学	比熱, 潜熱, 熱伝導, 拡散, 欠陥	T, P, V, 結晶構造
電気的	電気伝導度（比抵抗）, 分極率, 光反射率, 熱電能	E, T, P, 結晶構造, 光子エネルギー
磁気的	磁気モーメント（磁化）, 磁化率, 磁気光学効果, 磁気構造	H, T, P, 結晶構造
誘電的	分極率, 誘電率, 光吸収	T, E, 結晶構造, 光子エネルギー

1.2 物質波

キーワード　●物質の二重性　●ド・ブロイ波

古典力学（ニュートン力学）でのエネルギーや運動量などの物理量は, 量子力学ではそれらに対応する演算子で表示し, その固有値もしくは期待値とよばれる量で与えられる. このことの背景には物質が粒子と波動の両方の性質（二重性）を有する量子という見方にある. 例えば, 電子の運動は波動方程式（シュレーディンガー方程式）で表され, その運動エネルギーは方程式の固有値で与えられ, 電子の運動状態は固有値に対応する固有関数で示される.

量子力学の形式にはシュレーディンガー表示, ハイゼンベルグ表示およびこの両者の中間の相互作用表示がある. シュレーディンガーはド・ブロイ波（物質波）に着目し, 波の連続性に基づく波動方程式を打ち立てた（1926 年）. 一方, ハイゼンベルグは粒子性から出発してマトリックス力学（不連続性）を基底にしている（1925 年）. 結果としてこの両者の視点は違うが結論は一致している. このことは物質の粒子性と波動性の二重性を意味している.

物質の粒子と波動の二重性について理論的実験的検証と, その統一に至る歴

物質の波動性
回折現象:ヤング(1803年)
:ラウエ(1912年)

物質の粒子性
黒体輻射:プランク(1900年)
光電効果:アインシュタイン(1904年)
コンプトン効果:コンプトン(1923年)

質量 m の粒子が速度 v で運動するとき,粒子としての運動量 $p=mv$ とそれに対応する波動(波長 λ)と関係づけられる. ——ド・ブロイ(1924)

$$p=mv \quad \Leftrightarrow \quad p=\frac{h}{\lambda}=\hbar k$$

ただし, $\hbar=\dfrac{h}{2\pi}$ (h=プランク定数), $k=\dfrac{2\pi}{\lambda}$ (k=波数)

図 1.3 波動性と粒子性の関係.

史の流れの概略を図 1.3 に示す.

1.3 原子の電子状態

キーワード ●ボーア原子模型

1.3.1 ボーアの量子仮説

ボーアは原子の構造を量子論的に説明する目的で 2 つの仮説をたてた.

[I] ボーアの量子条件:電子軌道の安定条件

原子内にはいくつかの安定した電子軌道(円軌道)があり,それらの運動量は $\hbar$ の整数倍で与えられ,かつ電子が軌道上を等速円運動しているとして,

$$mrv = n\hbar \qquad (n = 1, 2, 3, \cdots) \tag{1.5}$$

の関係で示される.この条件を満たす電子軌道は安定である.ただし,n は電子軌道の番号で,数字が大きいほど軌道半径も大きくなる.m は電子の質量,v は電子軌道上の運動速度,r は電子の円軌道の半径である.

定常状態では,電子は古典力学に従って運動する.そこで定常状態における電子の円軌道の半径を求めてみる.電子の円運動は力学的な遠心力と,核と電子の静電気的なクーロン力との力のつり合いで維持される.

$$mr\omega^2 = \frac{Ze^2}{4\pi\varepsilon_0 r^2} \tag{1.6}$$

ここで $\omega(=v/r)$ は電子軌道上の角加速度，ε_0 は真空中の誘電率，Z は原子番号，e は電荷量（電子は負の値）である．ただし，式 (1.6) は遠心力を正の向きとし，核と電子間のクーロン引力を負の向きにとるものとする．式 (1.6) の右辺は式 (1.5) を用いると

$$mr\omega^2 = mr\left(\frac{v}{r}\right)^2 = mr\left(\frac{n\hbar/mr}{r}\right)^2 = \frac{n^2\hbar^2}{mr^3} \tag{1.7}$$

と書ける．式 (1.6) と式 (1.7) より n 番目の軌道半径は次式で表される．

$$r_n = \frac{4\pi\varepsilon_0\hbar^2}{Ze^2m}n^2 \qquad (n = 1, 2, 3, \cdots) \tag{1.8}$$

[II]　ボーアの振動数条件：原子から放出される光の振動数

原子内の電子が定常状態にあって，エネルギー準位 E_n から $E_m\,(<E_n)$ へ遷移するとき，原子はそのエネルギー差 $(E_n - E_m)$ に見合ったエネルギーの光子を放出する．

$$E_n - E_m = h\nu_{nm} \tag{1.9}$$

上式の右辺の ν_{nm} は原子から放出される光の振動数である（図 1.4）．これらボーアの量子仮説は，フランク – ヘルツの実験によって証明された．

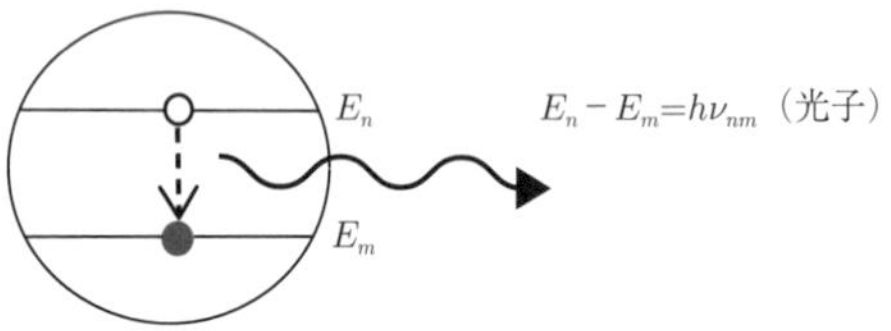

図 1.4　原子内の電子遷移による光子の放出．

1.3.2　ボーアの原子模型

水素原子（原子番号 $Z=1$）は原子核（電荷 $+e$）を中心に，1 個の電子（質量 m，電荷 $-e$）が半径 r の円軌道上を等速円運動していると考えられている．これはボーアの原子模型といわれ，電子の運動エネルギーは電子軌道半径 r をパラメータとして求められる．以下に定常状態における水素原子の電子軌道エネルギーを与えられた条件に基づいて求めてみる．

(i) 電子は核に束縛されている．先述したように電子の円運動は，核を中心に力学的な遠心力と静電気的なクーロン引力とのつり合いによるものである．

水素原子は $Z=1$ であるから式 (1.6) より次のように書ける．

$$m\frac{v^2}{r} = \frac{1}{4\pi\varepsilon_0}\frac{e^2}{r^2} \tag{1.10}$$

(ii) 水素原子の電子にはたらく全エネルギー E は，電子の運動エネルギーと核－電子間の静電ポテンシャルとの和である．

$$E = \frac{1}{2}mv^2 - \frac{1}{4\pi\varepsilon_0}\frac{e^2}{r} \tag{1.11}$$

式 (1.11) は式 (1.10) を用いて

$$E = -\frac{1}{4\pi\varepsilon_0}\left(\frac{e^2}{2r}\right) \tag{1.12}$$

と書ける．上式の右辺の負符号は引力エネルギーを意味する．ここでボーアの量子条件（仮説 1）の式 (1.5) を導入して，式 (1.10) で与えた水素原子の電子軌道半径 r_n を求めると

$$r_n = \frac{4\pi\varepsilon_0\hbar^2}{me^2}n^2 \qquad (n = 1, 2, 3, \cdots) \tag{1.13}$$

を得る．したがって定常状態の電子軌道エネルギー準位は，式 (1.12) と式 (1.13) より

$$E_n = -\frac{me^4}{(4\pi\varepsilon_0)^2\,2\hbar^2}\frac{1}{n^2} \qquad (n = 1, 2, 3, \cdots) \tag{1.14}$$

と得られる．上式からエネルギー準位はそれを示す指数 n の 2 乗に逆比例することがわかる．特に，上式の右辺が負符号であることに注意されたい．このことは定常状態における電子の円軌道のエネルギー準位が低い（n の数値が小さい，すなわち原子核に近い軌道）ほどポテンシャル・エネルギーは深く，状態は安定することを意味する．このエネルギー準位の指数 n は電子が入る殻（セル）のエネルギー準位を指定するもので主量子数とよばれる（図 1.5）．

NOTE 1.3

ボーア半径とエネルギー準位

式 (1.13) より $n = 1$ の電子軌道半径 r_1 は $r_1 \equiv a_0 = 5.29 \times 10^{-11}$ [m] である．この半径 a_0 は定常状態の最も安定した電子軌道半径であり，ボーア半径とよばれている．式 (1.14) で $n = 1$ のときのエネルギー準位 $E_1 = -2.18 \times 10^{-18}$ [J] を基底状態という．

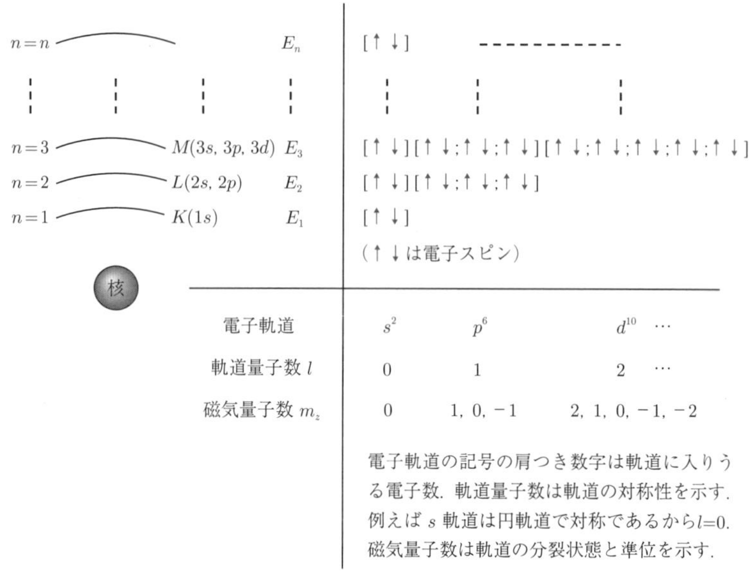

図 1.5　原子内電子（スピン）の配置．
磁気量子数 $m_z = l, l-1, \cdots, 0, \cdots, -l$，軌道角運動量量子数 $l = 0, 1, 2, \cdots$，全スピン量子数 $S = \sum_i s_i$，全軌道角運動量量子数 $L = \sum_z l_z$，全角運動量量子数 $J = |L \mp S|$．
通常，「… 角運動量量子数」は省略して「… 量子数」とよぶ．例えば，軌道角運動量量子数は軌道量子数とする．ただし，演算子は「… 角運動量演算子」とよぶ（角運動量演算子は付録B参照）．

NOTE 1.4
パウリの排他律

1925 年にパウリによって提唱された原理で，「同一の量子数の状態には 2 個の電子が入ることは許されない」というものである．この原理によると，1 つの電子軌道に電子が入る場合，スピンの向きを考慮に入れて（↑↓）の 2 個までである．

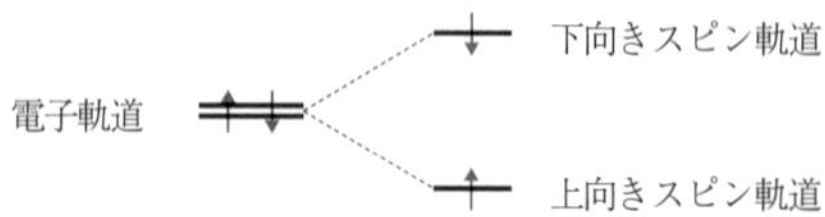

（1 つの電子軌道は↑と↓の電子スピン軌道が縮重している．電子スピンについては付録 B を参照）

1.3.3 電子配置

先述のボーアの原子模型を使って原子内の電子配置を調べてみよう．図1.5は原子内の電子軌道と電子スピンの配置の概略を示したものである．原子は核を中心に電子が入りうる殻（セル）があり，それらは核に近い方から順に $K, L, M, N, O, P, \cdots$ なる記号で表され，各殻には $K(1s)$，$L(2s, 2p)$，$M(3s, 3p, 3d)$，$\cdots$，などで記される固有の電子軌道で構成され，電子（スピン）はパウリの排他律に従って配列している．例えば s 軌道には1つの電子軌道があり，スピンを考慮して↑と↓の2個の電子を収容できる．p 軌道には3つの電子軌道があり，電子は↑と↓のスピンを考慮すると6個入りうる．

このように各軌道に電子を入れる場合，フントの規則に従ってエネルギー準位の低い方から順番につめていく．

NOTE 1.5

フントの規則

原子はエネルギー的に基底状態にあるとき最も安定した状態である．この基底状態は電子配置で与えられる．与えられた状態において次の条件を満たすとき，原子は最低エネルギー状態にある．

① 不完全殻における電子スピン配列は，全スピンの大きさ S を最大とする配置

$$S = \sum_i s_i \quad (i \text{ は不対電子の数})$$

② 上記 ① で決まったスピン配列とパウリの排他律の許す範囲内で全軌道角運動量量子数 L を最大にする軌道配置

$$L = \sum_z m_z \quad (m_z : z \text{ 個の磁気量子数})$$

一例として，表1.4に $3d$ 遷移金属イオンの $3d$ 軌道の電子スピン配置がフントの規則に従って示されている．M 殻 $(n = 3)$ の最外殻の $3d$ 軌道は最大（電子数 z）10個の電子を収容できる．

表 1.4　$3d$ 遷移金属イオンの軌道とスピン状態（最低項）.

m_z ＼ z	1	2	3	4	5	6	7	8	9	10
2	↑	↑	↑	↑	↑	↑↓	↑↓	↑↓	↑↓	↑↓
1		↑	↑	↑	↑	↑	↑↓	↑↓	↑↓	↑↓
0			↑	↑	↑	↑	↑	↑↓	↑↓	↑↓
−1				↑	↑	↑	↑	↑	↑↓	↑↓
−2					↑	↑	↑	↑	↑	↑↓
S	1/2	1	3/2	2	5/2	2	3/2	1	1/2	0
L	2	3	3	2	0	2	3	3	2	0
J	3/2	2	3/2	0	5/2	4	9/2	4	5/2	0
イオン	Sc^{2+} Ti^{3+} V^{4+}	Ti^{2+} V^{3+} Cr^{4+}	V^{2+} Cr^{3+} Mn^{4+}	Cr^{2+} Mn^{3+}	Mn^{2+} Fe^{3+}	Fe^{2+} Co^{3+}	Co^{2+}	Ni^{2+}	Cu^{2+}	Zn^{2+}

1.4　価電子

キーワード　●電子配置　●価電子帯

原子内の最外殻に不対電子がある場合，この不対電子をその原子の価電子という．価電子は物質の性質を支配する重要な役割をもっている．固体はこのような不対電子をもつ多原子の統一ある集合体であり，各原子の価電子は集団となって価電子帯（バンド）を形成する（第 6 章参照）．図 1.6 は孤立原子の価電子状態の概念図を示したものである．

例えば Ni の場合，孤立原子状態での電子配位は Ni($3d^8$, $4s^2$) であるが，金属の固体状態では Ni($3d^9$, $4s^1$) となり，$3d$ 軌道に 1 個と $4s$ 軌道に 1 個の不対電子をもつ．このことから Ni 金属の価電子数は 2 と数えられる．この場合，電子軌道の詰め方はフントの規則に従い，パウリの排他原理を満たす．通常，$3d$

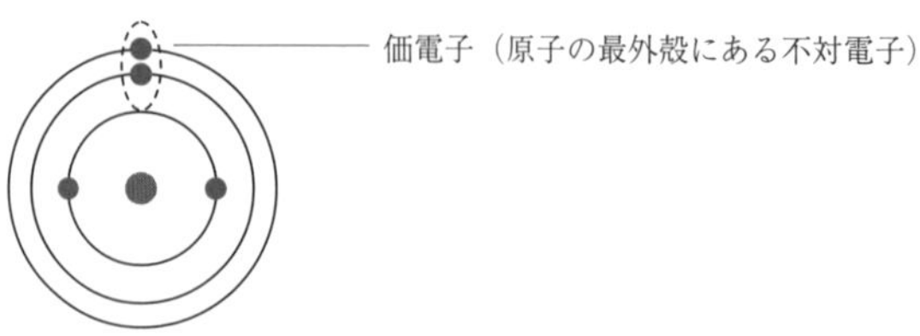

図 1.6　原子の最外殻にある不対電子とその価電子の概念図.

遷移金属は 2 価の価電子を有している．表 1.5 に周期表の各原子の価電子と原子価および第 1 イオン化電位（単位は eV）について，また，表 1.6 には各原子の基底状態における最外殻の電子配位について示す．ここで原子価はその原子が何個の原子と結合しうるかを表す数である．第 1 イオン化電位は基底状態にある 1 個の原子（もしくは分子，イオン）から電子を 1 個取り去るのに必要なエネルギー（イオン化エネルギー）である．

NOTE 1.6

古典物理と量子力学の基底エネルギーの意味

エネルギー準位 E_n は添字の n で準位付けする．n は古典物理では $n = 0, 1, 2, \cdots,$ のように $E_0 = 0$ を基底準位にとる．量子力学では n を量子数といい，$n = 1, 2, 3, \cdots,$ のように E_1 から準位付けし，基底準位は $E_0 \neq 0$ である（第 5 章参照）．

表 1.5　周期表における原子の価電子，原子価，イオン化電位.

価電子 —— $^{6}_{8}O^{6+}_{2-}$ 原子価（1 個の原子が他の原子と結合できる手の数）
13.6
原子番号　第1イオン化電位[eV]

	1	2	3	4	5	6	7	8	9
	Ia	IIa	IIIb	IVb	Vb	VIb	VIIb	VIII	VIII
1	$^{1}_{1}H^{1+}_{1-}$ 13.6								
2	$^{1}_{3}Li^{1+}$ 5.4	$^{2}_{4}Be^{2+}$ 9.3							
3	$^{1}_{11}Na^{1+}$ 5.1	$^{2}_{12}Mg^{2+}$ 7.6							
4	$^{1}_{19}K^{1+}$ 4.3	$^{2}_{20}Ca^{2+}$ 6.1	$^{2}_{21}Sc^{3+}$ 6.5	$^{2}_{22}Ti^{4+}_{3+}$ 6.8	$^{2}_{23}V^{5+}_{4+}$ 6.7	$^{2}_{24}Cr^{6+}_{3+}$ 6.8	$^{2}_{25}Mn^{4+}_{2+}$ 7.4	$^{2}_{26}Fe^{3+}_{2+}$ 7.9	$^{2}_{27}Co^{3+}_{2+}$ 7.9
5	$^{1}_{37}Rb^{1+}$ 4.2	$^{2}_{38}Sr^{2+}$ 5.7	$^{2}_{39}Y^{3+}$ 6.2	$^{2}_{40}Zr^{4+}$ 6.6	$^{1}_{41}Nb^{5+}$ 6.8	$^{1}_{42}Mo^{6+}_{4+}$ 7.1	$^{2}_{43}Tc^{7+}$ 7.3	$^{1}_{44}Ru^{4+}$ 7.4	$^{1}_{45}Rh^{3+}$ 7.5
6	$^{1}_{55}Cs^{1+}$ 3.9	$^{2}_{56}Ba^{2+}$ 5.2	57	$^{2}_{72}Hf^{4+}$ 6.8	$^{2}_{73}Ta^{5+}$ 7.9	$^{2}_{74}W^{6+}_{4+}$ 8.0	$^{2}_{75}Re^{7+}$ 7.9	$^{2}_{76}Os^{4+}$ 8.7	$^{2}_{77}Ir^{4+}$ 9.1
7	$^{1}_{87}Fr^{1+}$	$^{2}_{88}Ra^{2+}$ 5.3	71 89	$^{2}_{57}La^{3+}$ 5.6	$^{2}_{58}Ce^{3+}_{4+}$ 5.5	$^{2}_{59}Pr^{3+}_{4+}$ 5.5	$^{2}_{60}Nd^{3+}$ 5.5	$^{2}_{61}Pm^{3+}$ 5.6	$^{2}_{62}Sm^{3+}_{2+}$ 5.6
			103	$^{2}_{89}Ac^{3+}$ 5.2	$^{2}_{90}Th^{4+}$ 6.1	$^{2}_{91}Pa^{3+}_{4+}$ 5.9	$^{2}_{92}U^{3+}_{4+}$ 6.2	$^{2}_{93}Np^{3+}_{4+}$ 5.8	$^{2}_{94}Pu^{3+}_{4+}$ 6.1

表 1.5 周期表における原子の価電子，原子価，イオン化電位（つづき）．

	10	11	12	13	14	15	16	17	18
	VIII	Ib	IIb	IIIa	IVa	Va	VIa	VIIa	0
1									$^{2}_{2}He^{0}$ 24.6
2				$^{3}_{5}B^{3+}$ 8.3	$^{4}_{6}C^{4+}_{4-}$ 11.3	$^{5}_{7}N^{5+}_{3-}$ 14.5	$^{6}_{8}O^{6+}_{2-}$ 13.6	$^{7}_{9}F^{7+}_{1-}$ 17.4	$^{8}_{10}Ne^{0}$ 21.6
3				$^{3}_{13}Al^{3+}$ 6.0	$^{4}_{14}Si^{4+}_{4-}$ 8.2	$^{5}_{15}P^{5+}_{3-}$ 10.5	$^{6}_{16}S^{6+}_{2-}$ 10.4	$^{7}_{17}Cl^{7+}_{1-}$ 13.0	$^{8}_{18}Ar^{0}$ 15.8
4	$^{2}_{28}Ni^{2+}$ 7.6	$^{1}_{29}Cu^{2+}_{1-}$ 7.7	$^{2}_{30}Zn^{2+}$ 9.4	$^{3}_{31}Ga^{3+}$ 6.0	$^{4}_{32}Ge^{4+}_{4-}$ 7.9	$^{5}_{33}As^{5+}_{3+}$ 9.8 $3-$	$^{6}_{34}Se^{6+}_{2-}$ 9.8	$^{7}_{35}Br^{7+}_{1-}$ 11.8	$^{8}_{36}Kr^{0}$ 14.0
5	$^{0}_{46}Pd^{2+}$ 8.3	$^{1}_{47}Ag^{1+}$ 7.6	$^{2}_{48}Cd^{2+}$ 9.0	$^{3}_{49}In^{3+}$ 5.8	$^{4}_{50}Sn^{4+}_{4-}$ 7.3	$^{5}_{51}Sb^{5+}_{3-}$ 8.6	$^{6}_{52}Te^{6+}_{4+}$ 9.0 $2-$	$^{7}_{53}I^{7+}_{5+}$ 10.5 $1-$	$^{8}_{54}Xe^{0}$ 12.1
6	$^{1}_{78}Pt^{2+}$ 9.0	$^{1}_{79}Au^{1+}$ 9.2	$^{2}_{80}Hg^{2+}$ 10.4	$^{3}_{81}Tl^{3+}_{1+}$ 6.1	$^{4}_{82}Pb^{4+}_{2-}$ 7.4	$^{5}_{83}Bi^{5+}_{3-}$ 7.3	$^{6}_{84}Po_{2-}$ 8.4	$^{7}_{85}At$ 9.2	$^{8}_{86}Rn^{0}$ 10.8
7	$^{2}_{63}Eu^{3+}$ 5.7	$^{2}_{64}Gd^{3+}$ 6.2	$^{2}_{65}Tb^{3+}$ 5.9	$^{2}_{66}Dy^{3+}$ 5.9	$^{2}_{67}Ho^{3+}$ 6.0	$^{2}_{68}Er^{3+}$ 6.1	$^{2}_{69}Tm^{3+}$ 6.2	$^{2}_{70}Yb^{3+}$ 6.3	$^{2}_{71}Lu^{3+}$ 5.4
	$^{2}_{95}Am^{3+}_{4+}$ 6.0	$^{2}_{96}Cm$ 6.0	$^{2}_{97}Bk$ 6.2	$^{2}_{98}Cf$ 6.3	$^{2}_{99}Es$ 6.4	$^{2}_{100}Fm$ 6.5	$^{2}_{101}Md$ 6.6	$^{2}_{102}No$ 6.7	$^{3}_{103}Lr$ 4.9

表 1.6　原子の基底状態における最外殻の電子配置.

	1	2	3	4	5	6	7	8	9
	Ia	IIa	IIIb	IVb	Vb	VIb	VIIb	VIII	VIII
1 K	^{1}H $1s^1$								
2 L	^{3}Li $2s^1$	^{4}Be $2s^2$							
3 M	^{11}Na $3s^1$	^{12}Mg $3s^2$							
4 N	^{19}K $4s$	^{20}Ca $4s^2$	^{21}Sc $3d$ $4s^2$	^{22}Ti $3d^2$ $4s^2$	^{23}V $3d^3$ $4s^2$	^{24}Cr $3d^5$ $4s$	^{25}Mn $3d^5$ $4s^2$	^{26}Fe $3d^6$ $4s^2$	^{27}Co $3d^7$ $4s^2$
5 O	^{37}Rb $5s$	^{38}Sr $5s^2$	^{39}Y $4d$ $5s^2$	^{40}Zr $4d^2$ $5s^2$	^{41}Nb $4d^4$ $5s$	^{42}Mo $4d^5$ $5s$	^{43}Tc $4d^5$ $5s^2$	^{44}Ru $4d^7$ $5s$	^{45}Rh $4d^8$ $5s$
6 P	^{55}Cs $6s$	^{56}Ba $6s^2$	57	^{72}Hf $4f^{14}$ $5d^2$ $6s^2$	^{73}Ta $4f^{14}$ $5d^3$ $6s^2$	^{74}W $4f^{14}$ $5d^4$ $6s^2$	^{75}Re $4f^{14}$ $5d^5$ $6s^2$	^{76}Os $4f^{14}$ $5d^6$ $6s^2$	^{77}Ir $4f^{14}$ $5d^7$ $6s^2$
7 Q	^{87}Fr $7s$	^{88}Ra $7s^2$	71 89	^{57}La $5d$ $6s^2$	^{58}Ce $4f$ $5d$ $6s^2$	^{59}Pr $4f^3$ $6s^2$	^{60}Nd $4f^4$ $6s^2$	^{61}Pm $4f^5$ $6s^2$	^{62}Sm $4f^6$ $6s^2$
			103	^{89}Ac $6d$ $7s^2$	^{90}Th – $6d^2$ $7s^2$	^{91}Pa $6d^3$ $7s^2$	^{92}U $5f^3$ $6d$ $7s^2$	^{93}Np $5f^4$ $6d$ $7s^2$	^{94}Pu $5f^6$ $7s^2$

表 1.6 原子の基底状態における最外殻の電子配置（つづき）.

10	11	12	13	14	15	16	17	18
VIII	Ib	IIb	IIIa	IVa	Va	VIa	VIIa	0
								^{2}He $1s^2$
			^{5}B $2s^2\,2p$	^{6}C $2s^2\,2p^2$	^{7}N $2s^2\,2p^3$	^{8}O $2s^2\,2p^4$	^{9}F $2s^2\,2p^5$	^{10}Ne $2s^2\,2p^6$
			^{13}Al $3s^2\,3p$	^{14}Si $3s^2\,3p^2$	^{15}P $3s^2\,3p^3$	^{16}S $3s^2\,3p^4$	^{17}Cl $3s^2\,3p^5$	^{18}Ar $3s^2\,3p^6$
^{28}Ni $3d^8$ $4s^2$	^{29}Cu $3d^{10}$ $4s$	^{30}Zn $3d^{10}$ $4s^2$	^{31}Ga $4s^2\,4p$	^{32}Ge $4s^2\,4p^2$	^{33}As $4s^2\,4p^3$	^{34}Se $4s^2\,4p^4$	^{35}Br $4s^2\,4p^5$	^{36}Kr $4s^2\,4p^6$
^{46}Pd $4d^{10}$ –	^{47}Ag $4d^{10}$ $5s$	^{48}Cd $4d^{10}$ $5s^2$	^{49}In $5s^2\,5p$	^{50}Sn $5s^2\,5p^2$	^{51}Sb $5s^2\,5p^3$	^{52}Te $5s^2\,5p^4$	^{53}I $5s^2\,5p^5$	^{54}Xe $5s^2\,5p^6$
^{78}Pt $5d^9$ $6s$	^{79}Au $5d^{10}$ $6s$	^{80}Hg $5d^{10}$ $6s^2$	^{81}Tl $6s^2\,6p$	^{82}Pb $6s^2\,6p^2$	^{83}Bi $6s^2 6p^3$	^{84}Po $6s^2\,6p^4$	^{85}At $6s^2\,6p^5$	^{86}Rn $6s^2\,6p^6$
^{63}Eu $4f^7$ $6s^2$	^{64}Gd $4f^7$ $5d$ $6s^2$	^{65}Tb $4f^9$ $6s^2$	^{66}Dy $4f^{10}$ $6s^2$	^{67}Ho $4f^{11}$ $6s^2$	^{68}Er $4f^{12}$ $6s^2$	^{69}Tm $4f^{13}$ $6s^2$	^{70}Yb $4f^{14}$ $6s^2$	^{71}Lu $4f^{14}$ $5d$ $6s^2$
^{95}Am $5f^7$ $7s^2$	^{96}Cm $5f^7$ $6d$ $7s^2$	^{97}Bk	^{98}Cf	^{99}Es	^{100}Fm	^{101}Nd	^{102}No	^{103}Lr

第 2 章

結晶

Key point　結晶とアモルファスの特徴

◇ 単結晶と多結晶

結晶は原子あるいはイオンが規則的にかつ周期的に秩序配列している固体と定義される．構造的には 7 つの結晶系と 14 種の格子型（ブラベイ格子）に分類され，単結晶と多結晶として存在する．

・単結晶は原子あるいはイオンが固体全体にわたって 1 つの方向に向けて規則的に周期的に配列している．
・多結晶は原子やイオンがいろいろな方位配列をもった結晶粒の組織的な集合体である．ただし，集合体を構成する一つひとつの結晶粒は単結晶と同じである．

◇ アモルファス（非晶質）

アモルファス物質の原子は局所的に規則配列していても，全体としては無秩序である．アモルファスの代表的な形態を図 2.1 に示す．

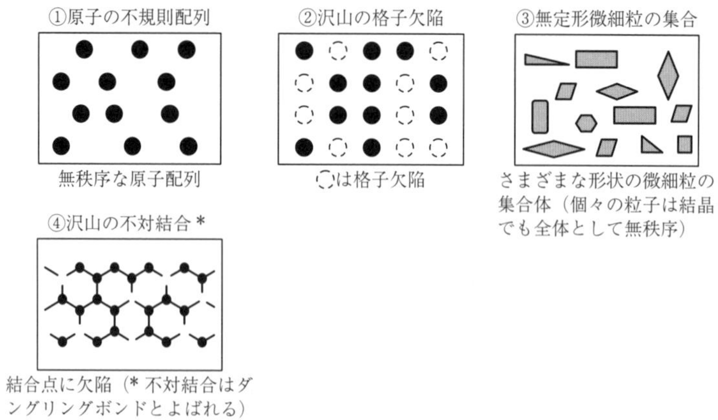

図 2.1　代表的な非晶質の形態.

2.1 結晶構造

キーワード ●ブラベイ格子 ●格子定数 ●原子配列面 ●格子点

2.1.1 格子模型と格子定数

結晶は原子が規則的に周期的に配列している空間であるが，その構造にはいろいろな形がある．しかし構造の図形を具体的に描くことは実際上極めて困難であり，もし図形が描けたとしても結晶構造を理解するのに難しい．

そこで結晶を構成している原子の位置を点で表し，結晶空間を骨格模型で組み立てると，結晶構造を理解するのに便利である．この結晶構造の骨格模型を格子といい，結晶を格子座標系で表して，原子の所在位置は格子点とよび指数 $(u\ v\ w)$ で指定する．一般に座標指数 $(u\ v\ w)$ は正負の整数，分数およびそれらの混合であってもよい．例えば，合金結晶のように母体結晶の格子間に別の金属原子が入り込むと，その点の座標 $(u\ v\ w)$ は整数と分数の混合指数になる場合もある．もしこの格子空間の中に立ってみることができれば，原子が規則的に周期的に配列した空間が見られるであろう．したがって格子空間の原点は，どこを選んでも周囲の状況はすべて同じであるから，任意に決めてよい．いったん原点を決めると，各格子点の座標は一義的に決まってしまう．

図 2.2 は最も基本的な単純立方格子の原子の配置と 2 次元格子模型である．赤丸は格子点の原子を意味する．実際の結晶では図 2.2(a) のように格子軸上の最近接間の原子と原子は直接結合している．しかし，3 次元空間を描くのは困難であるので，図 2.2(b) のように格子模型（骨格模型）を用いて座標表示する．

図 2.3 は 1 辺の長さが a（格子定数）の面心立方結晶の 2 次元模型とその格

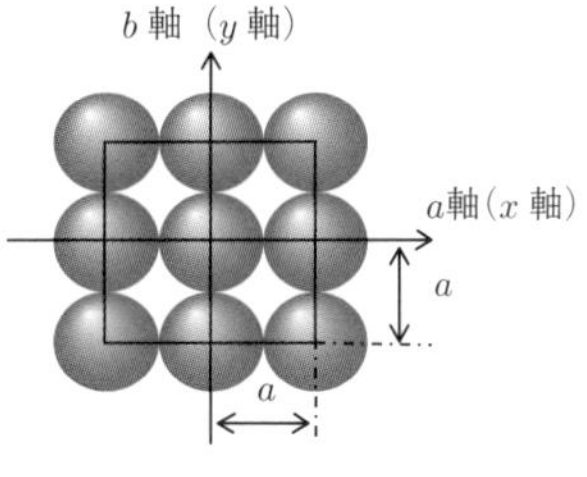

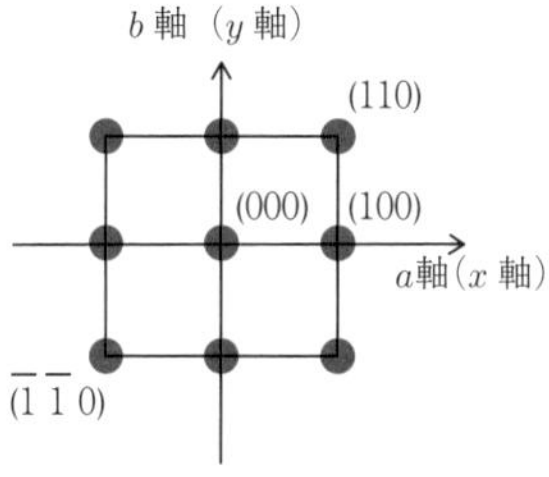

図 2.2 2 次元単純立方格子の模型の座標表示例．負の値は数字の頭に − を付記する．

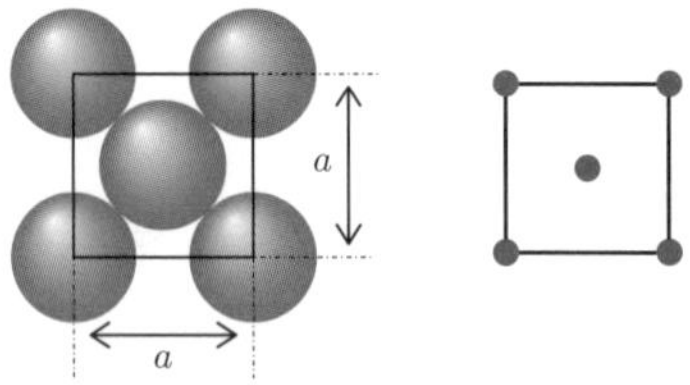

図 2.3　面心立方結晶の 2 次元模型と格子定数.

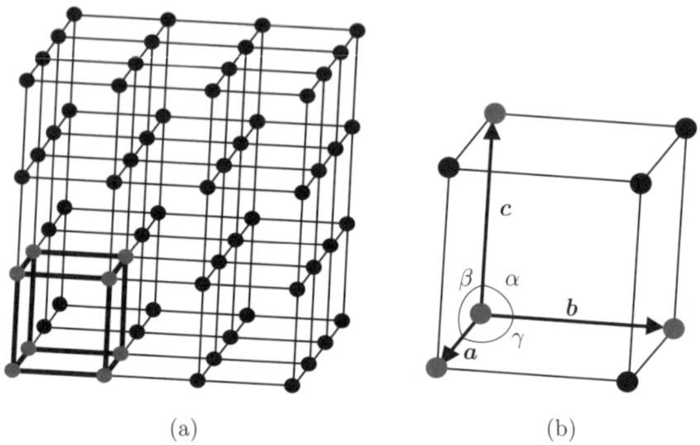

図 2.4　仮想の単純立方結晶の格子模型（太線部分は単純立方の単位格子）(a) と，その格子定数 (b). $\boldsymbol{a}, \boldsymbol{b}, \boldsymbol{c}$ は格子の単位ベクトル，α, β, γ は格子軸間の角度.

子図である．以下に述べる格子定数は，必ずしも原子と原子の接している距離ではないことに注意されたい．

図 2.4 (a) は仮想の結晶空間を格子模型で描いたものである．結晶空間を表すには図の太線部分の格子を並進操作すれば，結晶全体を描写できる．このように図の太線部分は結晶構造の基本細胞であり，結晶の単位格子もしくは単位細胞とよばれる．この単位格子は結晶構造を規定する 3 つの基本ベクトル $(\boldsymbol{a}, \boldsymbol{b}, \boldsymbol{c})$ で与えられる．単位格子ベクトルのスカラーは格子定数とよばれる結晶構造のパラメータ $(a, b, c; \alpha, \beta, \gamma)$ を意味する．ただし，ベクトル $(\boldsymbol{a}, \boldsymbol{b}, \boldsymbol{c})$ は結晶空間を描く格子座標系の基本格子ベクトルであり，直交座標系の単位ベクトル $(\boldsymbol{e}_x, \boldsymbol{e}_y, \boldsymbol{e}_z)$ とは必ずしも一致しないことに注意されたい．例えば，図 2.5 に示すように，単純三斜晶 $(a \neq b \neq c; \alpha \neq \beta \neq \gamma \neq 90^\circ)$ の基本格子軸は直交座標軸と一致しない．

先述の単純立方格子の格子定数は $a = b = c; \alpha = \beta = \gamma = 90^\circ$ である．この条件を図 2.4(b) の単位格子に当てはめると，直交座標 (x, y, z) の各軸と基本格子 (a, b, c) の各軸は対応することがわかる．また，格子定数 a は原点と隣接

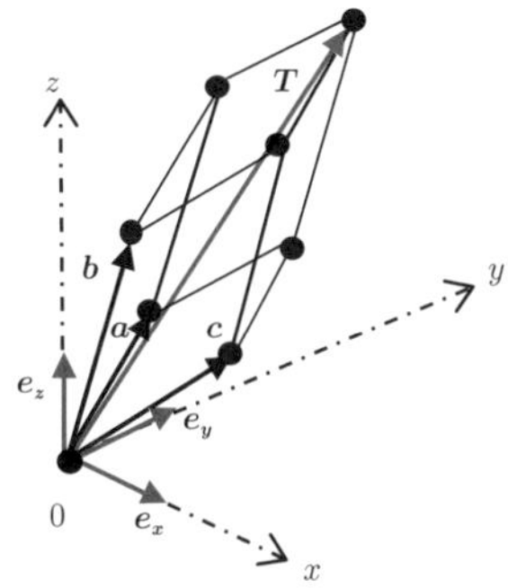

図 2.5 単純三斜晶 ($a \neq b \neq c; \alpha \neq \beta \neq \gamma \neq 90°$). 直交座標の単位ベクトル ($\boldsymbol{e}_x, \boldsymbol{e}_y, \boldsymbol{e}_z$) と結晶の単位格子ベクトル ($\boldsymbol{a}, \boldsymbol{b}, \boldsymbol{c}$) の概念図.

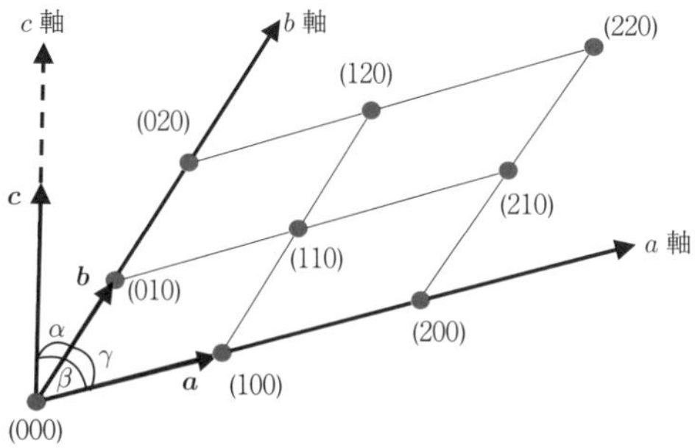

図 2.6 単純三斜晶ブラベイ格子の 2 次元格子模型. 括弧の数値は格子点の座標 ($u\ v\ w$). (c 軸は紙面上方の破線)

の格子点との距離を意味する. 例えば格子定数 a を単位として, 図の a 軸上の格子点の座標は (100) と表記する. b 軸上の点であれば (010) と表記する. また, 立方体の対角線の正方向の格子点は (111) などと表記する. もし, 格子点が負の座標を含む場合, 例えば ($\bar{1}11$) のように, 頭に棒記号をつける. このようにいろいろな結晶系の構造とそれを表記する格子定数の関係が付録 G に示されている. 現在, 地球上に存在するいろいろな形の結晶構造は, 7 つの結晶系のどれかに分類される. 結晶系はさらに 14 種類の基本型に分類され, これらはブラベイ格子とよばれる (付録 G 参照). 図 2.6 は単純三斜晶の 2 次元ブラベイ格子を例示したものである.

例題 2.1

図 2.5 の単純三斜晶において，格子点 (111) の結晶軸ベクトル $\boldsymbol{T}$ を格子ベクトルで表示し，かつ直交座標系で表せ．

解説

与えられた格子点が (111) であるから，$\boldsymbol{T}$ は単位ベクトル $(\boldsymbol{a}, \boldsymbol{b}, \boldsymbol{c})$ を用いて

$$\boldsymbol{T} = u\boldsymbol{a} + v\boldsymbol{b} + w\boldsymbol{c} = \boldsymbol{a} + \boldsymbol{b} + \boldsymbol{c} \tag{2.1}$$

と書ける．次に，直交座標表示に書き換える．そのため直交座標における各結晶軸の成分表示する．

$$\left.\begin{array}{l} \boldsymbol{a} = a_x\boldsymbol{e}_x + a_y\boldsymbol{e}_y + a_z\boldsymbol{e}_z \\ \boldsymbol{b} = b_x\boldsymbol{e}_x + b_y\boldsymbol{e}_y + b_z\boldsymbol{e}_z \\ \boldsymbol{c} = c_x\boldsymbol{e}_x + c_y\boldsymbol{e}_y + c_z\boldsymbol{e}_z \end{array}\right\} \tag{2.2}$$

式 (2.2) を式 (2.1) に適用して整理すると

$$\boldsymbol{T} = \boldsymbol{a}+\boldsymbol{b}+\boldsymbol{c} = (a_x+b_x+c_x)\boldsymbol{e}_x+(a_y+b_y+c_y)\boldsymbol{e}_y+(a_z+b_z+c_z)\boldsymbol{e}_z \tag{2.3}$$

と得られる．

2.1.2 格子方向

結晶はその成長軸や結晶軸の方向によって物性に差異を生じる場合がある．そのため格子方向を指定する必要がある．図 2.7 の体心立方格子を例に挙げて，格子方向を検討してみよう．

体心点に着目してこの点を通る格子軸（結晶軸）を考える．原点および体心点の座標は (000)，$\left(\frac{1}{2}\frac{1}{2}\frac{1}{2}\right)$ であるから，この 2 点を通る格子軸を［　］で示すと $\left[\frac{1}{2}\frac{1}{2}\frac{1}{2}\right]$ である．このように［　］を用いて $[u\ v\ w]$ は格子の方向指数を意味する．ここで格子方向の対称性を考えてみよう．$\left[\frac{1}{2}\frac{1}{2}\frac{1}{2}\right]$ 軸は同時にこの軸上に乗るすべての格子点に共通であり，また回転対称が成り立つ．例えば図 2.7

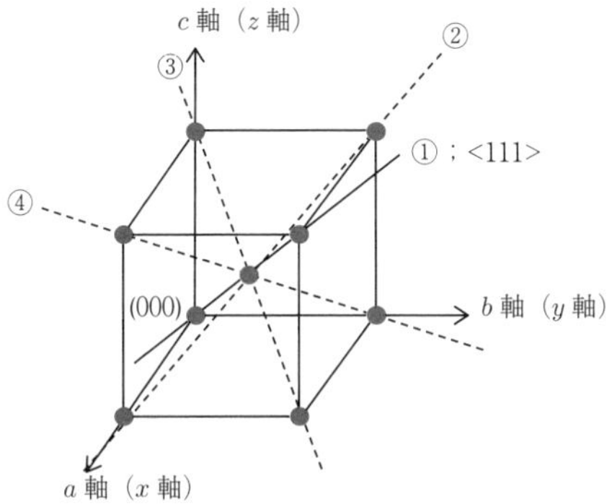

図 2.7 体心立方格子の方向指数 $[u\ v\ w]$ とその代表表示 $\langle u\ v\ w\rangle$（図中実線）．
① [111]，② $[1\bar{1}\bar{1}]$，③ $[\bar{1}\bar{1}1]$，④ $[1\bar{1}1]$；代表表示 $\langle 111\rangle$

の場合，$\left(\frac{1}{2}\frac{1}{2}\frac{1}{2}\right)$，(111)，$\left(\frac{3}{2}\frac{3}{2}\frac{3}{2}\right)$，$\cdots$，$\left(\frac{\bar{1}}{2}\frac{\bar{1}}{2}\frac{\bar{1}}{2}\right)$，$(\bar{1}\bar{1}\bar{1})$，$\cdots$ などである．これらの指数の正の整数で最小指数は (111) である．そこでこの点を通る格子軸を，それらすべての代表軸として [111] と表す．このように，その格子点の乗る軸を格子方向といい，格子軸はそれらの格子点の座標の最小整数値を [ ] で囲むことによって表す．

さらに，図中の体心点を通る立方格子軸 ① ～④ はすべて対称性が成り立つので同種の軸とみなせる．そこで，この 4 本の格子軸を代表して $\langle 111\rangle$ 軸と表示する．このように結晶の方位方向は，その代表軸を選んで $\langle u\ v\ w\rangle$ 軸と表示すればよい．

2.1.3 結晶構造と格子点の数

結晶は原子が規則的に周期的に配列した空間であるから，その構造を知るには結晶全体の格子点を表す必要はない．構造を表すのに必要な最小限の格子点を指定しさえすれば，それらを並進操作によって空間全体に拡張することで結晶全体をつくり出せる．この最小限の格子点の数 N_c は次式で与えられる．

$$N_c = N_b + \frac{N_f}{2} + \frac{N_s}{8} \tag{2.4}$$

ただし，上式において，N_b は単位格子の内部に含まれる原子の数である．N_f は単位格子の面に乗っている原子の数であり，分母の 2 は面上の原子が隣の単位格子と共有しているので，2 で割り算する．N_s は単位格子の格子端にある原子の数であり，分母の 8 は格子点の原子が 8 個の単位格子と共有しているので

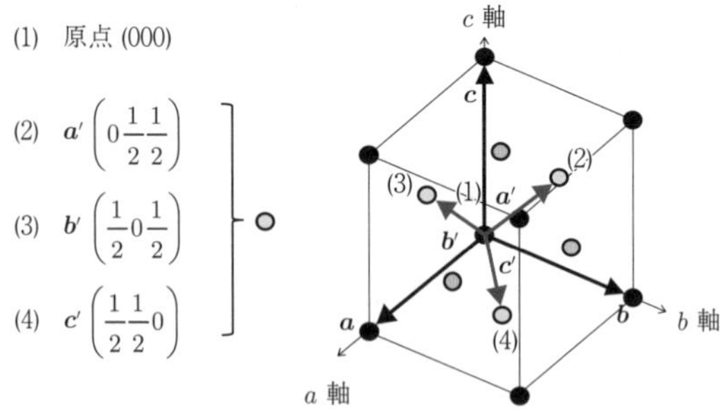

図 2.8　面心立方格子の基本並進ベクトル $(\boldsymbol{a}', \boldsymbol{b}', \boldsymbol{c}')$ とその座標点 (1),(2),(3),(4).

8 で割り算することを意味している．式 (2.4) により求めた N_c 個の原子がその結晶を表すのに必要最小限の個数であり，この座標を表示すれば結晶の全体像は明らかになる．

例題 2.2

面心立方格子をつくるのに必要な格子点の数 N_c とその座標を示せ．

解説

図 2.8 で明らかなように，面心立方格子の単位格子は内部に原子をもたないから $N_b = 0$ である．格子面は 6 面で各面の中心に 1 個の原子が配置し $N_c = 6$，また，格子端の原子は全部で $N_s = 8$ 個である．これらの値を式 (2.4) に代入すると

$$N_c = 0 + \frac{6}{2} + \frac{8}{8} = 3 + 1 \tag{2.5}$$

である．これより，3 箇所の面心点と 1 箇所の格子端を決めればよいことがわかる．次に，3 + 1 個の座標を求める．まず，手続きとして，格子端を原点 (1)(000) にとり，この原点の原子に隣接する 3 個の格子点を選ぶ．すなわち，(b, c) 面上の点 (2)，(a, c) 面上の点 (3)，(a, b) 面上の点 (4) をとる．これらの各座標は図 2.8 にまとめて付記してある．

2.1.4　基本並進格子ベクトル

結晶は 3 次元空間をつくる 3 本の単位格子ベクトル $\boldsymbol{a}, \boldsymbol{b}, \boldsymbol{c}$ で与えられる．その結晶格子は，任意に選んだ格子座標系の原点に最隣接する原子のうち，空間

的な対称性を考慮して3次元格子をつくる3個の格子点を選び，原点から引いた格子ベクトルを基本に並進操作を行うことで組み立てることができる．このように原点に最隣接する格子点への3本の基本ベクトルを基本並進ベクトルと定義し，それぞれベクトル $(\boldsymbol{a}', \boldsymbol{b}', \boldsymbol{c}')$ で表す（図2.8）．

例として図2.8の面心立方格子の場合，選んだ3個の面心点に対して，原点から直線で結ぶと，互いに直交する3本の格子ベクトルが得られる．この3本の格子ベクトルは基本並進ベクトル $(\boldsymbol{a}', \boldsymbol{b}', \boldsymbol{c}')$ である．ここで図中のベクトル $(\boldsymbol{a}', \boldsymbol{b}', \boldsymbol{c}')$ のとり方に注意されたい．面心立方格子の基本並進ベクトルは，図より単位格子ベクトルを用いて次のように表せる．

$$\left.\begin{aligned}
\boldsymbol{a}' &= \frac{1}{2}\boldsymbol{b} + \frac{1}{2}\boldsymbol{c} = \frac{1}{2}(\boldsymbol{b} + \boldsymbol{c}) \\
\boldsymbol{b}' &= \frac{1}{2}\boldsymbol{a} + \frac{1}{2}\boldsymbol{c} = \frac{1}{2}(\boldsymbol{a} + \boldsymbol{c}) \\
\boldsymbol{c}' &= \frac{1}{2}\boldsymbol{a} + \frac{1}{2}\boldsymbol{b} = \frac{1}{2}(\boldsymbol{a} + \boldsymbol{b})
\end{aligned}\right\} \tag{2.6}$$

それゆえ，これらのベクトルをもとに並進操作を実行することにより面心立方格子の結晶が組み立てられる．この基本並進ベクトルは，後章に示すエネルギー・バンドの形成に重要となる．

例題 2.3

体心立方格子に必要な格子点の数とその基本並進ベクトルを示せ．

解説

格子点の数は，式 (2.4) により $N_c = 4$ である．基本並進ベクトルは格子模型に示す．図2.9に示されている基本並進ベクトルは，式 (2.2) を用いて

$$\left.\begin{aligned}
\boldsymbol{a}' &= -\frac{1}{2}\boldsymbol{a} + \frac{1}{2}\boldsymbol{b} + \frac{1}{2}\boldsymbol{c} = \frac{1}{2}(-\boldsymbol{a} + \boldsymbol{b} + \boldsymbol{c}) = \frac{1}{2}(-a\boldsymbol{e}_x + b\boldsymbol{e}_y + c\boldsymbol{e}_z) \\
\boldsymbol{b}' &= \frac{1}{2}\boldsymbol{a} - \frac{1}{2}\boldsymbol{b} + \frac{1}{2}\boldsymbol{c} = \frac{1}{2}(\boldsymbol{a} - \boldsymbol{b} + \boldsymbol{c}) = \frac{1}{2}(a\boldsymbol{e}_x - b\boldsymbol{e}_y + c\boldsymbol{e}_z) \\
\boldsymbol{c}' &= \frac{1}{2}\boldsymbol{a} + \frac{1}{2}\boldsymbol{b} - \frac{1}{2}\boldsymbol{c} = \frac{1}{2}(\boldsymbol{a} + \boldsymbol{b} - \boldsymbol{c}) = \frac{1}{2}(a\boldsymbol{e}_x + b\boldsymbol{e}_y - c\boldsymbol{e}_z)
\end{aligned}\right\} \tag{2.7}$$

と書ける．ここで，立方格子の格子定数は $a = b = c; \alpha = \beta = \gamma = 90^\circ$ であるから，格子定数を a で代表すると，上式は

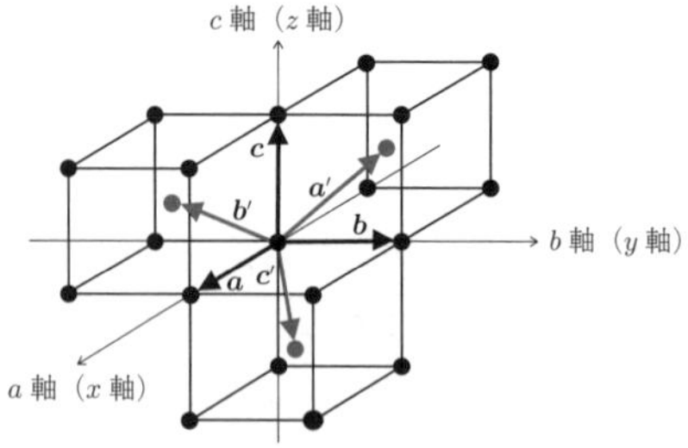

図 2.9 体心立方格子の基本並進ベクトル $(\boldsymbol{a}', \boldsymbol{b}', \boldsymbol{c}')$ と
その座標点 (000), $\left(\frac{\bar{1}}{2}\frac{1}{2}\frac{1}{2}\right)$, $\left(\frac{1}{2}\frac{\bar{1}}{2}\frac{1}{2}\right)$, $\left(\frac{1}{2}\frac{1}{2}\frac{\bar{1}}{2}\right)$.

$$\left.\begin{aligned} \boldsymbol{a}' &= \frac{a}{2}(-\boldsymbol{e}_x + \boldsymbol{e}_y + \boldsymbol{e}_z) \\ \boldsymbol{b}' &= \frac{a}{2}(\boldsymbol{e}_x - \boldsymbol{e}_y + \boldsymbol{e}_z) \\ \boldsymbol{c}' &= \frac{a}{2}(\boldsymbol{e}_x + \boldsymbol{e}_y - \boldsymbol{e}_z) \end{aligned}\right\} \tag{2.8}$$

となる.

例題 2.4

NaCl イオン結晶は，+1 価のアルカリ金属イオン Na^{+1} と −1 価のハロゲンイオン Cl^{-1} イオンとの化合物である．これらの各イオン対は立方晶をつくっている．次の各問に答えよ．

(1) NaCl 結晶の単位格子を図に描け．ただし，格子定数は a とする．

(2) Na^{+1} および Cl^{-1} 各イオンの座標 $(u\ v\ w)$ を示せ．

(3) 並進操作について調べよ．

解説

(1) 図 2.10 は NaCl 結晶の単位格子である．図は Na^{+1} イオンを○，Cl^{-1} イオンを●で示してある．Na^{+1} イオンを原点とすると，Na^{+1} イオンは面心立方の配置にあることがわかる．このことは Cl^{-1} イオンについても同じであるので，NaCl 結晶は面心立方晶である．NaCl 単位格子は 2 種類のイオンで構成されており複雑であるので，図 2.11 のように単位格子の 1／8 を切り出して基本格子とした方がわかりやすい．この格子は副格子とよばれる．

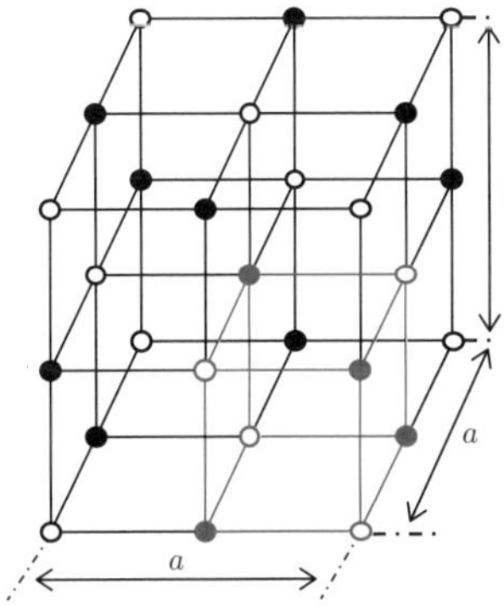

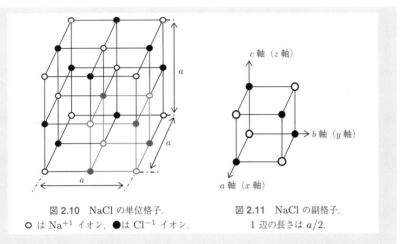

図 **2.10**　NaCl の単位格子.
○ は Na^{+1} イオン，●は Cl^{-1} イオン.

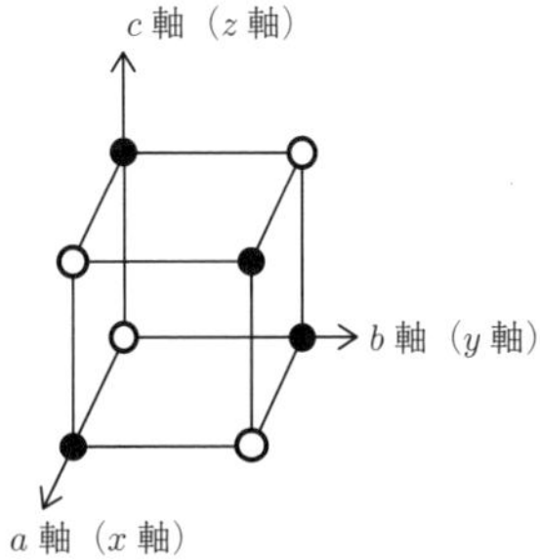

図 **2.11**　NaCl の副格子.
1 辺の長さは $a/2$.

(2) NaCl 結晶の各イオンの座標は副格子で与えられる.

イオン	$(u\ v\ w)$			
Na^{+1}	(000)	$\left(\frac{1}{2}\frac{1}{2}0\right)$	$\left(\frac{1}{2}0\frac{1}{2}\right)$	$\left(0\frac{1}{2}\frac{1}{2}\right)$
Cl^{-1}	$\left(\frac{1}{2}00\right)$	$\left(0\frac{1}{2}0\right)$	$\left(00\frac{1}{2}\right)$	$\left(\frac{1}{2}\frac{1}{2}\frac{1}{2}\right)$

(3) NaCl 結晶は面心立方晶であるから，(2) の Na^{+1} イオンの (000) 点と Cl^{-1} イオンの $\left(\frac{1}{2}\frac{1}{2}\frac{1}{2}\right)$ 点を基本座標に選べば並進操作により，(2) の副格子の座標点が決まる.

2.1.5　原子配列面と面間隔

原子が規則的にかつ周期的に並んでいる配列面を考える．原子配列面は結晶構造のみならず，後章で扱うエネルギー・バンドを考察するのに大切である.

この原子配列面はミラー指数とよばれ，この指数を $(h\ k\ l)$ 面と表示する．結晶内において $(h\ k\ l)$ 面と平行な面はたくさん描くことができる．そこで同じ $(h\ k\ l)$ で与えられる面と面の間隔は d で表す．例えば，格子定数 a の立方格子の場合，ミラー指数 $(h\ k\ l)$ の面間隔は代数幾何学の手法により

$$\frac{1}{d^2} = \frac{h^2 + k^2 + l^2}{a^2} \tag{2.9}$$

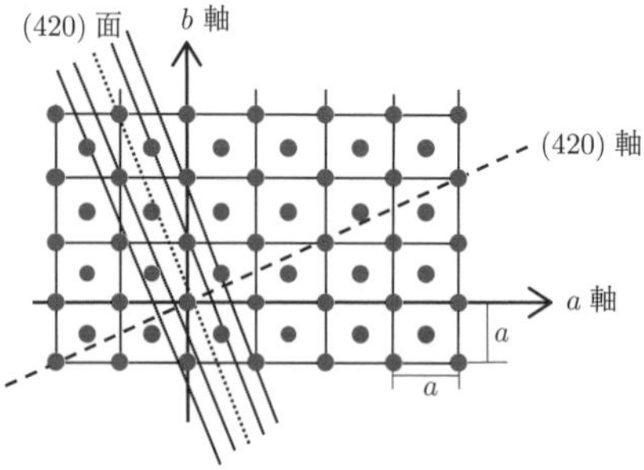

図 2.12　面心立方格子の 2 次元模型とミラー指数 (420).
（格子定数 a を単位とする）

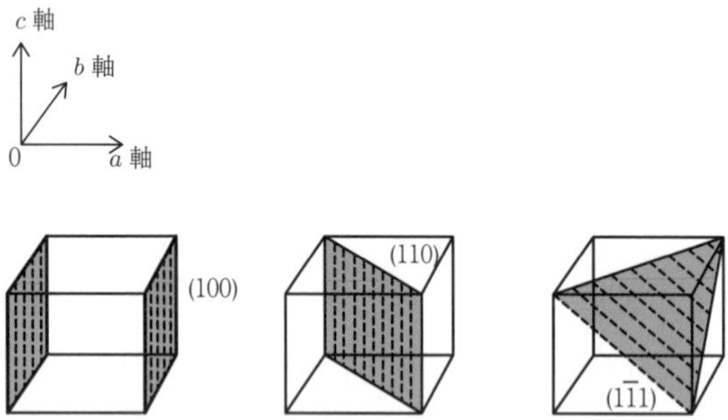

図 2.13　立方格子のミラー指数 (100)，(110)，(1$\bar{1}$1).

で得られる．すなわち，ミラー指数 $(h\ k\ l)$ は格子軸（結晶軸）$[u\ v\ w]$ を原点で垂直に切断する原子配列面であり，かつ式 (2.9) の面間隔で周期的に張られる原子配列面はすべて同じミラー指数である．図 2.12 は面心立方格子の 2 次元模型である．図中，(420) 軸（破線）を原点で垂直に切断する (420) 面（点線）が (420) 軸に対する原子配列面すなわちミラー指数を意味する．(420) 面の面間隔は，式 (2.9) より格子定数 a を単位にとると $d(420) = 0.2236$ である．したがって原点を通る (420) 面と平行で間隔 0.2236 の周期で張られる原子配列面はすべて同じミラー指数である．この場合，(210) の整数倍の面と重なってくる．

ミラー指数の意味する原子配列面の基本例を図 2.13 に示してある．図の見方として破線で描かれている原子配列面と平行で原点を通る面を付加して解釈すればよい．

2.2 X線回折

キーワード ●X線回折 ●干渉 ●ブラッグの法則 ●ミラー指数

きれいに表面加工した金属板ターゲットに，加速した電子を照射すると波長の非常に短い電磁波，すなわちX線が放出される．この場合，ターゲットから放出されるX線はさまざまな波長が含まれている．このように，連続的にさまざまな波長を含んでいるものを白色X線という．白色X線に適切なフィルターを用いて単色化することができる．ターゲットの原子番号をZとすると，フィルターには原子番号$Z-1$の薄い金属板が用いられる．実際，Cu(29)ターゲットにはNi(28)フィルターが使用されている．単色化されたX線は単色X線とよばれ，固有スペクトルである．このことは白色光に対して適当なフィルターを用いて所望の単色光にするのと同じ考えである．単色光は回折格子を用いて光の干渉現象を知ることができる．単色X線の波長は結晶格子間隔とほぼ同じであることから，結晶解析に用いることができる．

図2.14は結晶のX線回折の原理を示したものである．波長λの単色X線1，2が面間隔dの原子配列面に対して角度θで入射し，同一位相波の反射波$1'$，$2'$をもって干渉波となる．入射波2は0A線上で入射波1と同一位相であり，波路$\mathrm{A0'A'}$を経由して$\mathrm{0A'}$線上で反射波$1'$と$2'$が同一位相である．このことから波路$\mathrm{A0'}$と$\mathrm{0'A'}$が$d\sin\theta$であり，波動$1\to1'$と波動$2\to2'$との行路差$\mathrm{A0'A'}$ $(2d\sin\theta)$は干渉条件により波長λの整数倍でなければならない．簡単のためこの整数値を1に選ぶと，すなわち波路$\mathrm{A0'A'}$が1波長λであるから，次の関係式が成り立つ．

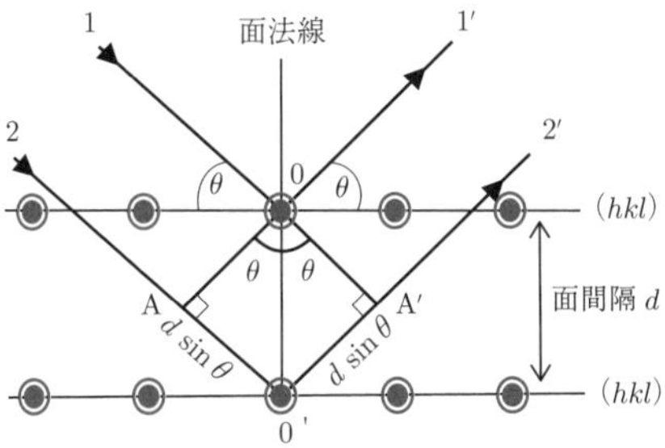

図 2.14　結晶格子によるX線回折の原理．

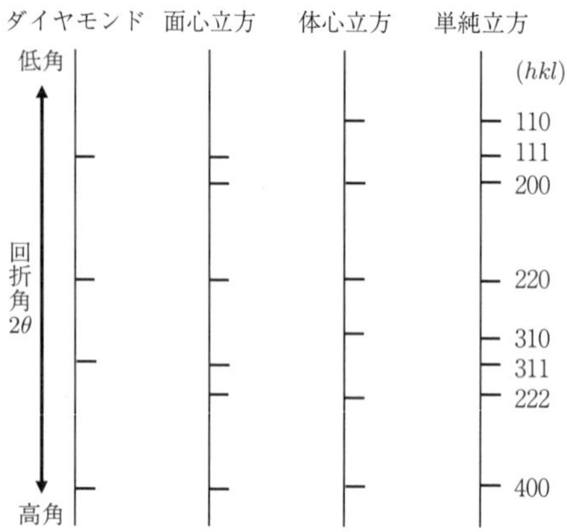

図 **2.15**　立方晶型の X 線回折パターンとミラー指数 $(h\ k\ l)$.

$$2d \sin\theta = \lambda \tag{2.10}$$

この関係式は X 線回折の可干渉条件を与えるブラッグの法則とよばれ，ミラー指数 $(h\ k\ l)$ の面間隔 d をパラメータとしてすべての結晶の X 線回折において成り立つ．ここで X 線の入射角および反射角 θ は結晶面に対する角度でありブラッグ角といい，2θ を回折角とよぶ．X 線回折による結晶構造解析は X 線回折のパターンから結晶型を定め，ミラー指数と面間隔の関係式（付録 G 参照）と式 (2.10) を組み合わせて行う．実験では国際標準データベースとして JCPDS カード (Joint Committee on Powder Diffraction Standards) を用いて解析がなされる．基本的な立方結晶の X 線回折パターンを図 2.15 に示す．回折線は 1 組のミラー指数が偶数もしくは奇数のみの場合に可干渉となる．1 組のミラー指数が偶数と奇数の混合の回折線は非可干渉であり，回折線強度はきわめて弱く測定し難い．このことから図 2.15 では $0 < 2\theta < \pi$ の範囲の可干渉回折線のみを示してある．

図 2.16 はある粉末結晶の X 線回折測定のプロファイルの概略図である．X 線は $\mathrm{Cu} - \mathrm{K}\alpha_1$（波長 $\lambda = 0.1542\,[\mathrm{nm}]$）を用いた．まず，この測定試料の結晶構造を知ることからはじめる．図 2.16 の回折線プロファイルは図 2.15 の回折線パターンに照らして面心立方晶と判定される．最初に測定データから回折線の回折角 (2θ) を読みとる．次に式 (2.10) を用いて回折線の面間隔 d を求め，式 (2.9) よりミラー指数を算出する．ただし，ここでは回折線は可干渉のもの（1 組のミラー指数が偶数もしくは奇数）だけを示してある．偶数奇数混合の回

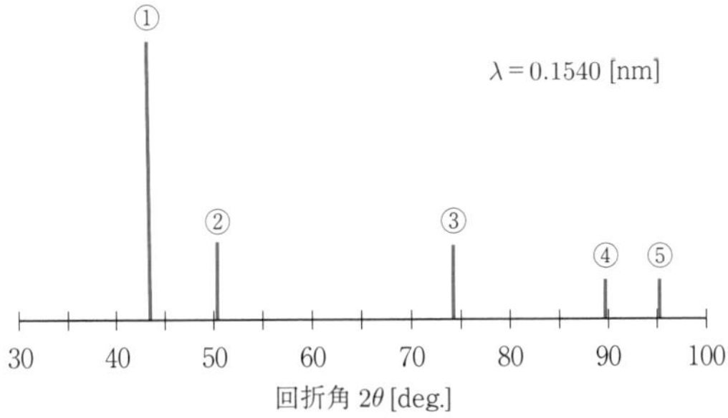

図 2.16　Cu 粉末結晶の X 線回折プロファイル．

表 2.1　Cu 粉末結晶の X 線回折データ．

回折線	回折角 2θ [deg]	面間隔 d [nm]	ミラー指数 $(h\ k\ l)$	格子定数 a [nm]
1	43.38	0.2084	(1 1 1)	0.3615
2	50.30	0.1814	(2 0 0)	0.3615
3	74.05	0.1281	(2 2 0)	0.3615
4	89.95	0.1090	(3 1 1)	0.3615
5	95.15	0.1044	(2 2 2)	0.3615

結晶型：面心立方格子，格子定数：0.3615 [nm]，データファイル：Cu

折線強度は極めて低いので省略した．面間隔および格子定数は表 2.1 にまとめてある．これから格子定数は 0.3615 [nm] と求まる．

以上の測定結果（面心立方晶；格子定数 0.3615 [nm]）を公表されている X 線回折データファイル（JCPDS カード）に照合すると，測定試料は Cu であると判定される．

NOTE 2.1

表 2.1 のミラー指数の導出方法（X 線波長 $\lambda = 0.1540$ [nm]）

(1) 低角の最大回折線を基準に順番に番号 $(i = 1, 2, 3, 4, 5)$ を付ける．

(2) 式 (2.10) から各回折線の面間隔 $d_i (i = 1, \cdots, 5)$ を算出する．

(3) 求めた $d_i (i = 1, \cdots, 5)$ の各値を付録 G の立方晶の面間隔とミラー指数の関係式に当てはめて，それぞれのミラー指数に番号付けする $(h_i, k_i, l_i)_{i=1,\cdots,5}$.

(4) 回折線 1 を基準に他の回折線との分数比をとる.

$$\frac{d_1^2}{d_i^2} = \frac{h_i^2 + k_i^2 + l_i^2}{h_1^2 + k_1^2 + l_1^2}$$

（例） $\dfrac{d_1^2}{d_2^2} = \dfrac{0.04343}{0.03291} = \dfrac{1.32}{1} \times \dfrac{3}{3} \approx \dfrac{4}{3} \Rightarrow \dfrac{(2,0,0)}{(1,1,1)}$

(5) 各分数比の値が整数比になるよう共通の最小公倍数を推定し，分母分子に掛ける（上記例では 3，他の回折線にも共通した最小公倍数である）.

(6) 得られた整数から $(h_i, k_i, l_i)_{i=1,\cdots,5}$ の組み合わせを求める（上記例参照）.

NOTE 2.2

X 線回折線の可干渉と非可干渉

結晶 X 線回折強度 I は結晶構造を反映する構造因子 F の絶対値の 2 乗 $|F|^2$ に比例する.

$$I \propto |F|^2 \tag{2.11}$$

構造因子 F は次式で与えられる.

$$F_{(hkl)} = \sum_{n=1}^{N} f \exp[2\pi i(hu_n + kv_n + lw_n)] \tag{2.12}$$

式 (2.12) を式 (2.11) に代入すると

$$I \propto |F|^2 = \sum_{n=1}^{N_c} f^2 \exp[4\pi i(hu_n + kv_n + lw_n)] \tag{2.13}$$

と表せる．構造因子の絶対値 $|F|$ は，単位格子内にあるすべての原子からの X 線散乱の振幅を 1 個の電子による散乱振幅で規格化した形式で定義される.

式 (2.12) の右辺の f は原子散乱因子とよばれ，原子固有の値で散乱角の関数として表され，散乱角 θ 方向への散乱効率を意味する．総和の数 N_c は式 (2.4) に一致している．ここで指数関数の性質

$$\exp[i\ \pi\ m] = \begin{cases} +1 & (m = 2, 4, \cdots, \text{偶数}) \\ -1 & (m = 1, 3, \cdots, \text{奇数}) \end{cases} \tag{2.14}$$

を考慮して，式 (2.13) を検討する．

例として，面心立方格子について考えてみる．図 2.8 で扱ったように，面心立方格子をつくるのに必要な最小限の格子点の数 $N_c(=4)$ とそれらの各座標 $(u\ v\ w)$ は

$$N_c = 4 \quad ; \ (u_n\ v_n\ w_n) = (000)\left(0\frac{1}{2}\frac{1}{2}\right)\left(\frac{1}{2}0\frac{1}{2}\right)\left(\frac{1}{2}\frac{1}{2}0\right)$$

である．これらを式 (2.12) に適用する．

$$\begin{aligned} F_{(h\ k\ l)} &= \sum_{n=1}^{N_c} f \exp[2\pi i(hu_n + kv_n + lw_n)] \\ &= f\exp[2\pi i(h\cdot 0 + k\cdot 0 + l\cdot 0)] \\ &\quad + f\exp\left[2\pi i\left(h\cdot 0 + k\cdot\frac{1}{2} + l\cdot\frac{1}{2}\right)\right] \\ &\quad + f\exp\left[2\pi i\left(h\cdot\frac{1}{2} + k\cdot 0 + l\cdot\frac{1}{2}\right)\right] \\ &\quad + f\exp\left[2\pi i\left(2\pi i\left(h\cdot\frac{1}{2} + k\cdot\frac{1}{2} + l\cdot 0\right)\right)\right] \\ &= f\left[1 + e^{\pi i(k+l)} + e^{\pi i(h+l)} + e^{\pi i(h+k)}\right] \end{aligned} \tag{2.15}$$

式 (2.15) に式 (2.14) の関係を適用すると，ミラー指数 $(h\ k\ l)$ の組み合わせが，偶数もしくは奇数のみの場合には，式 (2.15) の右辺の各項が $+1$ となる．したがって X 線回折は可干渉である．一方，$(h\ k\ l)$ の組み合わせが偶数と奇数の混合の場合，式 (2.15) の右辺は 0 となるため，X 線回折は非可干渉となり回折線は現れないことになる．しかし，実験では確率的に強度の小さい回折線が現れる．

図 2.17 は，測定に用いた単色 X 線波長をパラメータとして，回折角 θ を変数とする Cu 金属の原子散乱因子 f を示したものである．この図から図 2.16 に示した Cu 粉末結晶の X 線回折の原子散乱因子の値を読み取ることができる．

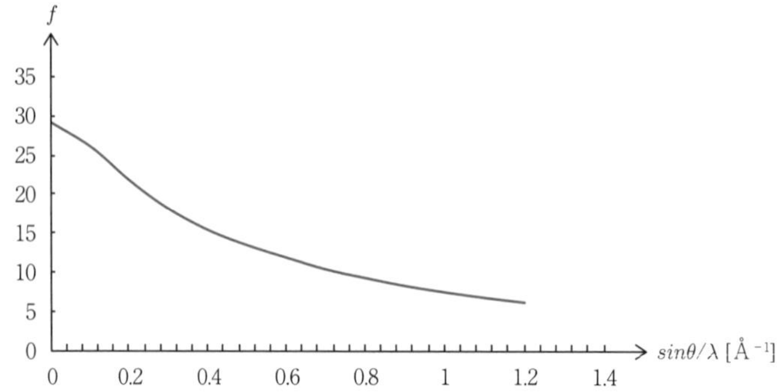

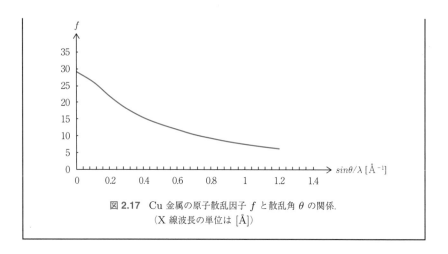

図 2.17 Cu 金属の原子散乱因子 f と散乱角 θ の関係.
(X 線波長の単位は [Å])

第 3 章

逆格子

Key point　逆格子とエネルギー空間

- 結晶性固体のエネルギー・バンドは，各格子点にある原子間の電子交換および電子軌道の重なりによって形成される．
- 結晶のエネルギー領域（空間）はその結晶の逆格子空間でつくられる．
- 逆格子点は，基本並進ベクトルの逆格子ベクトルによってつくられ，原子配列面（2 次元）を点（0 次元）で表すことと等価である．
- 立方格子系（単純立方，体心立方，面心立方）の基本並進ベクトルは，任意に選んだ原子を原点として互いに直交する 3 軸方向にあって，原点の原子と接している原子の位置で与えられる．

立方格子	⇔	逆格子
単純立方格子		単純立方格子
体心立方格子		面心立方格子
面心立方格子		体心立方格子

- エネルギー・バンドの境界は，逆格子ベクトルの垂直二等分面（平面）である．この垂直な平面群によって囲まれてできた閉じた空間はエネルギー空間といい，そのエネルギー空間の境界をブリュアン帯という．
- エネルギー境界は結晶の原子配列を反映して周期性をもつ．

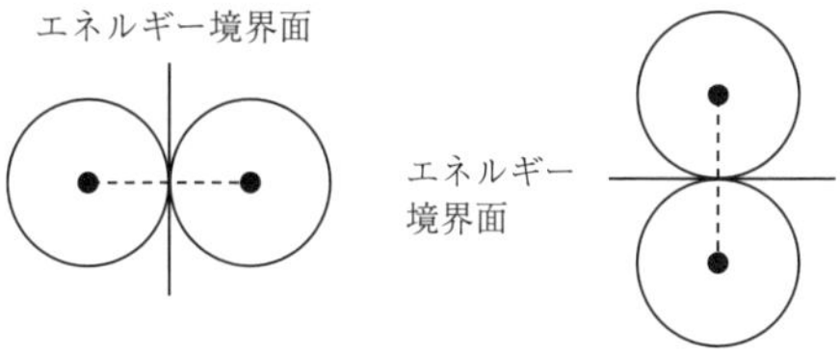

図 3.1　原子間のエネルギー境界面の概念図．
大丸は原子，黒小丸が格子点，破線は逆格子ベクトル，実線はエネルギー・バンド境界面．

3.1 逆格子の概念

キーワード　●逆格子空間　●逆格子ベクトル　●ブリュアン帯

一般に結晶格子系の原子配列面 $(h\,k\,l)$ は，さまざまな面をとることができる．図 3.1 に示すように，それらの各面 $(h\,k\,l)$ は逆格子座標系で点として表される．このように原子配列面（2 次元）を点（0 次元）で表した空間を逆格子空間といい，逆格子の格子点は逆格子ベクトル $\boldsymbol{G}$ で与えられる．X 線カメラのラウエ斑点は結晶の原子配列面を点で表している．それゆえラウエ写真の斑点は結晶の逆格子点を写していることに相当する．

図 3.2 の位置 $\boldsymbol{r}$ にある結晶素片に対して X 線が弾性散乱する場合，入射および反射 X 線の波数ベクトルを $\boldsymbol{k}, \boldsymbol{k}'$ とすると，その差 $\boldsymbol{G} = \boldsymbol{k}' - \boldsymbol{k}$ はその結晶の逆格子ベクトル $\boldsymbol{G}$ を与える．すなわち X 線の弾性散乱について，波数ベクトル $\boldsymbol{k}, \boldsymbol{k}'$ の大きさは等しく $|\boldsymbol{k}| = |\boldsymbol{k}'|$ であるので，次の関係式が成り立つ（$|\ |$ はベクトルのスカラー表示）．

$$(\boldsymbol{k}' + \boldsymbol{G})^2 = k^2 \quad \text{もしくは} \quad 2\boldsymbol{k}\boldsymbol{G} = G^2 \tag{3.1}$$

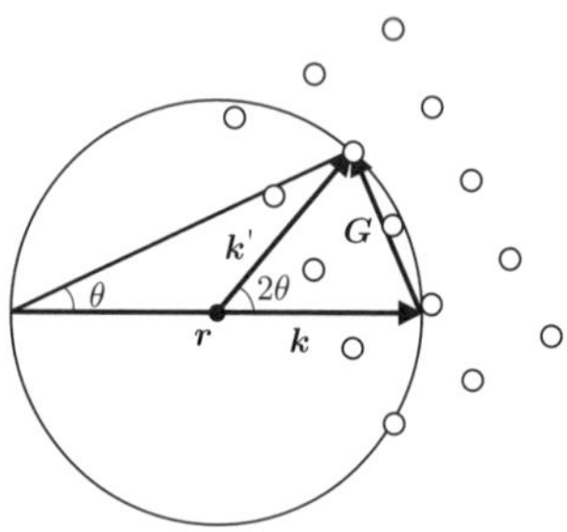

図 3.2　X 線回折における波数ベクトルと逆格子ベクトルの関係．

例題 3.1

X 線回折における弾性散乱について，式 (3.1) の関係式を導け．

解説

入射および反射 X 線の波数ベクトル $\boldsymbol{k}, \boldsymbol{k}'$ の差 $\boldsymbol{G} = \boldsymbol{k} - \boldsymbol{k}'$ について書き直すと $\boldsymbol{k}' + \boldsymbol{G} = \boldsymbol{k}$ であるから，この両辺の 2 乗をとる．

$$(\boldsymbol{k}' + \boldsymbol{G})^2 = k'^2 + 2\boldsymbol{k}'\boldsymbol{G} + \boldsymbol{G}^2 = k'^2 + 2\boldsymbol{k}'(\boldsymbol{k} - \boldsymbol{k}') + (\boldsymbol{k} - \boldsymbol{k}')^2$$
$$= k'^2 + 2k'k - 2k'^2 + k^2 - 2kk' + k'^2 = k^2$$

または，弾性散乱の条件 $|\boldsymbol{k}| = |\boldsymbol{k}'|$ により $k^2 = k'^2$ であることを考慮して，

$$(\boldsymbol{k} - \boldsymbol{G})^2 = k'^2$$
$$(\boldsymbol{k} - \boldsymbol{G})^2 - k'^2 = k^2 - 2\boldsymbol{k}\boldsymbol{G} + G^2 - k'^2 = -2\boldsymbol{k}\boldsymbol{G} + G^2 = 0$$

これより

$$2\boldsymbol{k}\boldsymbol{G} = G^2$$

である．

3.2 逆格子ベクトル形式

キーワード ●基本並進ベクトル ●逆格子基本ベクトル ●波数 ●ブリュアン境界

結晶格子の逆格子をつくるための基本ベクトルを定義しておこう．結晶の原子配列面を表すミラー指数 $(h\,k\,l)$ の逆格子ベクトル $\boldsymbol{G}$ は

$$\boldsymbol{G}_{(hkl)} = h\boldsymbol{A} + k\boldsymbol{B} + l\boldsymbol{C} \tag{3.2}$$

と定義する．ここで，$\boldsymbol{A}, \boldsymbol{B}, \boldsymbol{C}$ は逆格子基本ベクトルで以下のように与えられる．

$$\left.\begin{aligned} \boldsymbol{A} &= \frac{2\pi}{V}[\boldsymbol{b}' \times \boldsymbol{c}'] \\ \boldsymbol{B} &= \frac{2\pi}{V}[\boldsymbol{c}' \times \boldsymbol{a}'] \\ \boldsymbol{C} &= \frac{2\pi}{V}[\boldsymbol{a}' \times \boldsymbol{b}'] \end{aligned}\right\} \tag{3.3}$$

ただし，$\boldsymbol{a}', \boldsymbol{b}', \boldsymbol{c}'$ は基本並進ベクトルであり，V は基本並進ベクトルによって張られる体積である．

$$V = \boldsymbol{a}' \cdot \boldsymbol{b}' \times \boldsymbol{c}' = \boldsymbol{c}' \cdot \boldsymbol{a}' \times \boldsymbol{b}' = \boldsymbol{b}' \cdot \boldsymbol{c}' \times \boldsymbol{a}' \tag{3.4}$$

これらの関係を用いて，以下に立方晶の逆格子の形式表示をする．この形式表示は後の結晶のエネルギー・バンドを表すのに重要である．

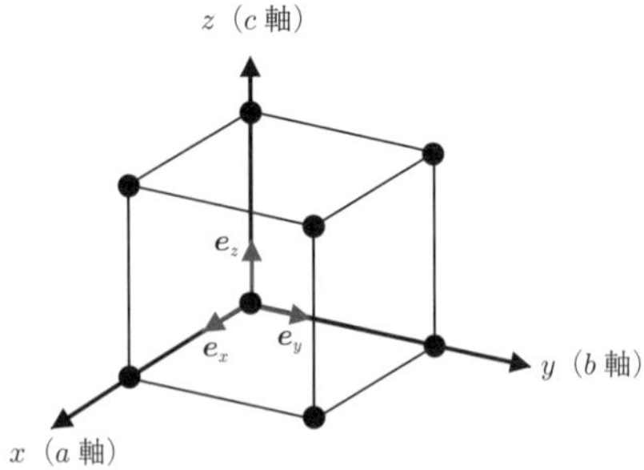

図 3.3　単純立方格子.
単純立方格子の基本格子ベクトルと基本並進ベクトルは一致している.

3.2.1　単純立方格子の逆格子

単純立方格子は，図 3.3 に示す通り，結晶の基本格子ベクトルとその基本並進ベクトルが一致していることがわかる．格子定数を $a = b = c \equiv a$, $\alpha = \beta = \gamma = \pi/2$ とすると，基本並進ベクトル $\boldsymbol{a}', \boldsymbol{b}', \boldsymbol{c}'$ とその体積 V は次のように表せる.

$$\left.\begin{aligned} \boldsymbol{a}' &= a\boldsymbol{e}_x \quad ; \quad |\boldsymbol{a}'| = a \\ \boldsymbol{b}' &= b\boldsymbol{e}_y = a\boldsymbol{e}_y \quad ; \quad |\boldsymbol{b}'| = a \\ \boldsymbol{c}' &= c\boldsymbol{e}_z = a\boldsymbol{e}_z \quad ; \quad |\boldsymbol{c}'| = a \end{aligned}\right\} \tag{3.5}$$

$$V = \boldsymbol{a}' \cdot \boldsymbol{b}' \times \boldsymbol{c}' = a^3 \tag{3.6}$$

逆格子の基本ベクトル $\boldsymbol{A}, \boldsymbol{B}, \boldsymbol{C}$ は，式 (3.3) に式 (3.5) と式 (3.6) を適用して求められる.

$$\left.\begin{aligned} \boldsymbol{A} &= \frac{2\pi}{V}|\boldsymbol{b}' \times \boldsymbol{c}'| = \frac{2\pi}{a^3}[(a\boldsymbol{e}_y) \times (a\boldsymbol{e}_z)] = \frac{2\pi}{a}\boldsymbol{e}_x \\ \boldsymbol{B} &= \frac{2\pi}{V}|\boldsymbol{c}' \times \boldsymbol{a}'| = \frac{2\pi}{a}\boldsymbol{e}_y \\ \boldsymbol{C} &= \frac{2\pi}{V}|\boldsymbol{a}' \times \boldsymbol{b}'| = \frac{2\pi}{a}\boldsymbol{e}_z \end{aligned}\right\} \tag{3.7}$$

ただし

$$\left.\begin{aligned} |\boldsymbol{A}| &= A = \frac{2\pi}{a} \\ |\boldsymbol{B}| &= B = \frac{2\pi}{a} \\ |\boldsymbol{C}| &= C = \frac{2\pi}{a} \end{aligned}\right\} \tag{3.8}$$

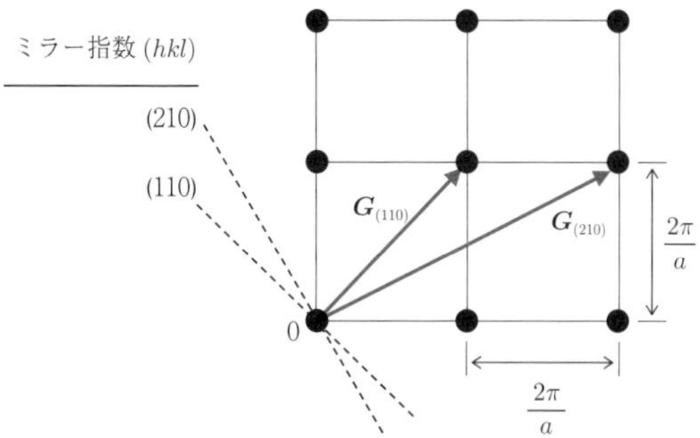

図 3.4　単純立方格子（2 次元模型）の逆格子は単純立方格子である．原子配列面（2 次元）は逆格子系に移すとラウエ斑点（0 次元）で示される．単純立方格子の逆格子定数は $2\pi/a$．座標系の原点 0 は両者共通．

である．これらを式 (3.2) に適用すると

$$\boldsymbol{G}_{(hkl)} = h\boldsymbol{A} + k\boldsymbol{B} + l\boldsymbol{C} = \frac{2\pi}{a}(h\boldsymbol{e}_x + k\boldsymbol{e}_y + l\boldsymbol{e}_z) \tag{3.9}$$

となる．この大きさは

$$G_{(hkl)} = \sqrt{\left|\boldsymbol{G}_{(hkl)}\right|^2} = \frac{2\pi}{a}\sqrt{h^2 + k^2 + l^2} \tag{3.10}$$

である．式 (3.10) は立方格子の原子配列の面間隔の逆数を与えている．また，式 (3.7) から単純立方格子の逆格子は単純立方格子であることが理解できる．図 3.4 は結晶の原子配列面 $(h\,k\,l)$ を逆格子座標系に移すと，点 $\boldsymbol{G}_{(hkl)}$ で表されることを示したものである．

3.2.2　体心立方格子の逆格子

第 2 章図 2.7 で示した格子定数 a の体心立方格子の逆格子ベクトル $\boldsymbol{G}_{(hkl)}$ を求めてみる．体心立方格子の基本並進ベクトルは次式で与えられる．

$$\left.\begin{aligned} \boldsymbol{a}' &= \frac{a}{2}(-\boldsymbol{e}_x + \boldsymbol{e}_y + \boldsymbol{e}_z) \\ \boldsymbol{b}' &= \frac{a}{2}(\boldsymbol{e}_x - \boldsymbol{e}_y + \boldsymbol{e}_z) \\ \boldsymbol{c}' &= \frac{a}{2}(\boldsymbol{e}_x + \boldsymbol{e}_y - \boldsymbol{e}_z) \end{aligned}\right\} \tag{3.11}$$

また体積 V は式 (3.4) より

$$V = \boldsymbol{a}' \cdot \boldsymbol{b}' \times \boldsymbol{c}' = \frac{a^3}{2} \tag{3.12}$$

である．逆格子基本ベクトルは，式 (3.3) へ式 (3.11) と式 (3.12) を適用して

$$\left.\begin{aligned}
\boldsymbol{A} &= \frac{2\pi}{V}[\boldsymbol{b}' \times \boldsymbol{c}'] = \frac{2\pi}{a}[\boldsymbol{e}_y + \boldsymbol{e}_z] \\
\boldsymbol{B} &= \frac{2\pi}{V}[\boldsymbol{c}' \times \boldsymbol{a}'] = \frac{2\pi}{a}[\boldsymbol{e}_z + \boldsymbol{e}_x] \\
\boldsymbol{C} &= \frac{2\pi}{V}[\boldsymbol{a}' \times \boldsymbol{b}'] = \frac{2\pi}{a}[\boldsymbol{e}_x + \boldsymbol{e}_y]
\end{aligned}\right\} \tag{3.13}$$

となる．式 (3.13) は面心立方格子点を表している．このことから体心立方格子の逆格子は面心立方格子であることがわかる．

逆格子ベクトルは，式 (3.2) により

$$\begin{aligned}
\boldsymbol{G}_{(hkl)} &= h\boldsymbol{A} + k\boldsymbol{B} + l\boldsymbol{C} \\
&= \frac{2\pi h}{a}(\boldsymbol{e}_y + \boldsymbol{e}_z) + \frac{2\pi k}{a}(\boldsymbol{e}_z + \boldsymbol{e}_x) + \frac{2\pi l}{a}(\boldsymbol{e}_x + \boldsymbol{e}_y) \\
&= \frac{2\pi}{a}\left[(k+l)\boldsymbol{e}_x + (h+l)\boldsymbol{e}_y + (h+k)\boldsymbol{e}_z\right]
\end{aligned} \tag{3.14}$$

と得られる．

3.2.3 面心立方格子の逆格子

面心立方の単位格子は図 2.8 で示された．その基本並進ベクトル $\boldsymbol{a}', \boldsymbol{b}', \boldsymbol{c}'$ および体積 V は

$$\left.\begin{aligned}
\boldsymbol{a}' &= \frac{a}{2}\boldsymbol{e}_y + \frac{a}{2}\boldsymbol{e}_z \\
\boldsymbol{b}' &= \frac{a}{2}\boldsymbol{e}_z + \frac{a}{2}\boldsymbol{e}_x \\
\boldsymbol{c}' &= \frac{a}{2}\boldsymbol{e}_x + \frac{a}{2}\boldsymbol{e}_y
\end{aligned}\right\} \tag{3.15}$$

$$V = \boldsymbol{a}' \cdot \boldsymbol{b}' \times \boldsymbol{c}' = \frac{a^3}{4} \tag{3.16}$$

と書ける．逆格子基本ベクトルは式 (3.15) と式 (3.16) を式 (3.3) に適用して

$$\left.\begin{aligned}
\boldsymbol{A} &= \frac{2\pi}{V}[\boldsymbol{b}' \times \boldsymbol{c}'] = \frac{2\pi}{a}(-\boldsymbol{e}_x + \boldsymbol{e}_y + \boldsymbol{e}_z) \\
\boldsymbol{B} &= \frac{2\pi}{V}[\boldsymbol{c}' \times \boldsymbol{a}'] = \frac{2\pi}{a}(\boldsymbol{e}_x - \boldsymbol{e}_y + \boldsymbol{e}_z) \\
\boldsymbol{C} &= \frac{2\pi}{V}[\boldsymbol{a}' \times \boldsymbol{b}'] = \frac{2\pi}{a}(\boldsymbol{e}_x + \boldsymbol{e}_y - \boldsymbol{e}_z)
\end{aligned}\right\} \tag{3.17}$$

と得られる．この表式は体心立方格子を意味していることから，面心立方格子の逆格子は体心立方格子であることがわかる．

ゆえに逆格子ベクトルは，式 (3.2) により

$$\begin{aligned} \boldsymbol{G}_{(hkl)} &= h\boldsymbol{A} + k\boldsymbol{B} + l\boldsymbol{C} \\ &= \frac{2\pi}{a}\left[(-h+k+l)\boldsymbol{e}_x + (h-k+l)\boldsymbol{e}_y + (h+k-l)\boldsymbol{e}_z\right] \end{aligned} \tag{3.18}$$

と求められる．

3.3 エネルギー境界

キーワード ●第 1 ブリュアン帯 ●逆格子

エネルギー・バンドは図 3.1 の模式図に示すように，原子間の電子交換および電子軌道の重なりにより形成される．ここではエネルギー境界の基本的な第 1 ブリュアン帯に着目し，その形成の仕方について示す．

第 1 ブリュアン帯は，逆格子空間の原点（結晶格子の原点と共通）から引いた逆格子ベクトルを垂直二等分する平面によって囲んでできる最小の空間である．

3.3.1 単純立方格子の第 1 ブリュアン帯

ブリュアン帯のエネルギー境界は金属では連続であるが，半導体や絶縁体では不連続である．このブリュアン帯の概要を明確にする目的で，図 3.5 に示す格子定数 a の 2 次元格子の場合について考えてみよう．結晶格子の (1 0 0) 面の逆格子ベクトル $\boldsymbol{G}_{(100)}$ および $\boldsymbol{G}_{(\bar{1}00)}$ を垂直二等分する面がブリュアン帯の境界を表している．この場合，逆格子ベクトルは原点 0 に対して正の向きと負の向きのあることに注意されたい．(1 0 0) 面の逆格子ベクトルは，式 (3.2) から式 (3.4) を用いて

$$\begin{aligned} &\boldsymbol{G}_{100} = 1\cdot\boldsymbol{A} + 0 + 0 = \boldsymbol{A} \quad ; \quad \boldsymbol{G}_{\bar{1}00} = -1\cdot\boldsymbol{A} + 0 + 0 = -\boldsymbol{A} \\ &\boldsymbol{A} = \frac{2\pi}{V}[\boldsymbol{b}' \times \boldsymbol{c}'] = \frac{2\pi}{a}\boldsymbol{e}_x \end{aligned} \tag{3.19}$$

これより逆格子ベクトルの大きさは，方向および向きを考慮して

$$G_{100} = \frac{2\pi}{a} \quad ; \quad G_{\bar{1}00} = -\frac{2\pi}{a} \tag{3.20}$$

である．したがって逆格子ベクトルの垂直二等分面の通る位置は $k = \pm\pi/2$ であることがわかる．この領域 $-\pi/2 \leq k \leq \pi/2$ を第 1 ブリュアン帯と定義する．この定義された領域を 3 次元に拡張すると，図 3.6 のように 1 片の長さを

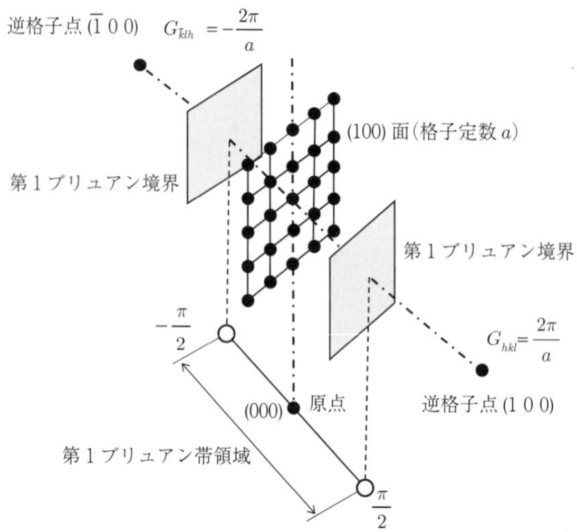

図 3.5　単純立方格子（2 次元）の原子配列 (1 0 0) 面の逆格子とその第 1 ブリユアン帯（塗りつぶし面）のエネルギー境界の概略図.

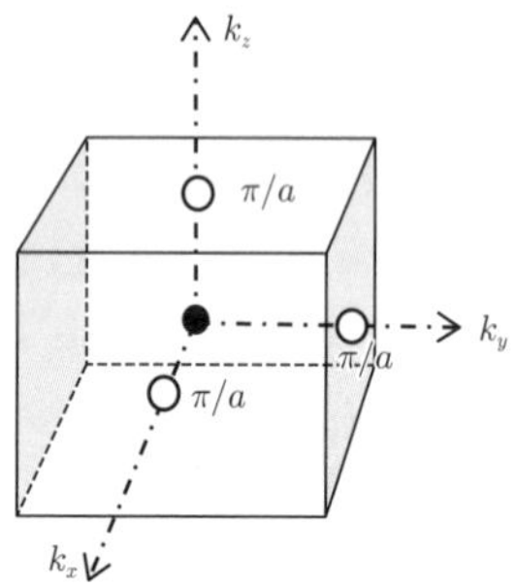

図 3.6　単純立方格子の第 1 ブリユアン帯領域.
白丸は逆格子点.

$\pi/2$ とする立方体になる.

3.3.2　体心立方格子の第 1 ブリユアン帯

詳細な計算手続きは省略して結果を示すと，格子定数 a の体心立方格子の逆格子は格子定数を $2\pi/a$ とする面心立方格子である．実際，体心立方格子の基本並進ベクトルが式 (2.8) で与えられているので，これより逆格子ベクトルは

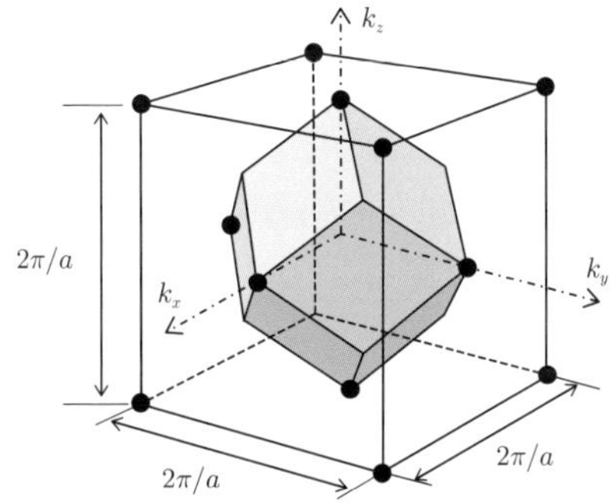

図 3.7　体心立方格子の第 1 ブリュアン帯.
（斜方 12 面体を形成）

$$\left.\begin{aligned} \boldsymbol{A} &= \frac{2\pi}{a}(\boldsymbol{e}_y + \boldsymbol{e}_z) \\ \boldsymbol{B} &= \frac{2\pi}{a}(\boldsymbol{e}_z + \boldsymbol{e}_x) \\ \boldsymbol{C} &= \frac{2\pi}{a}(\boldsymbol{e}_x + \boldsymbol{e}_y) \end{aligned}\right\} \tag{3.21}$$

と表せる．上式は明らかに面心点を指示するベクトルである．原点に対して最短の逆格子ベクトルは

$$\left.\begin{aligned} &\frac{2\pi}{a}(\pm\boldsymbol{e}_y \pm \boldsymbol{e}_z) \\ &\frac{2\pi}{a}(\pm\boldsymbol{e}_z \pm \boldsymbol{e}_x) \\ &\frac{2\pi}{a}(\pm\boldsymbol{e}_x \pm \boldsymbol{e}_y) \end{aligned}\right\} \tag{3.22}$$

である．これより体心立方格子のつくる第 1 ブリュアン帯は，式 (3.22) で与えられる 12 個のベクトルを垂直に二等分する面で囲まれる斜方 12 面体の最小空間である（図 3.7）.

例題 3.2

面心立方格子の第 1 ブリュアン帯の概略図を示せ．ただし格子定数を a とする．

解説

面心立方格子（格子定数 a）の逆格子は一辺が $2\pi/a$ の体心立方格子であ

ることを既に知った．すなわち逆格子の基本ベクトルは式 (3.17) であり，かつ式 (3.18) により 8 個の最短逆格子基本ベクトルで与えられた．これより第 1 ブリュアン帯は，図 3.8 に示すように，原点から引かれたこの 8 個の逆格子基本ベクトルの垂直二等分面（六角形部分，8 箇所）と，6 個の逆格子ベクトル $\frac{2\pi}{a}(\pm\boldsymbol{e}_x)$, $\frac{2\pi}{a}(\pm\boldsymbol{e}_y)$, $\frac{2\pi}{a}(\pm\boldsymbol{e}_z)$の垂直二等分面（平行四辺形部分，6 箇所）とによって張られた領域で表される．

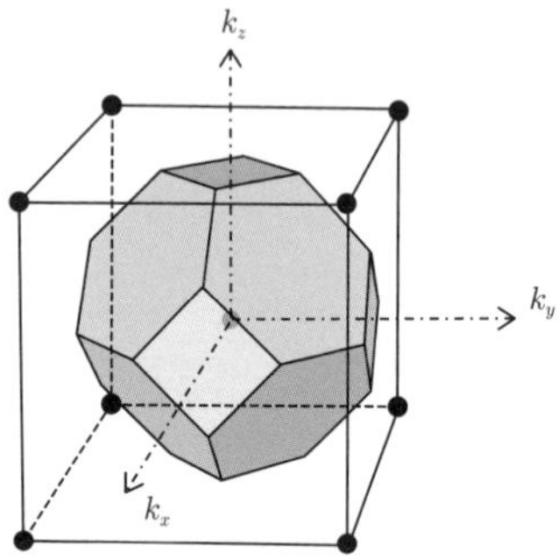

図 3.8　面心立方格子の第 1 ブリュアン帯．
斜切頭型の 8 面体の境界面を形成．

3.4　格子点の電子密度

キーワード　● 電子密度　● 周期関数　● フーリエ級数

図 3.2 で示した結晶からの X 線散乱は，格子点 $\boldsymbol{r}$ の電子密度 $n(\boldsymbol{r})$ に影響を受ける．このことは格子点の周期性を反映して，$n(\boldsymbol{r})$ は $\boldsymbol{r}$ の周期関数であることを示唆している．そこで周期的な格子点 $\boldsymbol{r}$ における電子密度 $n(\boldsymbol{r})$ について考えてみる．この考え方は後章のエネルギー・バンドに関する議論に有用である．

格子の並進ベクトルを

$$\boldsymbol{T} = u\boldsymbol{a} + v\boldsymbol{b} + w\boldsymbol{c} \tag{3.23}$$

とすると，$n(\boldsymbol{r})$ は，

$$n(\boldsymbol{r} + \boldsymbol{T}) = n(\boldsymbol{r}) \tag{3.24}$$

の関係が成り立つ．ここで大切なことは，電子密度，電荷密度，局在磁気モーメント等の局所的要素で決まる物理量は，格子の並進操作を行っても不変である．このことは，局所的要素を反映している物理的性質は式 (3.24) のフーリエ係数によって与えられることで保証される．実際，電子密度について 1 次元格子模型を用いて検証する．

1 次元 x 軸上に周期 a（格子定数）の電子密度を表す関数 $n(x)$ は，周期性を表すフーリエ級数

$$n(x) = \sum_m n_m e^{ikx} \qquad \left(k = \frac{2\pi m}{a}\right) \tag{3.25}$$

で与えられる．上式の右辺の n_m は 1 次元格子の電子密度のフーリエ係数

$$n_m = \frac{1}{a}\int_0^a n(x)e^{-ikx}dx \tag{3.26}$$

である．

上記で示した 1 次元格子は 3 次元周期格子へ拡張すると

$$n(\boldsymbol{r}) = \sum_{\boldsymbol{G}} n_{\boldsymbol{G}} e^{i\boldsymbol{G}\cdot\boldsymbol{r}} \tag{3.27}$$

と書ける．

例題 3.3

単純立方格子について，式 (3.27) は式 (3.23) の並進操作を行うことによって式 (3.24) の関係を満たすことを示せ．

解説

式 (3.27) の並進操作 $\boldsymbol{r} \to \boldsymbol{r} + \boldsymbol{T}$ を施すと

$$\begin{aligned} n(\boldsymbol{r}+\boldsymbol{T}) &= \sum_{\boldsymbol{G}} n_{\boldsymbol{G}} e^{i\boldsymbol{G}\cdot(\boldsymbol{r}+\boldsymbol{T})} \\ &= \sum_{\boldsymbol{G}} n_{\boldsymbol{G}} e^{i\boldsymbol{G}\cdot\boldsymbol{r}} e^{i\boldsymbol{G}\cdot\boldsymbol{T}} \end{aligned} \tag{3.28}$$

となる．ここで式 (3.28) の右辺の指数部 $\boldsymbol{G}\cdot\boldsymbol{T}$ に逆格子ベクトル式 (3.2) と並進ベクトル式 (3.23) を適用する．

$$\begin{aligned} \boldsymbol{G}\cdot\boldsymbol{T} &= (h\boldsymbol{A} + k\boldsymbol{B} + l\boldsymbol{C})(u\boldsymbol{a} + v\boldsymbol{b} + w\boldsymbol{c}) \\ &= \frac{2\pi}{V}(h[\boldsymbol{b}\times\boldsymbol{c}] + k[\boldsymbol{c}\times\boldsymbol{a}] + l[\boldsymbol{a}\times\boldsymbol{b}])(u\boldsymbol{a} + v\boldsymbol{b} + w\boldsymbol{c}) \end{aligned}$$

$$= 2\pi(hu + kv + lw) \tag{3.29}$$

ただし，V は式 (3.4) で与えられる．これより

$$e^{i\boldsymbol{G}\cdot\boldsymbol{T}} = e^{i2\pi(hu+kv+lw)} = 1 \tag{3.30}$$

である．なぜならば，X 線回折の可干渉性の意味からミラー指数 $(h\,k\,l)$ は偶数もしくは奇数のみの組をとり，偶数と奇数の混合組はとらない．また，$(u\,v\,w)$ は格子の基本座標の値であるから整数の組をつくる．したがって，式 (3.29) の $2\pi \times$ (偶数)，もしくは $2\pi \times$ (奇数) が 0 を含めて π の偶数倍の値をとることから，式 (3.30) は必ず $\exp[i\pi(\text{偶数})] = +1$ となる．ゆえに，式 (3.30) を式 (3.28) へ適用して

$$n(\boldsymbol{r} + \boldsymbol{T}) = \sum_{\boldsymbol{G}} n_{\boldsymbol{G}} e^{i\boldsymbol{G}\cdot\boldsymbol{r}} = n(\boldsymbol{r}) \tag{3.31}$$

を得る．

第 4 章

固体の結合形態

Key point　物質の結合状態

表 4.1　結合の種類と特徴および結合エネルギー．

結合力の強さ：① 分子結合 <② 金属結合 <③ イオン結合 <④ 共有結合

結合の種類・概念図	特徴 ・ 結合エネルギー U
① 分子結合 （ファン・デル・ワールス） 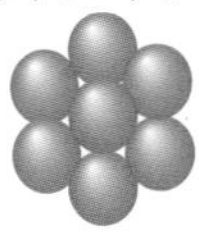 （例　He）	中性原子（不活性気体 He，Ne 等）は電荷のゆらぎによって僅かに分極して結合にあずかる． 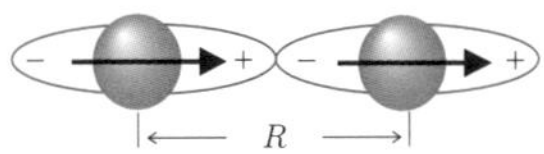 $U = \gamma C/R^6$ γ，C：定数
② 金属結合 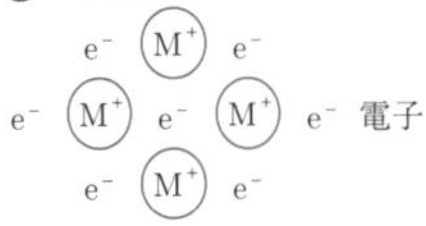 金属原子 M^+　陽イオン（原子） e^-　電子	原子から価電子が離れて電子雲を形成し，原子自身は陽イオンとなって電子雲に覆われている． $U = -\eta q^2/R$ R：最隣接原子間距離，η：マーデルング定数， q：電荷量
③ イオン結合 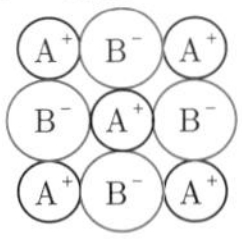 Ⓐ 陽イオン Ⓑ 陰イオン	陽と陰にイオン化した原子が静電引力によって結合している． $U = N\left[z\lambda \exp\left(-\frac{R}{R_r}\right) - \frac{\alpha q^2}{R}\right]$ N：単位体積当りのイオン結合対の数， R_r，λ：力のパラメータ，z：最隣接イオン数
④ 共有結合 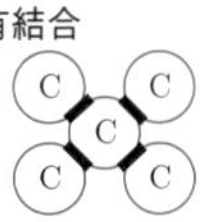 C 炭素原子 ▬ 結合電子	各原子は電子分布の重なりによって結合している． 代表例：ダイヤモンド（炭素原子の共有結合）

4.1 分子結合

キーワード ●ファン・デル・ワールス力 ●分極 ●電気的双極子

通常，原子・分子の結合には結合対にあずかる不対電子が必要である．しかし，He，Ne などの希ガスは不活性な中性原子（閉殻電子構造）であり，原子核とそのまわりの電子の電荷量が等しく，不対電子もしくは結合電子をもたない．このように中性原子は単体で非常に安定であり化学反応を起こし難い．中性原子が結合するには，自身の電荷のゆらぎにより分極を誘起させ，この分極の静電引力の作用によらなければならない．このように分極の静電引力による結合を分子結合といい，分子結合力はファン・デル・ワールス力とよばれる．ただし，その結合力は弱い．したがって，物質全体として定常的には電荷の分布は均質で一様で電気的に中性である．そのため，原子の凝集もしくは凝縮は起きにくい．

ここで，電荷のゆらぎにより生じた分極の電気的双極子は時間平均をとると 0 であるが，ある時刻で電荷のゆらぎによる電荷分布の不均一状態に着目する．原子は図 4.1 に示すようにわずかに分極を起こし，この瞬間，電気的双極子を生成する．すると，この分極した原子は電場を発生し，隣接する原子を誘導的に分極する．分極 P は双極子の大きさを l，電荷量を q とすると lq で与えられる．この過程を次々と繰り返すことにより，全体にわたって誘導分極を生じ，静電的クーロン相互作用が起きる．この静電引力（クーロン力）がファン・デル・ワールス力としてはたらく．

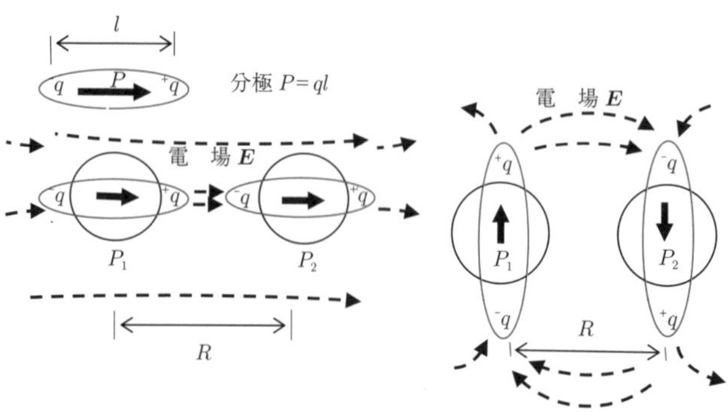

図 4.1 中性原子の電荷のゆらぎによる分極の概略図．
分極による静電引力は，ファン・デル・ワールス力としてはたらく．

ここで，隣接する 2 個の双極子間の相互作用について検討してみる．図 4.1 で原子 1 の電荷ゆらぎにより分極して現れる双極子 P_1 が原子 2 の中心につくるポテンシャル u_{12} は，原子間距離を R，媒質の誘電率を ε とすると

$$u_{12} = \frac{1}{4\pi\varepsilon}\frac{P_1}{R^2} \tag{4.1}$$

で与えられる．また双極子 P_1 が原子 2 の中心につくる電場の強さ E_{12} は

$$E_{12} = -\mathrm{grad}\, u_{12} = \frac{1}{4\pi\varepsilon}\frac{2P_1}{R^3} \tag{4.2}$$

である．原子 2 はこの電場 E_{12} の作用により，誘導分極 P_2 を生じる．

$$P_2 = \kappa E_{12} = \frac{1}{4\pi\varepsilon}\frac{2\kappa P_1}{R^3} \tag{4.3}$$

ここで，κ は媒質原子の分極率である．

そこで，電場 E_{12} と分極 P_2 との相互作用エネルギー（ポテンシャル・エネルギー）$U(R)$ は

$$U(R) = -E_{12}P_2 = -\frac{1}{4\pi\varepsilon}\frac{2P_1P_2}{R^3} = -\frac{1}{(4\pi\varepsilon)^2}\frac{4\kappa P_1^2}{R^6} \tag{4.4}$$

である．ここで双極子の大きさを $\sim 0.1\,[\mathrm{nm}]$ 程度に見積もり，$\kappa =\sim 1$ とすると，

$$U(R) = -\frac{1}{(4\pi\varepsilon)^2}\frac{C}{R^6} \tag{4.5}$$

と書ける．ただし，$C =\sim 10^{-77}\,[\mathrm{J{\cdot}m^6}]$ である．式 (4.5) の形式はファン・デル・ワールス相互作用，ロンドン相互作用あるいは双極子ゆらぎ相互作用とよばれている．

4.2 金属結合

キーワード ●自由電子 ●電子－原子比 ●合金

4.2.1 金属

金属原子は便宜上，原子の外殻にある価電子（自由電子）と原子核に近い内殻電子（局在電子）に分ける．

金属原子の外殻電子は特定の原子に属することなく，負電荷の自由電子として固体内を運動する．そのため金属原子は格子点で正電荷のイオン化状態にあり，結晶全体としてエネルギー的に最も安定な状態にある．一方，内殻電子は

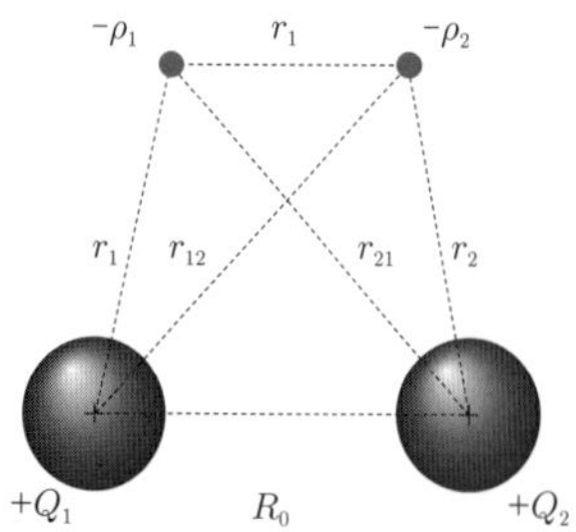

R_0：原子核間距離
r_0：電荷間距離,
$r_{1,(2)}$：核 1(2) − 電荷 1(2) 間距離
$r_{12,(21)}$：核 1(2) − 電荷 2(1) 間距離

図 4.2　金属結合の概念図.

格子点で核の正電荷と強いクーロン相互作用によって局在している．このように，金属結合は静電ポテンシャルのつり合いで成り立っている．図 4.2 は金属結合の概念を図示したものである．ここでは議論を簡明にするため，静電ポテンシャルは，核からの距離 r をパラメータにとり，電子雲の電荷密度を $-\rho_i$ $(i = 1, 2)$，核電荷を Q_i $(i = 1, 2)$ として考える．

クーロン相互作用は，核間および電子間の斥力ポテンシャル，および核と電子間の引力ポテンシャルとして存在する．このクーロン相互作用による金属結合ポテンシャルは次のように与えられる．

$$\begin{aligned} U &= U_R + U_A \\ &= \frac{1}{4\pi\varepsilon}\left(\frac{Q_1Q_2}{R_0} + \frac{q_1q_2}{r_0}\right) - \frac{1}{4\pi\varepsilon}\left(\frac{Q_1q_1}{r_1} + \frac{Q_2q_2}{r_2} + \frac{Q_1q_2}{r_{12}} + \frac{Q_2q_1}{r_{21}}\right) \end{aligned} \tag{4.6}$$

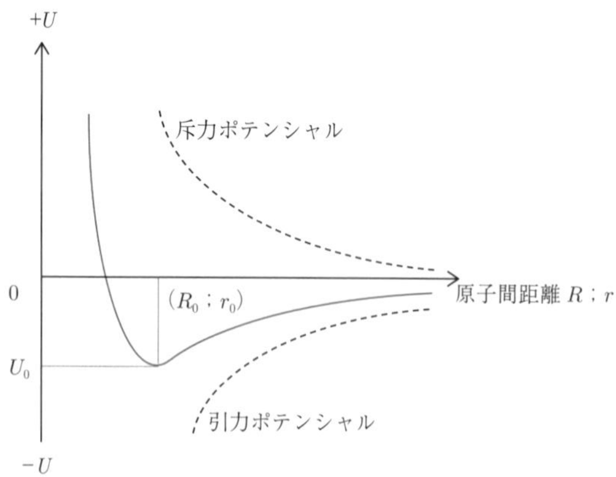

図 4.3　金属結合エネルギーの概念図.
距離 $(R_0;\ r_0)$ で安定な結合ポテンシャル・エネルギー U_0 が実現する.

式 (4.6) の右辺の第 1 項 U_R は斥力ポテンシャル，第 2 項 U_A は引力ポテンシャルである．式 (4.6) の結合ポテンシャルは，図 4.3 に示されるように，原子間距離の関数で特徴づけられ，原子間距離が大きいと不安定になり，接近しすぎると斥力ポテンシャルが強くなって不安定となる．そのため原子間の結合は式 (4.6) の両者間のポテンシャル和が最小となる状態を維持する．

金属の物理的特性は電子状態と原子間距離によって影響をうける．特に金属の電気的磁気的特性は原子間のフェルミ準位を挟んで，伝導帯と価電子帯が一部重なりエネルギー・バンドを形成することに依存する．

4.2.2 合金

合金は 2 種類以上の金属をそれぞれ融点以上の温度で混合した後，冷却して凝固させたものである．合金は組織状態によって表 4.2 のように分類される．

表 4.2 合金の組織状態．

分 類	状 態
固溶体（共融混合物）	・母体金属の結晶格子内に他の金属原子の割り込みや置換などによる混合物状態． ・金属拡散は十分になされる．
化合物（金属間化合物）	・母体金属に他の金属原子がある程度入り込んだ状態． ・金属拡散はある程度なされる．
混合物	・金属原子がほとんど互いに入り込まない状態． ・拡散はほとんどなされない．

NOTE 4.1

ヒューム－ロザリー (Hume-Rothery) の電子－原子比

ヒューム－ロザリーは金属間化合物や 1 次固溶体の安定性が合金の組成原子当たりの平均価電子数に依存することを提唱した．この種の金属間化合物は電子化合物とよばれ，次式の形式で与えられる．

$$\frac{n}{a} = \frac{n_A x + n_B y}{x + y} \tag{4.7}$$

ただし，n は価電子の総数，a は組成の原子数，n/a は電子－原子比（原子当たりの電子比）の値，x は原子 A の量，y は原子 B の量，n_A は原子 A の価電子数，n_B は原子 B の価電子数．

表 4.3 種々の金属間化合物の電子 − 原子比 n/a.

$n/a=3/2$			$n/a=21/13$	$n/a=7/4$	$n/a=2.50$
体心六方 (β 相)	βMn (μ 相)	稠密六方 (ζ 相)	γ 黄銅 (γ 相)	稠密六方 (ε 相)	NiAs 型
CuBe	Cu_5Si	Cu_3Ga_3	Cu_5Zn_8	$CuZn_3$	MnBi
CuZn	AgHg	Cu_5Ge_4	Cu_5Cd_8	$CuCd_3$	MnSb
Cu_3Al	Ag_3Al	AgZn	Cu_5Hg_8	Cu_3Sn	MnTe
Cu_3Ga	Au_3Al	AgCd	Cu_9Al_4	Cu_3Ge	MnAs
Cu_3In	Zn_3Co	Ag_3Al	Cu_9Ga_4	Cu_3Si	PtTe
Cu_5Si		Ag_3Ga	Cu_9In_4	$AgZn_3$	CrSb
AgMg		Ag_3In	Cu_3Si_8	$AgCd_3$	
AgZn		Ag_5Sn	$Cu_{31}Sn_8$	Ag_3Sn	
AgCd		Ag_7Sn	Ag_5Zn_8	Ag_5Al_3	
Ag_3Al		Au_3In	Ag_5Cd_8	$AuZn_3$	
Ag_3In		Au_5Sn	Ag_5Hg_8	$AuCd_3$	
AuZn			Ag_9In_4	Au_3Sn	
AuCd			Au_5Zn_8	Au_5Al_3	
FeAl			Au_5Cd_8		
CoAl			Au_9In_4		
NiAl			Mn_5Zn_{21}		
NiIn			Fe_5Zn_{21}		
PbIn			Co_5Zn_{21}		
			Ni_5Be_{21}		
			Ni_5Zn_{21}		
			Ni_5Cd_{21}		
			Pd_5Zn_{21}		
			Pt_5Be_{21}		
			Pt_5Zn_{21}		

一般に同一組成物質であっても，その結晶構造は生成条件（例えば，組成比，温度，圧力など）によって異なる．合金の場合，結晶構造はある一定の条件下では組成比で決まる．このことは組成原子の数とそれらの原子の価電子数との比で与えられ，ヒューム－ロザリーの電子 − 原子比とよばれる．この法則は定性的であるが，合金の材料設計を行うのに便利である．表 4.3 は例として，いくつかの金属間化合物の電子 − 原子比の値を例示したものである．

例題 4.1

MnSb 金属間化合物は NiAs 型結晶構造を形成している．この構造を作るための MnSb 組成比を原子比および重量比で求めよ．ただし，Mn の原子量は 54.94 で価電子数は 2，Sb の原子量は 121.75 で価電子数は 5 である．

解説

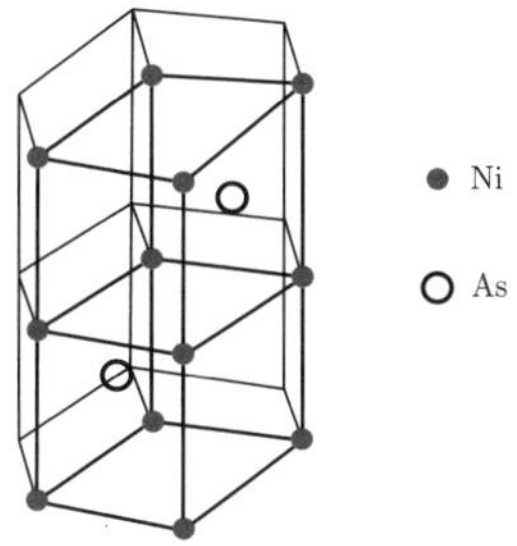

図 **4.4**　NiAs 型結晶構造の概略図．

MnSb は図 4.4 に示すように NiAs 型の結晶構造をとり，電子 − 原子比 $n/a = 2.50$ である．MnSb 組成比について式 (4.7) を適用する．そこで Mn と Sb の原子量を x，y とし，価電子数を n_A, n_B とすると，MnSb の組成比の関係は

$$x + y = 1$$

であり，また電子 − 原子比は

$$\frac{2x+5y}{x+y} = 2.50$$

と表せる．したがって，Mn と Bb の原子比 $x : y$ は 0.83 : 0.17，すなわち at.%で示すと 83 : 17 と得られる．

次に重量比を求める．Mn と Sb の原子量は 54.94 [g]，121.75 [g] であるから，

$$\text{Mn の重量} = \frac{(0.83 \times 54.94)}{(0.83 \times 54.94) + (0.17 \times 121.75)} \times 100 = 68.8\,[\text{wt.\%}]$$

$$\text{Sb の重量} = 100 - 68.8 = 31.2\,[\text{wt.\%}]$$

と導かれる．

4.3 イオン結合

キーワード　●イオン結合　●マーデルング・エネルギー

イオン結合の基本機構は，図 4.5 の模式図に示すように異なる原子（A と B）間で電子をやり取りして，陽イオン（$+n$ 価の陽イオン A^{n+}）と陰イオン（$-n$ 価の陰イオン B^{n-}）にイオン化し，両イオン間の静電的なクーロン相互作用による．

図 4.5　イオン化原子の結合の模式図．

イオン結合機構にあずかる代表的なものに，アルカリ元素の陽イオンとハロゲン元素の陰イオンによるイオン結晶（例 NaCl），および種々の酸化物（セラミクス）などがある．これらイオン結晶の結合エネルギーは，中心力場による斥力ポテンシャル・エネルギー U_r と，静電的クーロン相互作用による引力ポテンシャル・エネルギー U_a の和で与えられる．

$$U = U_r + U_a = N\left[z\lambda\exp\left(-\frac{R}{R_r}\right) - \frac{\eta e^2}{R}\right] \tag{4.8}$$

上式で N は単位体積当たりのイオン結合対の数，z は最隣接イオン数，η はイオン結晶構造によるマーデルング定数，R は最隣接イオン間距離，e は電荷量，λ および R_r はそれぞれ力の強さとその力の及ぶ範囲を表すパラメータである．式 (4.8) のポテンシャル U は電荷によって引力と斥力の両方が関与するが，例えば陽イオンに着目すると，その隣接イオンには陰イオンがくるので両イオン間に引力がはたらく．その次のイオンには陽イオンがくるので，斥力がはたらく．しかしイオン間距離が遠のくので斥力は引力に比べて小さい．この思考を結晶全域に繰り返し広げていけば，全体として静電的には引力がはたらくことになる．このことから，式 (4.8) の右辺の第 2 項は負の領域をとる．これらの関係の概略を図 4.6 に示し，一例としてイオン結晶の代表的な NaCl のパラメータを表 4.4 に示す．

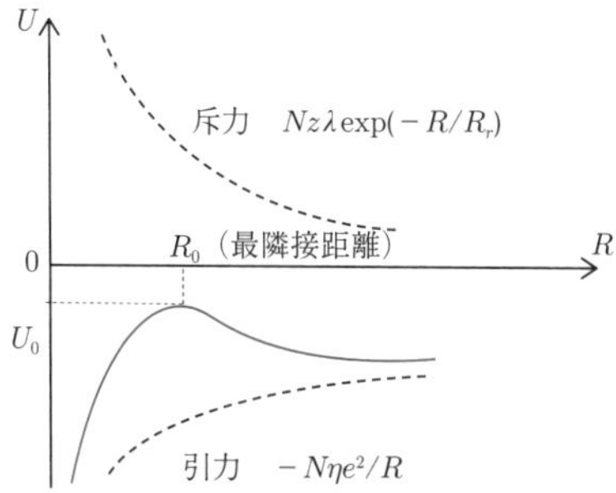

図 4.6　イオン結晶の斥力ポテンシャルと引力ポテンシャルの関係．全体として結合ポテンシャル（実線）は負の値をとる．

表 4.4　NaCl の種々のパラメータ．

項 目	値
隣接原子間距離	0.2820 [nm]
斥力エネルギー・パラメータ $z\lambda$	1.05×10^{-15} [nm]
斥力影響距離 R_r	3.21×10^{-2} [nm]
マーデルング定数 η	1.747565

例題 4.2

式 (4.8) より，イオン結晶の平衡安定なイオン間の最隣接距離 R_0 を導け．また，そのときのポテンシャル・エネルギーを求めよ．

解説

イオン結晶が平衡状態にあるとき，全結合エネルギーはイオン間距離 R に対して，エネルギー最小条件 $dU/dR = 0$ を満たす．したがって式 (4.8) をこの条件に当てはめると

$$-\frac{Nz\lambda}{L}\exp\left(-\frac{R}{L}\right) + \frac{N\eta e^2}{R^2} = 0$$

と書ける．この条件を満たす距離 R_0 に対して

$$z\lambda\exp\left(-\frac{R_0}{L}\right) = \frac{L\eta e^2}{R_0^2} \tag{4.9}$$

の関係式を得る．

平衡安定状態でのイオン結晶のポテンシャル・エネルギー U_0 は，式 (4.9) を式 (4.8) に適用することにより，

$$U_0 = -\frac{N\eta L^2}{R_0}\left(1 - \frac{L}{R_0}\right) = U_M\left(1 - \frac{L}{R_0}\right) \tag{4.10}$$

と導かれる．式 (4.10) の U_M は

$$U_M = -\frac{N\eta e^2}{R_0} \tag{4.11}$$

である．これはマーデルング・エネルギーとよばれる．

4.4 共有結合

キーワード　●共有結合　●局在電子　●ハイトラー－ロンドン法　●分子軌道法

共有結合の基本機構は原子の最外殻にある不対電子（価電子）を，原子間で互いに提供し合ってパウリの排他原理に基づいて結合対を作る．この場合，結合対にあずかる電子は局在している．例えば，炭素原子は最外殻に 4 個の不対電子を有しているので，1 個の炭素原子は 4 個の炭素原子と共有結合する．

一般に共有結合力は種々の結合パターンの中で最も強力である．この共有結合の機構はハイトラー－ロンドン法および分子軌道法などにより議論される．

4.4.1　ハイトラー－ロンドン法

図 4.7 に示すように 2 個の水素原子 A と B による水素分子について，共有結合の観点で検討する．

それぞれの水素原子 A，B に属する電子を $-e(1), -e(2)$ とし，各原子の核

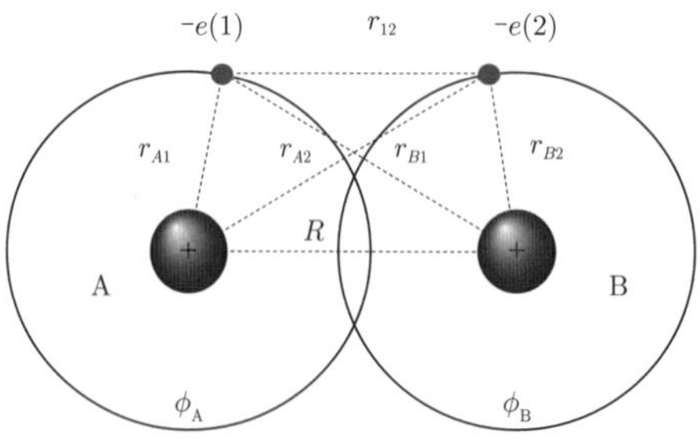

図 4.7　共有結合の原理図.

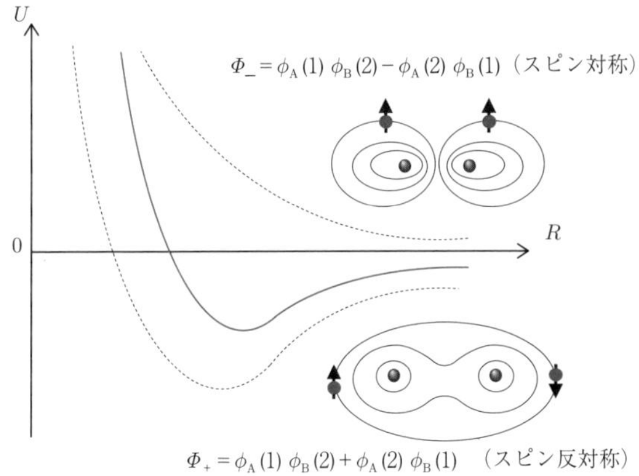

図 4.8　ハイトラー – ロンドン模型の水素分子の電子軌道と結合エネルギーの概念図.

を A, B とする．また，原子 A と B の各電子の軌道関数を $\phi_{\rm A}, \phi_{\rm B}$ で表記する．原子 A に電子 1 が，原子 B に電子 2 が存在する場合の状態関数 ϕ は，$\phi_{\rm A}(1)$, $\phi_{\rm B}(2)$ で与えられるものとする．また，電子の交換を考慮して，電子 2 が原子 A にある状態を $\phi_{\rm A}(2)$，電子 1 が原子 B にある状態を $\phi_{\rm B}(1)$ とする．したがって，全体として共有結合における電子状態のあり方は，これら 2 通りの状態の 1 次結合で与えられる．

$$\varPhi_{\pm} = \phi_{\rm A}(1)\phi_{\rm B}(2) \pm \phi_{\rm A}(2)\phi_{\rm B}(1) \tag{4.12}$$

上式の ± 符号は，電子スピンを考慮に入れて，スピンが対称 (↑↑) のとき − であり，反対称 (↑↓) のとき + を意味する．このときの状態を図 4.8 に示す．図で明らかなようにハイトラー – ロンドン模型は，パウリの排他原理を満たし，電子交換相互作用と電子軌道の重なりが存在する．

4.4.2　分子軌道法

ここではある 2 成分元素を A, B とし，共有結合による分子 AB の生成について考察する．

図 4.9 は 2 個の孤立原子 A, B の結合の仕方を模式的に示したものである．原子 A, B の固有状態をそれぞれ $\phi_{\rm A}$, $\phi_{\rm B}$ とし，その固有値を $E_{\rm A}$, $E_{\rm B}$ とする．共有結合により生成された分子 AB の分子軌道 $\varPhi_{\pm}$ は，各原子軌道 $\phi_{\rm A}$, $\phi_{\rm B}$ の線形結合で与えられる．

$$\varPhi_{\pm} = c_1\phi_{\rm A} \pm c_2\phi_{\rm B} \tag{4.13}$$

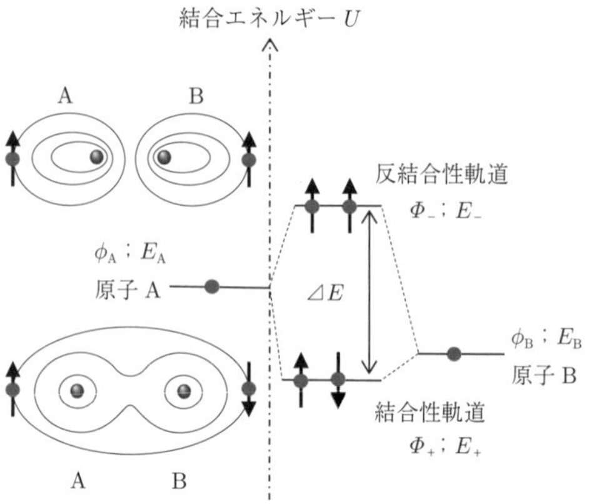

図 4.9　2 成分元素 A，B の結合性軌道と反結合性軌道の模式図.

上式の c_1, c_2 は結合状態を与える係数（線形結合の規格化係数）である．式 (4.13) 右辺の符号の $+$ は，原子 A，B の電子スピンが互いに逆向きの結合性軌道を表し，$-$ 符号はスピンが同じ向きで反結合性軌道を意味している．一般に，種々の孤立原子の線形結合により構成される方法は分子軌道法とよばれる．この方法によると，Φ_+ および Φ_- のエネルギー E は行列式（付録 C の変分法参照）

$$\begin{vmatrix} E_\mathrm{A} - E & E_\mathrm{AB} \\ E_\mathrm{AB} & E_\mathrm{B} - E \end{vmatrix} = 0 \tag{4.14}$$

の根で与えられる．ここで，E_{AB} は原子 A と B の軌道の重なり部分の相互作用エネルギーである．式 (4.14) よりエネルギー E は

$$E \equiv E_\pm = \frac{E_\mathrm{A} + E_\mathrm{B}}{2} \mp \left[E_\mathrm{AB}^2 + \left(\frac{E_\mathrm{A} - E_\mathrm{B}}{2} \right)^2 \right]^{\frac{1}{2}} \tag{4.15}$$

と求められる．ここで Φ_+, E_+ は結合性分子の軌道関数とその固有値，Φ_-, E_- は反結合性分子の軌道関数とその固有値である．これより両者の状態間のエネルギー差 ΔE は

$$\begin{aligned} \Delta E &= \left[(2E_\mathrm{AB})^2 + (E_\mathrm{A} - E_\mathrm{B})^2 \right]^{\frac{1}{2}} \\ &= \sqrt{E_\mathrm{C}^2 + E_\mathrm{I}^2} \end{aligned} \tag{4.16}$$

と得られる．$E_\mathrm{C} = 2E_\mathrm{AB}$ は結合性 − 反結合性エネルギー差に対する共有結合の寄与を意味し，$E_\mathrm{I} = E_\mathrm{A} - E_\mathrm{B}$ は孤立原子状態におけるエネルギー差である．

共有結合による結晶は結合性軌道と反結合性軌道が幅の広いエネルギー・バンドを形成する．このバンドギャップは伝導帯の最下端と価電子帯の最上端との差で与えられる．特に反結合状態は第 10 章の超伝導状態での電子対の設定に重要である．

第 5 章

固体量子論

Key point　固体電子の考え方

- 固体物性の本質は主として物質の組織的な組成構成と価電子帯の電子状態（エネルギー・バンド）による．
- 価電子の議論の代表的な考え方；
  自由電子模型：電子は固体内を自由に運動する．もし電子に何らかの相互作用がはたらいても，電子の運動エネルギーに比べて小さく無視できる．
  遍歴電子模型：電子はエネルギー・バンド内を運動するとき，種々の相互作用を受けながら運動をする．
- 自由電子および遍歴電子は，シュレーディンガー方程式を用いて議論できる．
  シュレーディンガー方程式：電子の全運動を表す演算子（ハミルトニアン）を $\mathscr{H}$，電子の波動関数を ϕ およびその固有値を E とすると次式で与えられる．

$$\phi\mathscr{H} = \phi E$$

$$\mathscr{H} = \mathscr{H}_0 + \mathscr{H}_I$$

  ただし，$\mathscr{H}_0$ は相互作用のない場合の自由電子の運動を表す演算子，$\mathscr{H}_I$ は電子に対する相互作用を表す演算子である．
- 半導体のようにバンドギャップがある場合の電気伝導は，価電子帯から伝導帯への電子の励起を通して得られる．この励起の駆動力は格子振動と外部電場の作用による．
- 格子振動は固体比熱による．固体比熱の代表的な模型；
  アインシュタイン比熱：自由電子模型での電子比熱
  デバイ比熱：電子と格子振動との相互作用を考慮した格子比熱
- 格子振動の周波数は振動の様式（モード）によって異なり，光学モードと音響モードがある．

5.1 古典力学と量子力学

キーワード ●粒子性 ●波動性 ●シュレーディンガー方程式 ●固有関数 ●固有値

質量 m，速度 v で運動している電子の運動量 p および運動エネルギー E は，古典力学（ニュートン力学）では次式で与えられる．

$$p = mv \tag{5.1}$$

$$E = \frac{1}{2}mv^2 = \frac{1}{2m}p^2 \tag{5.2}$$

物質が巨視的な場合にはニュートン力学にしたがって扱うことができる．しかし，微視的領域において，例えば電子を含めて素粒子などは厳密に議論しようとすると，ニュートン力学では説明できない事象に遭遇する．この事象を克服するのに物質を波動性と粒子性の両方を有する量子として扱うことが提案された．

そこで実際に上式の古典力学表示を量子力学のシュレーディンガー表示へ移行してみる．量子化することは，古典力学量（運動量およびエネルギー）を演算子として表すことで，その演算子の固有値，固有関数が古典力学量および状態関数に対応している．シュレーディンガーの波動力学は物質波（ド・ブロイ波）の概念から出発している．表 5.1 は，電子の粒子性と波動性の対応関係について示したものである．

古典物理量（運動量と運動エネルギー）の演算子表示を 1 次元の場合について表 5.2 に示す（例題 5.1 を参照）．ここで $\mathscr{H}_0$ は相互作用のない自由電子の運

表 5.1 古典力学での粒子性と波動性.

粒子性	波動性
電子質量 m	波の伝播波数 k, 波長 λ, 波の振動数 ν
電子の運動速度 v	$k = \dfrac{2\pi}{\lambda}$
運動量 $p = mv$	$p = \hbar k \quad \left(\hbar = \dfrac{h}{2\pi}\right)$ （h プランク定数）
運動エネルギー E	
$E = \dfrac{1}{2}mv^2 = \dfrac{1}{2m}p^2$	$E = h\nu = \hbar\omega = \dfrac{\hbar^2}{2m}k^2$ （ω 波の角周波数）

表 5.2 古典力学の運動量とエネルギーの（量子化）演算子表示.

物理量	古典力学表示	→	演算子表示（1 次元の場合）
運動量：	$p = mv$	→	$p = -i\hbar\dfrac{d}{dx}$
運動エネルギー：	$E = \dfrac{1}{2}mv^2 = \dfrac{1}{2m}p^2$	→	$\mathscr{H}_0 = \dfrac{1}{2m}p^2 = -\dfrac{\hbar^2}{2m}\dfrac{d^2}{dx^2}$

動エネルギーを表す演算子（ハミルトニアン）であり，自己共役演算子（エルミート演算子）である．一般に，3 次元表示は以下のように与えられる．

運動量演算子 $$p = -i\hbar\nabla \tag{5.3}$$

エネルギー演算子（ハミルトニアン） $$\mathscr{H}_0 = \frac{1}{2m}p^2 = -\frac{\hbar^2}{2m}\nabla^2 \tag{5.4}$$

ただし，∇ はナブラ記号で

$$\nabla = \frac{\partial}{\partial x}\boldsymbol{e}_x + \frac{\partial}{\partial y}\boldsymbol{e}_y + \frac{\partial}{\partial z}\boldsymbol{e}_z \tag{5.5}$$

である．このように演算子はベクトルと同じ演算が扱われる（付録 B を参照）．

例題 5.1

1 次元自由電子の運動が波動関数 $\phi(x) = A\exp\{i(kx + \omega t)\}$ で与えられるとき，式 (5.3) の運動量演算子および式 (5.4) のエネルギー演算子を導け．ただし，A は振幅，t は時間，ω は角周波数，k は x 軸方向の波数で $k = p/\hbar$ である．

解説

シュレーディンガー方程式は，時間に対してあらわに関係しない場合，位置 x についての方程式で与えられる．そこで電子の波動関数

$$\phi(x) = A\exp\{i(kx + \omega t)\} = A\exp\left\{i\left(\frac{p}{\hbar}x + \omega t\right)\right\} \tag{5.6}$$

を位置 x について変位率を求める．すなわち式 (5.6) を x について微分すると，

$$\frac{d}{dx}\phi(x) = i\frac{p}{\hbar}A\exp\left\{i\left(\frac{p}{\hbar}x + \omega t\right)\right\} = i\frac{p}{\hbar}\phi(x) \tag{5.7}$$

を得る．式 (5.7) の両辺を比較すると関数 $\phi(x)$ に対する作用素は

$$\frac{d}{dx} = i\frac{p}{\hbar} \tag{5.8}$$

の関係にあるので，このことから運動量 p について

$$p \ \rightarrow \ p = -i\hbar \frac{d}{dx} \tag{5.9}$$

が導かれる．この手続きを古典力学における運動量（ベクトル）の演算子化という．

次にエネルギー（スカラー）の演算子化手続きを行う．式 (5.2) に対して式 (5.9) の関係を適用する．

$$E = \frac{1}{2}mv^2 = \frac{1}{2m}p^2 \rightarrow \frac{1}{2m}p^2 = \frac{1}{2m}\left(-i\hbar\frac{d}{dx}\right)^2 = -\frac{\hbar^2}{2m}\frac{d^2}{dx^2} = \mathscr{H}_0 \tag{5.10}$$

ゆえに，自由電子の運動エネルギーを表す演算子（ハミルトニアン $\mathscr{H}_0$）が導かれた．

1 次元における自由電子の運動エネルギーを，シュレーディンガー方程式により求めてみる．シュレーディンガー方程式はあらわに時間を含まないので，簡単のため自由電子の波動関数を $\phi(x) = \sin kx$ とする．シュレーディンガー方程式は

$$\mathscr{H}_0\phi(x) = E\phi(x) \tag{5.11}$$

と書かれる．上式のハミルトニアン $\mathscr{H}_0$ に式 (5.10) を適用すると

$$-\frac{\hbar^2}{2m}\frac{d^2\phi(x)}{dx^2} = E\phi(x) \tag{5.12}$$

である．上式に波動関数 $\phi(x) = \sin kx$ を適用すると

$$\frac{\hbar^2}{2m}k^2 \sin kx = E \sin kx \tag{5.13}$$

であるから，両辺を比較すると運動エネルギー E は

$$E = \frac{\hbar^2}{2m}k^2 \tag{5.14}$$

と得られる．式 (5.14) は，量子力学では自由電子の運動エネルギーが波数をパラメータとして表されることを示している．

5.2 自由電子の 1 粒子近似

キーワード ●自由電子 ●1 粒子近似 ●境界条件 ●量子化

金属結晶にはたくさんの自由電子が存在し，物理的性質の多くを担っているが，個々の電子の運動を調べることは不可能である．そこで全電子の運動は平均化してすべて同一の運動をしているとみなせば，個々に調べなくても選択的に 1 個の電子に着目してその振る舞いを調べることで，全電子の運動状態がわかるだろう．このように多粒子系を対象に平均化して扱う方法は 1 粒子近似とよばれる．

結晶内の自由電子は，結晶を 1 辺の長さ L の箱に見立てて，その箱の中で自由電子が運動しているものとみなす．議論を簡明にするため図 5.1 のように 1 次元格子における自由電子を考える．ただし，1 次元格子での電子状態を表す関数を $\phi(x)$ とし，電子は結晶の両端 $x = 0$ と $x = L$ の外側では存在しない，すなわち $\phi(0) = 0$ および $\phi(L) = 0$ の境界条件を満たしているとする．また，1 次元格子には $N - 1$ 個の格子点があり，格子定数を a とすると，結晶の大きさは $L = Na$ である．

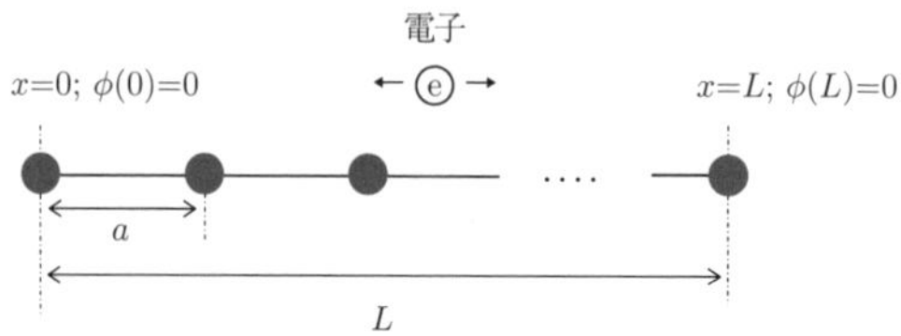

図 5.1　1 次元格子における自由電子の概念図.

1 次元格子の自由電子の運動を表すシュレーディンガー方程式は式 (5.12) により

$$-\frac{\hbar^2}{2m}\frac{d^2\phi}{dx^2} = E\phi$$

で与えられる．この方程式を次のように書き直す．

$$\frac{d^2\phi}{dx^2} + k^2\phi = 0 \tag{5.15}$$

ただし k は波数

$$k = \left(\frac{2mE}{\hbar^2}\right)^{\frac{1}{2}} \tag{5.16}$$

である．式 (5.15) は周知の調和振動方程式であり，解は

$$\phi = A\cos kx + B\sin kx \quad (A,\ B\ \text{未定係数}) \tag{5.17}$$

で与えられる．未定係数 A, B は境界条件により求められる．

・$x = 0;\quad \phi(0) = A\cdot 1 + B\cdot 0 = 0$

$$\therefore A = 0,\ B \neq 0 \tag{5.18}$$

・$x = L;\quad \phi(L) = \pm B\sin kL = 0$

上式を満足する位相 kL は

$$k_nL = n\pi (n = 1, 2, \cdots)$$

である．したがってパラメータ k_n は

$$k_n = \frac{n\pi}{L} = \frac{n\pi}{Na} = K_n\frac{1}{N} \tag{5.19}$$

$$K_n = \frac{n\pi}{a} \quad (n = 1, 2, \cdots) \tag{5.20}$$

と表せる．ここで興味深いのは式 (5.20) が第 3 章の図 3.5 で示した 1 次元格子の正方向のブリュアン境界を表している．

式 (5.16) と式 (5.19) は等しいから，これより固有値 $E = E_n$ は

$$E_n = \frac{\hbar^2}{2m}k_n^2 = \frac{\pi^2\hbar^2}{2mL^2}n^2 \quad (n = 1, 2, \cdots) \tag{5.21}$$

と得られる．ここで数値 n はエネルギー準位を指定する量子数である．

次に，固有関数は，式 (5.17) に対して式 (5.18) および式 (5.19) を適用すると，

$$\phi(x) = \pm B\sin kx = \pm B\sin\frac{n\pi}{L}x \tag{5.22}$$

と書ける．式 (5.22) の右辺の符号＋は進行波（右向き正方向），－は反射波（左向き負方向）を意味する．ここで式 (5.22) の未定係数 B を求める．この係数 B は波の振幅であり，与えられた領域内で電子の存在確率を意味するもので，量子化係数とよばれる．いま考えている電子は結晶内の与えられた領域（$0 < x < L$）内に必ず存在しているから，領域内での電子の存在確率は 1 である．具体的には以下の通り示される．

$$\int_0^L |\phi(x)|^2 \, dx = 1 \tag{5.23}$$

ただし，$|\phi|^2 = \phi^* \phi$ で，ϕ^* は ϕ の共役関数である．式 (5.22) を上式に適用して

$$\int_0^L |\phi(x)|^2 \, dx = B^2 \int_0^L \sin^2 \frac{2\pi n}{L} x \, dx = \frac{B^2 L}{2} = 1$$

となる．これより決定すべき係数 B は

$$B = \sqrt{\frac{2}{L}} \tag{5.24}$$

と得られる．式 (5.24) を式 (5.22) に代入すると，1 次元自由電子の固有関数は領域

$0 < x < L$ において

$$\phi_n(x) = \pm\sqrt{\frac{2}{L}} \sin \frac{n\pi}{L} x \quad (n = 1, 2, \cdots) \tag{5.25}$$

と表される．この関数は境界条件を満たし，電子の存在を規定していることから規格化された関数とよばれる．

式 (5.25) で与えられる固有関数とそれに対応する固有値式 (5.21) を図 5.2 に示す．電子の運動状態を表す固有関数は，長さ L のゴム紐の両端を固定して振幅 $B = \sqrt{2/L}$ の定在波をつくっているのと同じ解釈である．

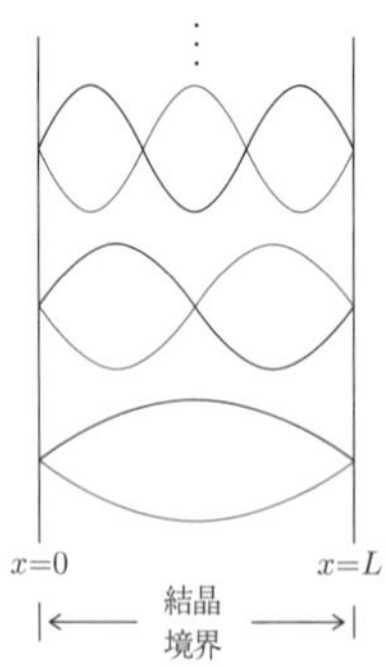

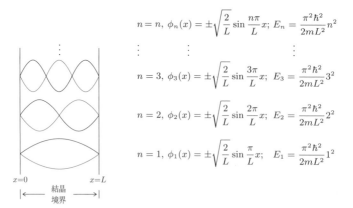

$n = n,\ \phi_n(x) = \pm\sqrt{\frac{2}{L}} \sin \frac{n\pi}{L} x;\ E_n = \frac{\pi^2 \hbar^2}{2mL^2} n^2$

$\vdots \qquad \vdots \qquad \vdots$

$n = 3,\ \phi_3(x) = \pm\sqrt{\frac{2}{L}} \sin \frac{3\pi}{L} x;\ E_3 = \frac{\pi^2 \hbar^2}{2mL^2} 3^2$

$n = 2,\ \phi_2(x) = \pm\sqrt{\frac{2}{L}} \sin \frac{2\pi}{L} x;\ E_2 = \frac{\pi^2 \hbar^2}{2mL^2} 2^2$

$n = 1,\ \phi_1(x) = \pm\sqrt{\frac{2}{L}} \sin \frac{\pi}{L} x;\ E_1 = \frac{\pi^2 \hbar^2}{2mL^2} 1^2$

図 5.2　$0 < x < L$ における 1 次元自由電子の固有関数 $\phi_n(x)$ とその固有値 E_n（量子数 $n = 1, 2, 3, \cdots,$）．

5.3 固体比熱

キーワード ●格子振動 ●比熱 ●ボルツマン則

結晶格子の原子は 0 [K] では熱的に凍結されて動かないが，有限の温度では格子振動をする．この格子振動は固体比熱や伝導特性など重要な現象に関係する．特に固体物理学では種々の複雑な現象を議論するのに，熱力学や統計力学は量子力学とあわせて重要である．

5.3.1 アインシュタイン比熱

アインシュタイン (A. Einstein) はプランク (M. Planck) の量子仮説（1901 年）に基づいて，比熱の理論を提示した（1907 年，この理論はデバイ (P. Debye) によって修正される）．アインシュタインによると，結晶中の各原子は温度 T においてそれぞれの平衡位置のまわりを，すべて等しい周波数 ω で独立に振動していると考えた．この考えのもとでは，1 モル中 N_A 個の原子を有する結晶は $3N_A$ 個の線形調和振動子からなる．量子力学によると，1 個の振動子の取りうるエネルギー状態（スペクトル）E_n は

$$E_n = \left(n + \frac{1}{2}\right)\hbar\omega \tag{5.26}$$

である（第 6 章，式 (6.53) 参照）．上式で $n = 0$ のエネルギー $E_0 = \hbar\omega/2$ を基準に選ぶと，1 個の振動子の取りうるエネルギー準位は $E_n = n\hbar\omega$ $(n = 1, 2, 3, \cdots,)$ 通りあることになる．このエネルギー準位 E_n に対して振動子が取りうる占有率はボルツマン則

$$f(E_n) = \frac{\exp\left(-\dfrac{n\hbar\omega}{k_B T}\right)}{\displaystyle\sum_{n=0}^{\infty}\exp\left(-\dfrac{n\hbar\omega}{k_B T}\right)} \tag{5.27}$$

に従う．エネルギー準位 E_n $(n = 1, 2, 3, \cdots,)$ の状態にあるそれぞれの内部エネルギー u_n は 3 次元格子を考慮に入れて

$$
\begin{aligned}
u_1 &= 3N_A E_1 f(E_1), \\
u_2 &= 3N_A E_2 f(E_2), \\
u_3 &= 3N_A E_3 f(E_3), \\
&\ \vdots \\
u_n &= 3N_A E_n f(E_n), \\
&\ \vdots
\end{aligned}
\tag{5.28}
$$

と与えられる．これより結晶の全内部エネルギー U は

$$
U = \sum_n u_n = 3N_A \sum_n E_n f(E_n) = 3N_A \frac{\displaystyle\sum_{n=0}^{\infty} n\hbar\omega \exp\left(-\frac{n\hbar\omega}{k_B T}\right)}{\displaystyle\sum_{n=0}^{\infty} \exp\left(-\frac{n\hbar\omega}{k_B T}\right)}
\tag{5.29}
$$

と書ける．具体的に式 (5.29) の計算を行ってみよう．

NOTE 5.1

微分公式

任意の変数 x が領域 $0 < x < 1$ で定義されているとき，次の関係式が成り立つ．

$$
\sum_{n=0}^{\infty} x^n = \frac{1}{1-x} \qquad (0 < x < 1) \tag{5.30}
$$

$$
\sum_{n=0}^{\infty} n x^n = x\left(\frac{d}{dx}\sum_{n=0}^{\infty} x^n\right) = \frac{x}{(1-x)^2} \qquad (0 < x < 1) \tag{5.31}
$$

式 (5.31) の変数 x について

$$
x = \exp\left(-\frac{\hbar\omega}{k_B T}\right) \qquad (0 < x < 1) \tag{5.32}
$$

もしくは

$$
\frac{1}{x} = \exp\left(\frac{\hbar\omega}{k_B T}\right) \tag{5.33}
$$

とおいて，式 (5.32) と式 (5.33) を式 (5.29) に適用する．

$$U = 3N_A \frac{\sum_{n=0}^{\infty} \hbar\omega n x^n}{\sum_{n=0}^{\infty} x^n} = 3N_A\hbar\omega \frac{\dfrac{x}{(1-x)^2}}{\dfrac{1}{1-x}}$$

$$= 3N_A\hbar\omega \frac{x}{1-x} = 3N_A\hbar\omega \frac{1}{\dfrac{1}{x}-1} = \frac{3N_A\hbar\omega}{\exp\left(\dfrac{\hbar\omega}{k_BT}\right)-1} \tag{5.34}$$

となる．

次に比熱 C は系の内部エネルギー U の温度変化に対する変化量

$$C = \frac{dU}{dT} \tag{5.35}$$

として定義される．この定義式にアインシュタインの格子振動の考えを当てはめる．式 (5.34) を対象に検討する．

(1) **高温の場合** ($\hbar\omega \ll k_BT$)　ボルツマン因子は次のように展開できる．

$$\exp\left(\frac{\hbar\omega}{k_BT}\right) = 1 + \frac{\hbar\omega}{k_BT} \tag{5.36}$$

この展開式は第 3 項以降が 1 より十分小さいことから無視した．式 (5.36) を式 (5.34) に適用すると

$$U = \frac{3N_A\hbar\omega}{\dfrac{\hbar\omega}{k_BT}} = 3N_Ak_BT = 3RT \tag{5.37}$$

と書ける．ただし $R = N_Ak_B$ は気体定数である．比熱の定義により式 (5.37) を温度 T で微分すると

$$C_E = \frac{dU}{dT} = 3R \tag{5.38}$$

が導かれる．これは高温の場合のアインシュタイン比熱とよばれる．

(2) **低温の場合** ($\hbar\omega \gg k_BT$)　ボルツマン因子は $\exp(\hbar\omega/k_BT) \gg 1$ であるから，式 (5.34) は

$$U = \frac{3N\hbar\omega}{\exp\left(\dfrac{\hbar\omega}{k_BT}\right)} \tag{5.39}$$

と表せる．上式を式 (5.35) に適用すると

$$C_E = \frac{dU}{dT} = 3Nk_B \left(\frac{\hbar\omega}{k_B T}\right)^2 \exp\left(-\frac{\hbar\omega}{k_B T}\right)$$
$$= 3R\left(\frac{\Theta_E}{T}\right)^2 e^{-\frac{\Theta_E}{T}} \tag{5.40}$$

を得る．式 (5.40) は低温の場合のアインシュタイン比熱であり，また右辺の Θ_E はアインシュタイン温度とよばれ次式で定義される．

$$\Theta_E = \frac{\hbar\omega}{k_B} \tag{5.41}$$

以上要約するとアインシュタイン比熱の一般的な形式は，式 (5.34) を式 (5.35) に適用して

$$C_E = 3R\left(\frac{\Theta_E}{T}\right)^2 \frac{\exp\dfrac{\Theta_E}{T}}{\left(\exp\dfrac{\Theta_E}{T} - 1\right)^2} \tag{5.42}$$

と表される．

5.3.2 デバイ比熱

比熱についてアインシュタインは原子が互いに独立して，同じ周波数で振動していると考えた．しかし，実際には原子は互いに結合して結晶を形成し，熱的に振動子系を形成している．このことから全体として $3N$ 個の基準振動モードを有する振動数のスペクトルが期待される．デバイは，固体の振動数スペクトルが振動モードの数で決まり，その限界振動数 $\omega_{\max}$ を有する連続弾性体のスペクトルと同じであると仮定した．この限界振動数 $\omega_{\max}$ は式 (5.41) と同じように温度 Θ_D との関係式

$$\Theta_D = \frac{\hbar\omega_{\max}}{k_B} \tag{5.43}$$

で与えられ，Θ_D をデバイ温度と定義する．特に $T < \Theta_D/10$ の場合，格子比熱は

$$C_D = \frac{12}{5}\pi^2 R\left(\frac{T}{\Theta_D}\right)^3 \tag{5.44}$$

で与えられる．これをデバイ比熱といい格子比熱の T^3 則という．

図 5.3 は Ag の格子比熱の実験データとデバイ格子比熱，およびアインシュタイン格子比熱の計算結果を比較表示したものである．アインシュタイン模型

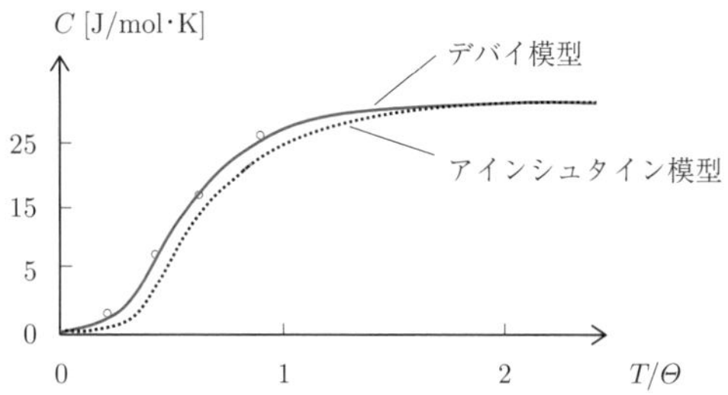

図 5.3 $\Theta_D = 215\,[\mathrm{K}]$ での Ag の比熱測定値（○）とデバイ模型（実線）およびアインシュタイン模型（点線）の概略図.

は実験結果に対して低温域で不一致を生じる．一方，修正を加えたデバイ模型は全温度域で実験結果とよく一致していることがわかる．

> **NOTE 5.2**
>
> 比熱
>
> 熱平衡状態にある結晶の温度を上昇させるには格子振動によるフォノン励起が必要である．この熱平衡状態の温度を 1 [K] 上昇させるのに必要なフォノン運動エネルギー（熱エネルギー）が比熱である．（NOTE 5.4 フォノン（→ p.81）参照）

5.3.3 格子振動

結晶は有限温度において格子振動をする．そのため格子点の原子は変位を生じるので原子間に力がはたらく．この振動する格子点は位置と時間を変数とする関数で表される．このことを明確にするため 1 次元格子の場合について検討する．いま任意の格子点の指標を n とし，1 次元の変位関数は $s_n(x,t)$ で表記し，位置 s_n を 1 次元格子振動系の原点とする．図 5.4 は 1 次元格子における原点 s_n の格子点にはたらく力を概念的に示したものである．

図 5.4 の横波および縦波は形式的に下記の同じ振動方程式で与えられる．

$$\frac{d^2 s_n}{d t^2} = \alpha^2 \frac{d^2 s_n}{d x^2} \tag{5.45}$$

ただし，α は波動の伝播定数，x 領域は $-\infty < x < \infty$ である．また計算を簡明にするため添字は省略して，式 (5.45) を解いて振動特性を求めてみる．

関数 $s(x,t)$ は位置 x と時間 t を変数とするので，変数分離形の解法を用い

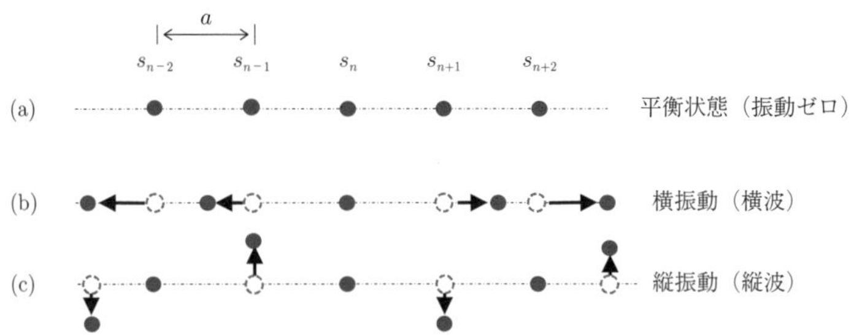

図 5.4　1 次元格子振動による原子（•）の変位の概念図.
(a) 振動無しの平衡状態, (b) 横方向の振動（横波）, (c) 縦方向の振動（縦波）

る．そこで

$$s(x,t) = u(x)g(t) \tag{5.46}$$

の仮定解を設定する．式 (5.46) を式 (5.45) に適用して変数分離形式にすると

$$u\frac{d^2g}{dt^2} = \alpha^2 g\frac{d^2u}{dx^2} \tag*{(5.45)$'$}$$

であるから，これを整理すると

$$\frac{1}{g}\frac{d^2g}{dt^2} = \alpha^2\frac{1}{u}\frac{d^2u}{dx^2} \tag{5.47}$$

と書ける．式 (5.47) の時間と位置について共通のパラメータ ω を仮定して 2 組の方程式とする．

$$\frac{1}{g}\frac{d^2g}{dt^2} = -\omega^2 \qquad \text{もしくは} \quad \frac{d^2g}{dt^2} + \omega^2 g = 0 \tag{5.48}$$

$$\alpha^2\frac{1}{u}\frac{d^2u}{dx^2} = -\omega^2 \quad \text{もしくは} \quad \frac{d^2u}{dx^2} + K^2u = 0 \quad \left(K = \frac{\omega}{\alpha}\right) \tag{5.49}$$

時間の関数は式 (5.48)，位置の関数は式 (5.49) で与えられ，問題はこれらを独立に解くことになる．ただし ω と K は求めるべきパラメータである．

(1) **時間について**；式 (5.48) の微分方程式の形式解は

$$g(t) = Ae^{i\omega t} + Be^{-i\omega t} \tag{5.50}$$

である．ただし A, B は係数である．ここで条件として時間について $t \to \infty$, $g = 0$ となり，振動は平衡状態になる．このことを式 (5.50) に適用すると，$A = 0, B \neq 0$ なることが要請される．したがって式 (5.50) の基本解は

$$g(t) = Be^{-i\omega t} \tag{5.51}$$

である．

(2) **位置について**；式 (5.49) の形式解は

$$u(x) = A'e^{iKx} + B'e^{-iKx} \tag{5.52}$$

である．ただし A', B' は係数である．ここで条件として振動波は進行波をとると，式 (5.49) の基本解は式 (5.52) より

$$u(x) = A'e^{iKx} \tag{5.53}$$

で与えられる．

得られた式 (5.51) と式 (5.53) を式 (5.46) に適用すると，求めるべき基本解は

$$\begin{aligned} s(x,t) &= Be^{-i\omega t} \cdot A'e^{iKx} \\ &= C\exp[i(Kx - \omega t)] \end{aligned} \tag{5.54}$$

と表せる．ただし C は係数である．ここで式 (5.54) を図 5.4 の各格子点に適用してみる．指標 $n-1, n, n+1$ の各変位は格子定数を用いて次のように表せる．すなわち，$x_{n-1} = (n-1)a$, $x_n = na$, $x_{n+1} = (n+1)a$ であることを考慮して

$$\left\{ \begin{aligned} s_{n-1}(x,t) &= C\exp[i(Kx_{n-1} - \omega t)] \\ &= C\exp[i(K(n-1)a - \omega t)] && (5.55) \\ s_n(x,t) &= C\exp[i(Kx_n - \omega t)] \\ &= C\exp[i(Kna - \omega t)] && (5.56) \\ s_{n+1}(x,t) &= C\exp[i(Kx_{n+1} - \omega t)] \\ &= C\exp[i(K(n+1)a - \omega t)] && (5.57) \end{aligned} \right.$$

と得られる．次に求めるべきパラメータ ω と K を導く．そのため，力の作用について検討する．図 5.5 は原点 s_n に着目して，1 次元格子間にはたらく力の作用を模式的に示したものである．原子間の結合力定数を ξ とすると，原点の右側を正の方向，左側を負の方向にとる．

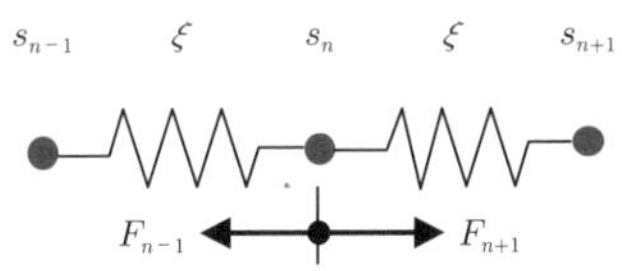

図 5.5　原点（格子点）s_n に作用する力の模式図．

図よりそれぞれの結合間の力 F_{n+1} と F_{n-1} は，$F_{n+1}=\xi(s_{n+1}-s_n)$ および $F_{n-1}=-\xi(s_n-s_{n-1})$ で与えられる．したがって原点に作用する力 F_n は，

$$\begin{aligned} F_n &= F_{n+1}+F_{n-1}=\xi(s_{n+1}-s_n)-\xi(s_n-s_{n-1}) \\ &= \xi(s_{n+1}-2s_n+s_{n-1}) \end{aligned} \tag{5.58}$$

である．また，1 次元格子を構成するすべての原子の質量を M とすると，力の定義により

$$F=M\frac{d^2s}{dt^2}$$

である．これより式 (5.58) は

$$M\frac{d^2s_n}{dt^2}=\xi(s_{n+1}-2s_n+s_{n-1}) \tag{5.59}$$

と表せる．ここで先の式 (5.55)〜式 (5.57) を式 (5.59) に適用し，両辺の共通因子を消去すると

$$-M\omega^2=\xi(e^{iKa}-2+e^{-iKa}) \tag{5.60}$$

と書ける．上式はオイラーの公式を用いて整理すると

$$M\omega^2=2\xi\,(1-\cos Ka)=4\xi\sin^2\left(\frac{Ka}{2}\right) \tag{5.61}$$

となる．

NOTE 5.3

オイラーの公式と三角関数

$$e^{iz} = \cos z + i\sin z$$

$$e^{-iz} = \cos z - i\sin z$$

$$\cos z = \frac{e^{iz}+e^{-iz}}{2}; \qquad \sin z = \frac{e^{iz}-e^{-iz}}{2i} = i\left(\frac{e^{-iz}-e^{iz}}{2}\right)$$

$$\cos^2 z = \frac{1+\cos 2z}{2}; \qquad \sin^2 z = \frac{1-\cos 2z}{2}$$

したがってパラメータ ω は格子振動の角周波数を意味し

$$\omega = \left(\frac{4\xi}{M}\right)^{\frac{1}{2}} \left|\sin\frac{Ka}{2}\right| \tag{5.62}$$

と得られる．

ここで格子系の境界条件を考える．ω と K の関係はブリュアン帯のエネルギー境界で ω が K に対して最大値をとる．すなわち

$$\left|\sin\frac{Ka}{2}\right| = 1 \tag{5.63}$$

でなければならない．したがって上式を満足する境界値は

$$K = \pm\frac{\pi}{a} \tag{5.64}$$

である．これは第 3 章で示した第 1 ブリュアン帯の境界を意味していることがわかる．結局，1 次元格子の第 1 ブリュアン帯領域は，

$$-\frac{\pi}{a} \leq K \leq \frac{\pi}{a} \tag{5.65}$$

と得られる．この条件を考慮に入れて，格子振動の角周波数 ω と波数 K の関係式 (5.62) は図 5.6 のように表せる．

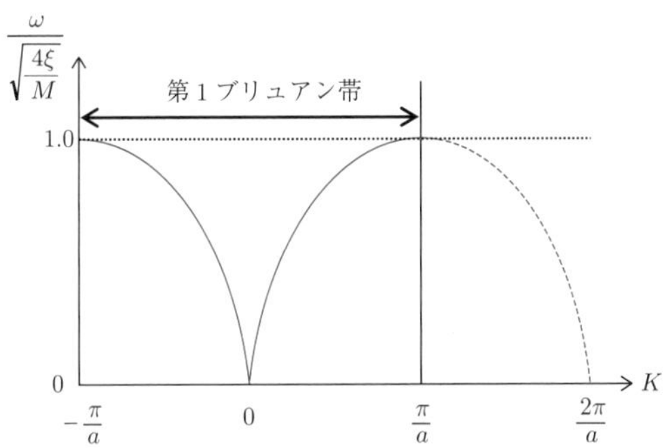

図 5.6 1 次元格子（格子定数 a）の振動における角周波数 ω と波数 K および第 1 ブリュアン帯の関係．

例題 5.2

NaCl 結晶のように 2 成分（原子 A，B；質量 M_A, M_B）系の 1 次元格子振動の角周波数は次式で与えられることを示せ．ただし原子間結合定数は ξ,

格子定数を a とする．

$$\omega^2 = 2\xi\left(\frac{1}{M_A} + \frac{1}{M_B}\right) \qquad \text{（光学分枝）} \tag{5.66}$$

および

$$\omega^2 = \frac{\dfrac{\xi}{2}}{M_A + M_B} \qquad \text{（音響分枝）} \tag{5.67}$$

解説

図 5.7 のように 2 成分原子 A，B の 1 次元格子における変位を s_n, w_n とする．

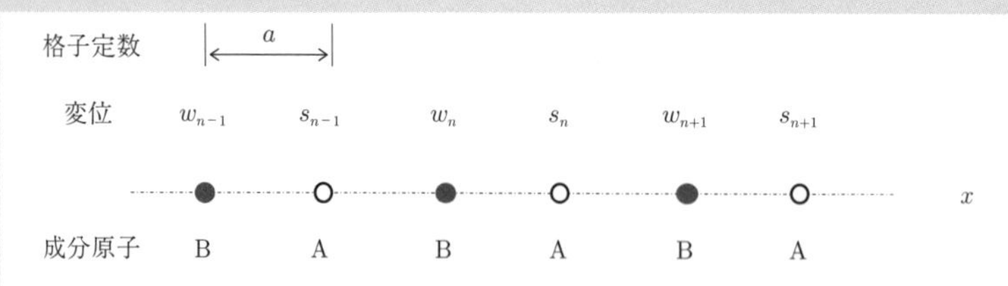

図 5.7　原子 A，B とする 2 成分系 1 次元格子の概念図．原点の変位は A 原子 (○) を s_n および B 原子 (●) を w_n とする．

2 成分原子 A，B の原点（指標 n）にはたらく力の関係式は式 (5.58) により

$$M_A \frac{d^2 s_n}{dt^2} = \xi(w_n + w_{n+1} - 2s_n) \tag{5.68}$$

$$M_B \frac{d^2 w_n}{dt^2} = \xi(s_n + s_{n-1} - 2w_n) \tag{5.69}$$

と書ける．この微分方程式は式 (5.55)～式 (5.57) と同じ形式を用いて解くことができる．

$$\begin{aligned} s_{n-1}(x,t) &= C_A \exp[i(K(n-1)a - \omega t)]; \\ s_n(x,t) &= C_A \exp[i(K\,na - \omega t)] = e^{-iKa} s_n \end{aligned} \tag{5.70}$$

$$\begin{aligned} w_n(x,t) &= C_B \exp[i\,(K\,na - \omega\,t)]; \\ w_{n+1}(x,t) &= C_B \exp[i\,(K(n+1)a - \omega\,t)] = e^{iK\,a} w_n \end{aligned} \tag{5.71}$$

これらを式 (5.68) および式 (5.69) に適用する．ただし C_A, C_B は係数で

ある．

(1) 式 **(5.68)**：$M_A\dfrac{d^2s_n}{dt^2}=\xi(w_n+w_{n+1}-2s_n)$

$$\begin{cases}（左辺）M_A\dfrac{d^2s_n}{dt^2}=-M_A\omega^2C_A\exp[i(K\,na-\omega\,t)]=-M_A\omega^2s_n\\（右辺）\xi(w_n+w_{n+1}-2s_n)=\xi(w_n+e^{i\,K\,a}w_n)-2\xi\,s_n\end{cases}$$

これより，

$$(M_A\omega^2-2\xi)s_n+\xi(1+e^{iKa})w_n=0 \tag{5.72}$$

である．

(2) 式 **(5.69)**：$M_B\dfrac{d^2w_n}{dt^2}=\xi(s_n+s_{n-1}-2w_n)$

$$\begin{cases}（左辺）M_B\dfrac{d^2w_n}{dt^2}=-M_B\omega^2C_B\exp[i(K\,na-\omega t)]=-M_B\omega^2w_n\\（右辺）\xi(s_n+s_{n-1}-2w_n)=\xi(1+e^{-iKa})s_n-2\xi w_n\end{cases}$$

これより

$$\xi(1+e^{-iKa})s_n+(M_B\omega^2-2\xi)w_n=0 \tag{5.73}$$

である．

式 (5.72) と式 (5.73) が成り立つためには次の関係が要請される．

$$\begin{vmatrix}(M_A\omega^2-2\xi) & \xi(1+e^{iKa})\\ \xi(1+e^{-iKa}) & (M_B\omega^2-2\xi)\end{vmatrix}=0 \tag{5.74}$$

式 (5.74) を開くと，

$$\begin{aligned}&M_AM_B\omega^4-2\xi(M_A+M_B)\omega^2+4\xi^2-\xi^2(2+e^{iKa}+e^{-iKa})\\&\quad=M_AM_B\omega^4-2\xi(M_A+M_B)\omega^2+2\xi^2-2\xi^2\left(\frac{e^{iKa}+e^{-iKa}}{2}\right)\\&\quad=M_AM_B\omega^4-2\xi(M_A+M_B)\omega^2+2\xi^2(1-\cos Ka)=0\end{aligned} \tag{5.75}$$

となる．

この関係式が成り立つための角周波数を求める．そこで境界の位置が $Ka=\pm\pi$ にあり，$Ka\ll 1$ の場合について考えると，$\cos Ka\approx 1-(Ka)^2/2+\cdots$ であるから，式 (5.75) は

$$M_A M_B \omega^4 - 2\xi(M_A + M_B)\omega^2 + \xi^2(Ka)^2 = 0 \tag{5.76}$$

と書ける．したがって

$$\begin{aligned}\omega^2 &= \frac{\xi}{M_A M_B}\left[(M_A + M_B) \pm \sqrt{(M_A + M_B)^2 - (M_A M_B)(Ka)^2}\right] \\ &= \frac{\xi(M_A + M_B)}{M_A M_B}\left[1 \pm \sqrt{1 - \frac{M_A M_B}{(M_A + M_B)^2}(Ka)^2}\right] \\ &= \frac{\xi(M_A + M_B)}{M_A M_B}\left[1 \pm \left(1 - \frac{1}{2}\frac{M_A M_B}{(M_A + M_B)^2}(Ka)^2\right)\right] \end{aligned} \tag{5.77}$$

となる．ただし，$Ka \ll 1$ であることを考慮して展開公式

$$\sqrt{1-z} = 1 - \frac{1}{2}z - \frac{1}{8}z^2 - \cdots \qquad (0 < z < 1)$$

を用いた．式 (5.77) の右辺の ± 符号を分離して角周波数を ω_+ と ω_- で表示すると

$$\omega_+^2 = \frac{\xi(M_A + M_B)}{M_A M_B}\left[2 - \frac{1}{2}\frac{M_A M_B}{(M_A + M_B)^2}(Ka)^2\right] \cong 2\xi\frac{(M_A + M_B)}{M_A M_B} \tag{5.78}$$

$$\omega_-^2 = \frac{\xi}{2}\frac{(Ka)^2}{M_A + M_B} \tag{5.79}$$

が導かれる．式 (5.78) は光学モード，式 (5.79) を音響モードとよばれ，図 5.8 に両者の関係が示されている．光学モードは音響モードに比べて高振動数領域にあり，分散が少ない．ここでの第 1 ブリュアン帯領域は $-\pi/a \le K \le \pi/a$ である．

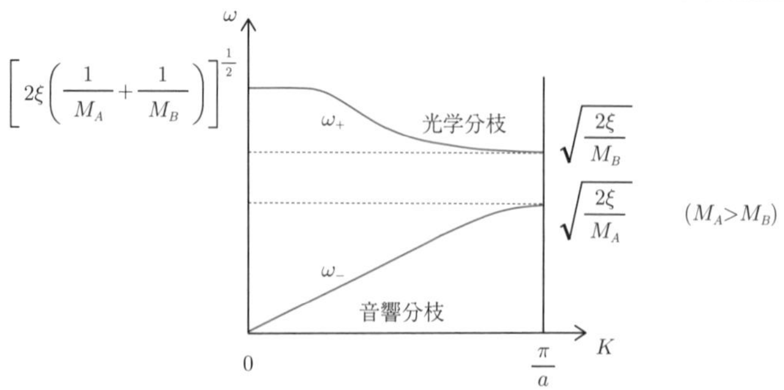

図 5.8 光学分枝と音響分枝.

NOTE 5.4
フォノン（Phonon：音子）とフォトン（Photon：光子）

フォノン

結晶空間のように原子が周期的に配列し，それらが集団的に一定の周波数（基準モード）ω で格子振動をしているとき，この振動は式 (5.54) のように波動（進行波）で表され，その波動エネルギーは $\hbar\omega$ で与えられる．そこで第 1 章の物質波の概念および物質の粒子性と波動性により周波数 ω の格子振動はエネルギー $\hbar\omega$ の量子とみて，これをフォノンという．

フォトン

光の粒子性と波動性の概念に基づき，周波数 ω の光はエネルギー $\hbar\omega$ の波動であり量子である．この量子化された光量子をフォトンという．

NOTE 5.5
音響モードと光学モード

音響モード

格子振動モードの一種である．その振動数は，振動波の波数 K が 0 の近傍にあるとき，vk である．この v は結晶中の振動波の伝播速度で，結晶中を音波が伝播する速度に等しいことから，格子振動の一部が音響モードとよばれる．実際，結晶の単位格子内に N 個の原子が存在するとき，与えられた波数に対して $3N$ 個の振動モードをもち，そのうち 3 個が音響モードである．

光学モード

光学モードは異種原子が互いに反対方向へ動くように振動をする．光学モードの名称は，このモードが NaCl のようなイオン結晶の電気分極をひき起こし，光により結晶がエネルギー的に励起されて光を強く吸収することに由来する．

第 II 部
固体物理の諸性質

第 6 章

固体のエネルギー・バンド構造

Key point　金属，半導体，絶縁体のエネルギー・バンド

固体の電気伝導や熱伝導の担体（キャリア）には電子と正孔がある．金属，半導体および絶縁体はそれぞれ価電子によりエネルギー・バンドを形成する．特に電気伝導の場合，担体はポテンシャル場との相関関係が重要になる．これら各物質のエネルギー・バンドの模式図を図 6.1 に示す．

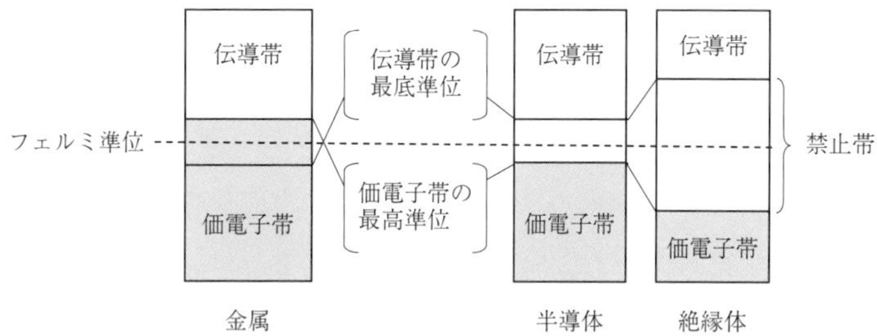

図 6.1　金属，半導体，絶縁体のエネルギー・バンドの概念図．

- 金属の伝導特性は，基本的に伝導帯での自由電子および遍歴電子模型により議論される．金属（良導体）の電気伝導の温度特性は，温度が低いほど格子振動などの影響（電子 - フォノン散乱）を抑えて向上する．
- 半導体は価電子帯と伝導帯の間に禁止帯があり，その中心にフェルミ準位がある．半導体は低温域では絶縁体状態であるが，温度の上昇とともに格子振動が活発になり，伝導性が現れる．この振動エネルギーは，価電子帯の電子を活性化させて伝導帯へ励起させるための駆動力となる．また，正孔は価電子帯内を移動して伝導に寄与する．
- 絶縁体は，価電子帯と伝導帯の間に幅の広い禁止帯をもっている．価電子帯は偶数個の電子で占められており，パウリの排他原理が成り立つ．そのため，通常は伝導に寄与する担体が存在しない．ただし，絶縁体に導電性物質を注入していくと，禁止帯が狭くなり，やがて伝導性が出現する．

6.1 固体物質のポテンシャル・エネルギー

キーワード　●周期ポテンシャル　●バンド　●自由電子　●遍歴電子　●局在電子

6.1.1 1次元結晶場内の電子状態と運動方程式

固体は不対電子をもった原子の規則的に統一した集合体であり，各原子の価電子は集団となって価電子帯（バンド）を形成している．図6.2は，1次元格子模型による電子状態とバンド構造を模式的に示したものである．バンドはポテンシャルの深さで特徴づけられ，そのポテンシャルによって電子の運動状態が決まってくる．ポテンシャルの深部の電子軌道上の電子は，核とのクーロン相互作用により，強く束縛されて局在化している．

図6.2に基づいて，各エネルギー・バンドにおける電子の運動方程式は，電子の運動状態を表す関数を ϕ，およびその固有値を E とすると第5章で示したシュレーディンガー形式で与えられる．

[I] 伝導帯

伝導帯で電子が運動するとき，介在する不純物との衝突や散乱などの相互作用がはたらく．その相互作用エネルギーを V_0，電子の運動エネルギーを E とすると，伝導電子は以下のように考察される．

[i] $E > V_0$ の場合（自由電子）；電子の運動エネルギーが相互作用エネルギーに比べて十分大きい場合，伝導電子は自由電子として扱うことができるので，式(5.12)で表せる．

$$-\frac{\hbar^2}{2m}\frac{d^2\phi}{dx^2} = E\phi \tag{6.1}$$

[ii] $E < V_0$ の場合（遍歴電子）；伝導帯域で電子に対して相互作用がはたらき，電子の運動に影響をおよぼす場合，電子は相互作用を受けながら結晶内を遍歴する．この場合，電子の運動を表すシュレーディンガー方程式は，相互作用エネルギー V_0 を考慮に入れて，次式で与えられる．

$$\begin{aligned} \mathscr{H}\phi = E\phi \quad \Rightarrow \quad & (\mathscr{H}_0 + V_0)\phi = E\phi \\ & -\frac{\hbar^2}{2m}\frac{d^2\phi}{dx^2} + V_0\phi = E\phi \end{aligned} \tag{6.2}$$

[II] 禁止帯

禁止帯には，電子の位置する準位がない．絶縁体や半導体は，この禁止帯の

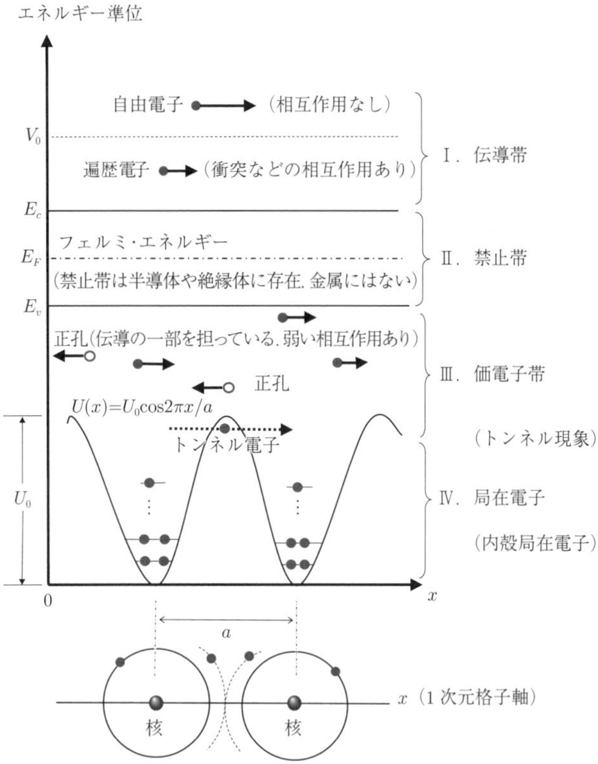

図 6.2　1 次元格子（格子定数 a）のバンド構造の概念（● 電子; ○ 正孔）.
周期ポテンシャル $U(x) = U_0 \cos 2\pi\, x/a$，図は原点の右側を正方向とする.

幅が大きい．半導体は温度を高くして，価電子帯の電子を活性にし，伝導帯へ励起させて伝導性を得る．金属導体には禁止帯はなく，価電子帯の上端と伝導帯の下端が重なっている．そのため，わずかな電場の作用により電気伝導を生じる．

[III] 価電子帯

価電子帯でのキャリア（電子，正孔）は，電子よりも正孔の運動の方が優位である．価電子帯においてキャリアが受ける相互作用エネルギーを W とすると，シュレーディンガー方程式は次式で表せる．

$$-\frac{\hbar^2}{2m}\frac{d^2\phi}{dx^2} + W\phi = E\phi \tag{6.3}$$

[IV] 局在電子

[i] トンネル現象　ポテンシャルの高い（価電子帯に近い）電子はポテンシャル障壁を貫通して伝導効果を与える（トンネル現象）．トンネル現象による伝導電子の運動は，与えられた結晶の周期的ポテンシャル障壁を U とすると，次式で表される．

$$-\frac{\hbar^2}{2m}\frac{d^2\phi}{dx^2}+U\phi=E\phi \tag{6.4}$$

ただし，周期ポテンシャル U は

$$U=U_0\cos\left(\frac{2\pi x}{a}\right)\equiv U_0\exp\left(i\frac{2\pi x}{a}\right) \tag{6.5}$$

である．上述の式 (6.2)，式 (6.3) および式 (6.4) は数式的には同型だが，それぞれ左辺の第 2 項の相互作用およびポテンシャル障壁の意味と内容が異なっている（一般的な議論は付録 D 参照）．

[ii] 強い束縛状態にある局在電子　ポテンシャル・エネルギーの深い位置にある電子は，核との強いクーロン相互作用によって束縛されて局在化し，電子軌道上で調和振動をしており，下記の調和振動方程式で与えられる．

$$\frac{d^2\phi}{dx^2}-2x\frac{d\phi}{dx}+2n\phi=0 \tag{6.6}$$

上式はエルミートの微分方程式とよばれ，その解はエルミート調和関数で与えられる（付録 A 参照）．ここでは 1 次元格子模型での各エネルギー・バンドにおける電子の運動状態を表すための特性方程式を形式的に示しただけで，具体的には 6.1.3 項で述べる．

6.1.2　遍歴電子

[I] 電子散乱

結晶内に格子欠陥や不純物などが介在すると，伝導電子は式 (6.2) に従って相互作用ポテンシャルの影響を受けながら結晶内を遍歴する．図 6.3 は，長さ L の 1 次元格子の伝導帯においてポテンシャル V_0，厚さ a の障壁が存在する場合，伝導電子の運動状態を概念的に示したものである．図は領域 [1] と領域 [2] の境界を座標の原点とする．電子が図の左側からポテンシャル障壁に向かって入射し，一部は障壁で反射され，一部がポテンシャル領域 [2] 内へ進入する．ただし，障壁 [2] に進入した電子は領域 [1] へ戻ることは無いものとする．領域 [2] に進入した電子の一部は障壁内で消滅するが，残りの電子はポテンシャルの作用を振り切って領域 [2] から領域 [3] へ透過する．

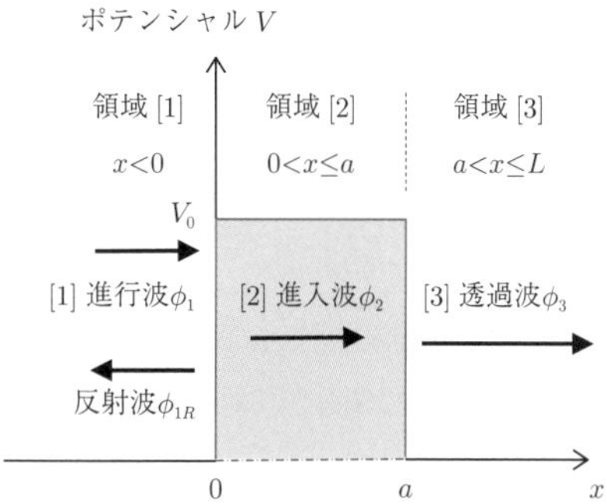

図 6.3 長さ L の 1 次元格子の伝導帯における自由電子および遍歴電子の模式図.

以下に，図 6.3 の模型について議論を進める．ここで，長さ L の 1 次元格子の場合，電子は領域 $0 < x < L$ において必ず存在するから

$$\int_0^L |\phi(x)|^2 \, dx = 1 \tag{6.7}$$

の条件が与えられる．上式の積分項の $|\phi(x)|^2 \, dx$ は微小領域 dx において電子の存在する確率密度を意味する量である．これを格子全域 $0 < x < L$ にわたって積分すれば，電子を必ず見出せるから，電子の存在確率は 1 である．また，波動の連続性により次の境界条件が要請される．

- 境界 $x = 0$ において

$$\begin{aligned} \phi_1(0) &= \phi_2(0) \\ \left[\frac{d\phi_1}{dx}\right]_{x=0} &= \left[\frac{d\phi_2}{dx}\right]_{x=0} \end{aligned} \tag{6.8}$$

- 境界 $x = a$ において

$$\begin{aligned} \phi_2(a) &= \phi_3(a) \\ \left[\frac{d\phi_2}{dx}\right]_{x=a} &= \left[\frac{d\phi_3}{dx}\right]_{x=a} \end{aligned} \tag{6.9}$$

これらの条件のもとで，各領域での電子の運動方程式を検討する．

(i) 自由電子；自由電子の運動方程式は第 5 章で議論したので，ここでは省略する．

(ii) 相互作用ポテンシャル V_0 が存在する場合；電子の運動エネルギー E とポテンシャル V_0 の関係が，$V_0 > E$ であれば入射電子は障壁で反射される．ま

た，$V_0 < E$ であれば入射電子の一部は反射されるが，その他はポテンシャル障壁を乗り越えるか，もしくは障壁内へ進入する．

[i] 領域 [1]　$x < 0$ では自由電子と同じ形式で表せる．

$$\frac{d^2\phi_1}{dx^2} + \frac{2m}{\hbar^2}E\phi_1 = \left(\frac{d^2}{dx^2} + k_1^2\right)\phi_1 = 0 \qquad \left(k_1^2 = \frac{2mE}{\hbar^2}\right) \tag{6.10}$$

式 (6.10) は線形 2 階斉次型微分方程式である．これを線形演算子法で解く．微分演算子 $D = d/dx$ とすると，式 (6.10) は演算子 D の演算子方程式として表される．

$$f(D)\phi_1 = (D^2 + k_1^2)\phi_1 = 0 \tag{6.11}$$

上式は波動関数 $\phi_1 \neq 0$ であるから $f(D) = 0$．すなわち

$$f(D) = (D^2 + k_1^2) = (D + ik_1)(D - ik_1) = 0 \tag{6.12}$$

である．式 (6.11) を満足する根は

$$D = \pm ik_1$$

である．したがって式 (6.10) の基本解は形式的に

$$\phi_1 = \phi_{1I} + \phi_{1R} = A_1 e^{ik_1 x} + B_1 e^{-ik_1 x} \tag{6.13}$$

と与えられる．式 (6.13) の右辺の ϕ_{1I}，ϕ_{1R} はそれぞれ領域 [1] の入射波と反射波である．また A_1, B_1 は決定すべき係数である．

[ii] 領域 [2]　$0 < x < a$ では電子は障壁内にあってポテンシャルからの影響を受ける．$V_0 < E$ の条件のもとで式 (6.2) を便宜的に次のように書き直す．

$$\frac{d^2\phi_2}{dx^2} + k_2^2\phi_2 = 0 \tag{6.14}$$

ただし

$$k_2 = \sqrt{\frac{2m(E - V_0)}{\hbar^2}} \tag{6.15}$$

ここで，式 (6.14) は式 (6.10) と同じ手続きで解くと

$$\phi_2 = A_2 e^{ik_2 x} + B_2 e^{-ik_2 x} \tag{6.16}$$

を得る．A_2, B_2 は決定すべき係数である．ここで，領域 [2] の内部境界 $x = a$ で反射された電子は再び領域 [1] へ出て行くことはないものとする．

[iii] 領域 [3]　領域 [3] の電子は領域 [2] からの透過電子であるので，進行波

のみが存在する．このことから，式 (6.13) の右辺第 1 項の形式をとる．ただし領域 [3] は領域 [1] と同じ媒体であるので，進行波の波数は $k_3 = k_1$ であり，領域 [3] の進行波は

$$\phi_3 = A_3 e^{ik_1 x} \tag{6.17}$$

である．係数 A_3 は電子がポテンシャル障壁を透過して領域 [3] に到達したときの振幅を意味する．以上のことから電子を波動とみて，その振幅を意味する係数は次の関係式で表せる．

$$\frac{B_1}{A_1} = \frac{(k_1^2 - k_2^2)[1 - e^{2ik_2 a}]}{(k_1 + k_2)^2 - (k_1 - k_2)^2 e^{2i\,k_2 a}} \tag{6.18}$$

$$\frac{A_3}{A_1} = \frac{4k_1 k_2 e^{i(k_2 - k_1)a}}{(k_1 + k_2)^2 - (k_1 - k_2)^2 e^{2ik_2 a}} \tag{6.19}$$

式 (6.18) と式 (6.19) を用いて，それぞれ入射電子の障壁における反射係数（障壁で反射される確率）$R = |B_1/A_1|^2$，および透過係数（障壁を透過する確率）$T = |A_3/A_1|^2$ を定義する．

$$R = \left|\frac{B_1}{A_1}\right|^2 = \left[1 + \frac{4k_1^2 k_2^2}{(k_1^2 - k_2^2)\sin^2 k_2 a}\right]^{-1} = \left[1 + \frac{4E(E-V)}{V\sin^2 k_2 a}\right]^{-1} \tag{6.20}$$

$$T = \left|\frac{A_3}{A_1}\right|^2 = \left[1 + \frac{(k_1^2 - k_2^2)\sin^2 k_2 a}{4k_1^2 k_2^2}\right]^{-1} = \left[1 + \frac{V^2\sin^2 k_2 a}{4E(E-V)}\right]^{-1} \tag{6.21}$$

（一般論として障壁ポテンシャルが位置の関数 $V = V(x)$ の場合は，付録 D を参照）

例題 6.1

式 (6.18) および式 (6.19) をそれぞれ導け．

解説

上記で求めた各領域の形式解式 (6.13)，式 (6.16) および式 (6.17) に与えられた境界条件式 (6.8) および式 (6.9) を適用する．

・境界 $x = 0$ における波動 $\phi_1(x), \phi_2(x)$ の境界連続条件；

$$A_1 + B_1 = A_2 + B_2 \tag{6.22}$$

$$k_1(A_1 - B_1) = k_2(A_2 - B_2) \tag{6.23}$$

・境界 $x = a$ における波動 $\phi_2(x), \phi_3(x)$ の境界連続条件；

$$A_2 e^{ik_2 a} + B_2 e^{-ik_2 a} = A_3 e^{ik_1 a} \tag{6.24}$$

$$A_2 k_2 e^{ik_2 a} - B_2 k_2 e^{-ik_2 a} = A_3 k_1 e^{ik_1 a} \tag{6.25}$$

上記の式 (6.22)～式 (6.25) より A_2 と B_2 を消去する．

まず，式 (6.22) の両辺に k_2 を掛け，式 (6.23) との和および差をそれぞれとると

$$\frac{1}{2k_2}\left[(k_1 + k_2)A_1 - (k_1 - k_2)B_1\right] = A_2 \tag{6.26}$$

$$\frac{1}{2k_2}\left[-(k_1 - k_2)A_1 + (k_1 + k_2)B_1\right] = B_2 \tag{6.27}$$

を得る．次に式 (6.24) の両辺に k_1 を掛け，式 (6.25) との差をとると

$$k_1 e^{ik_2 a} A_2 + k_1 e^{-ik_2 a} B_2 = k_2 e^{ik_2 a} A_2 - k_2 e^{-ik_2 a}$$

であるから，

$$\frac{B_2}{A_2} = -\frac{k_1 - k_2}{k_1 + k_2} e^{2ik_2 a} \tag{6.28}$$

となる．式 (6.28) へ式 (6.26) と式 (6,27) を適用すると

$$\frac{(k_1 - k_2)A_1 - (k_1 + k_2)B_1}{(k_1 + k_2)A_1 - (k_1 - k_2)B_1} = \frac{k_1 - k_2}{k_1 + k_2} e^{2ik_2 a} \tag{6.29}$$

となる．式 (6.29) より B_1/A_1 の比の関係式に書き改めると

$$\frac{B_1}{A_1} = \frac{(k_1^2 - k_2^2)(1 - e^{2ik_2 a})}{(k_1 + k_2)^2 - (k_1 - k_2)^2 e^{2ik_2 a}} \tag{6.30}$$

となる．よって式 (6.18) が導かれた．

次に A_3/A_1 を求める．式 (6.22) と式 (6.24) より

$$A_2 = \frac{e^{-ik_2 a}(A_1 + B_1) - e^{ik_1 a} A_3}{e^{-ik_2 a} - e^{ik_2 a}} \tag{6.31}$$

$$B_2 = \frac{e^{ik_1 a} A_3 - e^{ik_2 a}(A_1 + B_1)}{e^{-ik_2 a} - e^{ik_2 a}} = -\frac{e^{ik_2 a}(A_1 + B_1) - e^{ik_1 a} A_3}{e^{-ik_2 a} - e^{ik_2 a}} \tag{6.32}$$

となる．そこで式 (6.30)，式 (6.31) と式 (6.28) により A_3/A_1 を含む項が書き下せる．

$$\frac{k_1 - k_2}{k_1 + k_2} e^{2ik_2 a} = \frac{e^{ik_2 a}(A_1 + B_1) - e^{ik_1 a} A_3}{e^{-ik_2 a}(A_1 + B_1) - e^{ik_1 a} A_3} \tag{6.33}$$

計算を容易にするため上式の左辺を K とおいて分解すると

$$e^{-ik_2 a}(A_1 + B_1) - e^{ik_1 a} A_3 = K e^{ik_2 a}(A_1 + B_1) - K e^{ik_1 a} A_3$$

となる．これを整理して

$$(K - 1) e^{ik_1 a} A_3 = (K e^{-ik_2 a} - e^{ik_2 a})(A_1 + B_1)$$

上式の両辺に $1/A_1$ を掛けて A_3/A_1 の項をつくる．

$$\frac{A_3}{A_1} = \frac{e^{-ik_1 a}}{K - 1} \left(1 + \frac{B_1}{A_1} \right) (K e^{-ik_2 a} - e^{ik_2 a}) \tag{6.34}$$

式 (6.30) を式 (6.34) に適用して計算を実行する．

$$\begin{aligned} \frac{A_3}{A_1} &= \left[\frac{(k_1 + k_2) e^{-ik_1 a}}{(k_1 - k_2) e^{2ik_1 a} - (k_1 + k_2)} \right] \\ &\quad \times \left[\frac{(k_1 + k_2)^2 - (k_1 - k_2)^2 e^{2ik_2 a} + (k_1^2 - k_2^2) - (k_1^2 - k_2^2) e^{2ik_2 a}}{(k_1 + k_2)^2 - (k_1 - k_2)^2 e^{2ik_2 a}} \right] \\ &\quad \times \left[\frac{(k_1 - k_2) e^{ik_2 a} - (k_1 + k_2) e^{ik_2 a}}{k_1 + k_2} \right] \\ &= \left[\frac{(k_1 + k_2) e^{-ik_1 a}}{(k_1 - k_2) e^{2ik_2 a} - (k_1 + k_2)} \right] \left[\frac{-2k_1 (k_1 - k_2) e^{2ik_2 a} - (k_1 + k_2)}{(k_1 + k_2)^2 - (k_1 - k_2)^2 e^{2ik_1 a}} \right] \\ &\quad \times \left[\frac{-2k_2 e^{2ik_2 a}}{k_1 + k_2} \right] \\ &= \frac{4 k_1 k_2 e^{-i(k_1 - k_2) a}}{(k_1 + k_2)^2 - (k_1 - k_2)^2 e^{2ik_2 a}} \end{aligned} \tag{6.35}$$

よって式 (6.19) が導かれた．

[II] 散乱問題の考察

式 (6.20) および式 (6.21) で示した反射と透過の各係数の意味について考察する．反射係数 R は，図 6.3 の領域 [1] の左側からの進行波（電子）がポテンシャル障壁 $(x = 0)$ に衝突したときの反射される確率を意味する．また，透過係数 T は進行波 (電子) が領域 [1] からポテンシャル領域 [2] に入射し通過して，領域 [3] に到達する確率を意味する．このことは，電子の量子論的な解釈によるものである．

そこで，電子の運動エネルギー E と（散乱による）相互作用ポテンシャル V_0 の関係について考察する．$E > V_0$ の場合，古典力学的には電子はすべてポテンシャル壁を乗り越えて領域 [3] に達することが可能であるから $R = 0$, $T = 1$ となる．しかし，実際には反射や透過はそれぞれ確率的な事象である．一方 $E < V_0$ の場合，古典力学的には電子はポテンシャル障壁ですべて反射され透過することはない（$R = 1$, $T = 0$）．しかし，量子力学では $E < V_0$ であっても確率的に障壁を貫通するものもあるので，$0 < R < 1; 0 < T < 1$ の条件が成り立つ．このように量子論的に電子は波としてみるとポテンシャル障壁を透過することが可能であり，この透過現象を一般にトンネル効果とよぶ．

6.1.3　1次元格子の周期ポテンシャル

ここでは，図 6.2 のエネルギー・バンドで示した [III] 価電子帯および [IV] の局在電子について議論しよう．結晶では原子が規則的に周期的に配列していることから，図 6.2 の 1 次元格子の周期的なポテンシャル・エネルギー $U(x)$ は格子定数 a の周期関数

$$U(x) = U(x+a) = U_0 \exp\left(i\frac{2\pi x}{a}\right) \equiv U_0 \cos\left(\frac{2\pi x}{a}\right) \tag{6.36}$$

で与えられる．このような周期ポテンシャルで構築された結晶中を運動する電子は，フェルミ準位を基準にとると，先述のシュレーディンガー形式を用いて以下のように表される．

$$-\frac{\hbar^2}{2m}\frac{d^2\phi}{dx^2} - U(x)\phi = E\phi \tag{6.37}$$

もしくは

$$\frac{d^2\phi}{dx^2} + \frac{2m}{\hbar^2}\left(E + U_0 \cos\frac{2\pi x}{a}\right)\phi = 0 \tag{6.38}$$

上式は 1 次元周期ポテンシャル・エネルギー問題の基本形式である．実際，この方程式を解いてみる．計算を簡便にするため次のように変数置換する．

$$\left.\begin{aligned} &\frac{2\pi x}{a} = X \qquad \frac{d^2\phi}{dx^2} = \left(\frac{2\pi}{a}\right)^2 \frac{d^2\phi}{dX^2} \\ &\left(\frac{a}{2\pi}\right)^2 \frac{2mE}{\hbar^2} = \alpha \qquad \left(\frac{a}{2\pi}\right)^2 \frac{2mU_0}{\hbar^2} = \beta \end{aligned}\right\} \tag{6.39}$$

これらを式 (6.38) に適用すると

$$\frac{d^2\phi}{dX^2} + (\alpha + \beta\cos X)\phi = 0 \tag{6.40}$$

と書ける．結局，議論は式 (6.40) を解くことになる．この場合，式 (6.40) は $\alpha > \beta$, $\alpha < \beta$ および $\alpha = \beta$ の 3 つの条件によって特徴づけられる．

[i] $\alpha > \beta$（弱い相互作用）の場合；外殻の価電子の運動エネルギー E が，内部の静電的なクーロン相互作用に代表されるポテンシャル・エネルギー $U(x)$ より大きいことを意味する．すなわち電子と結晶場との相互作用は電子の運動エネルギーに比べて十分小さく無視することができ，自由電子と同様の扱いができることを示唆している．このことにより $\alpha + \beta \cos X \cong \alpha$ とみなして，式 (6.40) は

$$\frac{d^2\phi}{dX^2} + \alpha\phi = 0 \tag{6.41}$$

と近似式で与えられる．これを解いて正の向きに進行波を選ぶと

$$\phi = Ce^{i\sqrt{\alpha}X} \quad (C \text{ 係数}) \tag{6.42}$$

を得る．ここで 1 次元格子の大きさを $L = aN_L$（N_L は単位格子の数，a は格子定数）とし，式 (6.39) により式 (6.42) は次のように表せる．

$$\left.\begin{aligned} \phi &= Ce^{ikX} \quad \left(k = \frac{2\pi n}{L}\right) \\ E &= \frac{\hbar^2}{2m}k^2 \end{aligned}\right\} \tag{6.43}$$

ただし，k は 1 次元格子での電子の波数である．このようにフェルミ準位から少し高い位置で，弱い相互作用を伴って結晶中を遍歴する（遍歴電子）．

[ii] $\alpha < \beta$（強い相互作用）の場合；電子は運動エネルギー E がポテンシャル・エネルギー $U(x)$ に比べて小さいので，ポテンシャル・エネルギーに強く束縛されて内殻に閉じ込められ，一定の振動を繰り返している．一般に，粒子がポテンシャル・エネルギーなどに強く束縛されている状態を局在化という．内殻電子は核からの静電的クーロン相互作用により強く束縛されている（局在電子）．このような状況で，特に，式 (6.38) で $x = 0$（格子点）の近傍に局在している電子について考察する．式 (6.40) のポテンシャル項を $X = 0$ の近傍で展開すると

$$U(X) = \beta \cos X \cong \beta\left(1 - \frac{1}{2}X^2\right) \tag{6.44}$$

と表せる．すなわち，ポテンシャル・エネルギーが図 6.2 に示すように放物形になっており，内殻電子はこの放物形ポテンシャルの深い準位から順番に詰めて局在している．そこで式 (6.44) のポテンシャル・エネルギーを式 (6.40) に

適用して，局在電子の固有状態を求める．式 (6.44) を式 (6.40) に適用する．

$$\frac{d^2\phi}{dX^2}+\left(\lambda-\frac{\beta}{2}X^2\right)\phi=0 \tag{6.45}$$

もしくは（ただし，λ はエネルギーを特徴づけるパラメータ；$\lambda=\alpha+\beta$），

$$\frac{d^2\phi}{dX^2}+\frac{\beta}{2}\left(\frac{2\lambda}{\beta}-X^2\right)\phi=0 \tag{6.46}$$

と書ける．ここで式 (6.46) を解くのに，便宜上，係数 $\beta/2=1$ になるように設定すると

$$\frac{d^2\phi}{dX^2}+(\lambda-X^2)\phi=0 \tag{6.47}$$

となる．この形式は調和振動問題を表すエルミート微分方程式である．

ここで便宜上，変数 X は x で表記しても内容は不変であるので，X を x に改める．有限次の多項式 $u(x)$ を用いて式 (6.47) の仮定解を

$$\phi(x)=u(x)e^{-\frac{1}{2}x^2} \tag{6.48}$$

とすると，次のように $u(x)$ の微分方程式に書き換えられる．

$$u''(x)-2xu'(x)+(\lambda-1)u(x)=0 \tag{6.49}$$

ここでパラメータ λ を

$$\lambda_n=2n+1(n=0,1,2,3,\cdots) \tag{6.50}$$

のように選ぶと式 (6.49) は次のように次数 n をパラメータとして書き直すことができる．

$$u_n''(x)-2xu_n'(x)+2nu(x)=0 \tag{6.51}$$

上式は n 次のエルミート微分方程式とよばれる．この微分方程式はフロベニウスの方法（解を無限級数の形式で表す方法）を用いて解くことができる．実際，この方法を用いて解くと

$$\begin{aligned}u(x)=H_n(x)&=(2n)^n-\frac{n(n-1)}{1\,!}(2x)^{n-2}\\&\quad+\frac{n(n-1)(n-2)(n-3)}{2\,!}(2x)^{n-4}-\cdots\\&\quad(n=0,1,2,3,\cdots)\end{aligned} \tag{6.52}$$

が得られる．この $H_n(x)$ はエルミート多項式とよばれている．このことから

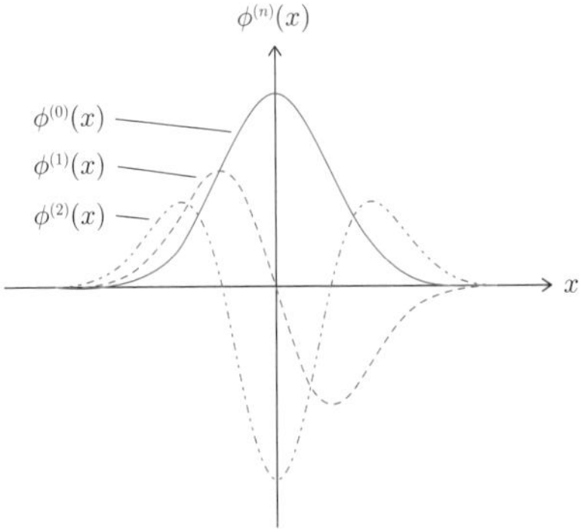

図 6.4 エルミート関数 $H_n(x)$ を用いて固有関数 $\phi(x) = H_n(x)\exp\left(-\frac{1}{2}x^2\right)$ を表す．固有関数は次数 n をパラメータとする調和振動形 $\phi^{(0)}(x)$, $\phi^{(1)}(x)$, $\phi^{(2)}(x)$, $\cdots$, $\phi^{(n)}(x)$，固有値は式 (6.53) でそれぞれ与えられる．

式 (6.51) の一般解は式 (6.48) で与えられる（付録 A を参照）．

以上のことから局在電子の固有関数は，図 6.4 に示すように次数 n をパラメータとする調和振動形 $\phi^{(n)}(x)$ であり，また，その固有値 E_n は，式 (6.50) の右辺を $2E_n/\hbar\omega_0$ とおき，$E_0(=\hbar\omega_0/2)$ を基底エネルギーにすると，次式で表される．

$$E_n = \left(n + \frac{1}{2}\right)\hbar\omega_0 \quad (n = 0, 1, 2, 3, \cdots) \tag{6.53}$$

このことは，基底エネルギー E_0 が古典力学では 0 であるが，量子力学ではスピン角周波数を ω_0 とするスピン才差運動が存在することを意味している．

[iii] $\alpha = \beta$ **（やや弱い相互作用）の場合**；複素共役関数 ϕ_1 と ϕ_2

$$\phi_1(x) = U(x)e^{iKx} \qquad ; \qquad \phi_2(x) = U(x)e^{-iKx} \tag{6.54}$$

を導入して式 (6.40) を解くと固有関数は

$$\begin{aligned}\phi(x) &= C_1\phi_1(x) + C_2\phi_2(x) \\ &= C_1U(x)e^{iKx} + C_2U(x)e^{-iKx} \\ &= CU(x)\cos Kx\end{aligned} \tag{6.55}$$

で与えられる．ただし，K は実定数で波数 $(K = 2\pi n/a)$，C_1, C_2 および C は定数である．

6.2 ブロッホ関数

キーワード ●局在電子 ●周期ポテンシャル・エネルギー ●周期関数

結晶の原子配位は規則的な周期性を有するので，結晶ポテンシャルも周期性が成り立ち，結晶中を運動する電子にも周期的特性が反映される．このように電子運動を周期関数で表す形式をブロッホ関数という．ここではブロッホ関数について，N_L 個の同じ原子が等間隔 a で配列している環状形（環状の長さ $L = N_La$）の 1 次元格子模型を用いて議論する．この各格子点の作るポテンシャル・エネルギーおよび固有関数は周期性により同一であり，次の関係式で表される．

$$\begin{cases} U(x) = U(x+a) = \cdots = U(x+ja) = \cdots = U(x+N_La) & (6.56) \\ \quad (j = 0, 1, 2, \cdots, N_L - 1, N_L \quad \text{ただし } j = N_L = 0 \text{ に一致}) & \\ \phi(x) = \phi(x+a) = \cdots = \phi(x+ja) = \cdots = \phi(x+N_La) & (6.57) \end{cases}$$

ここで周期性を表すパラメータ λ を用いて式 (6.57) を書き改める．

$$\left.\begin{array}{ll} j = 0\ ; & \phi(x) \\ j = 1\ ; & \phi(x+a) = \lambda\phi(x) \\ \quad\vdots & \qquad\vdots \\ j = N_L\ ; & \phi(x+N_La) = \lambda^{N_L}\phi(x) \end{array}\right\} \tag{6.58}$$

式 (6.58) は環状格子における状態関数の条件表示である．ここでパラメータ λ は式 (6.57) と式 (6.58) により，周期関数の性質

$$\lambda = \exp\left(\frac{i2\pi j}{N_L}\right) \qquad (j = 0, 1, 2, \cdots, N_L - 1, N_L\ ;\ j = N_L = 0) \tag{6.59}$$

を有している．これら各格子点近傍でのシュレーディンガー方程式を次のように整理して表示する．

格子点	ポテンシャル	固有関数	シュレーディンガー方程式
$j=0$	$U(x)$	$\phi(x)$	$-\dfrac{\hbar^2}{2m}\dfrac{d^2\phi(x)}{dx^2}+U(x)\phi(x)=E\phi(x)$
$j=1$	$U(x+a)$	$\phi(x+a)$	$-\dfrac{\hbar^2}{2m}\dfrac{d^2\phi(x+a)}{dx^2}+U(x)\phi(x+a)$ $=E\phi(x+a)$
$\vdots$	$\vdots$	$\vdots$	$\vdots$
$j=N_L$	$U(x+N_La)$	$\phi(x+N_La)$	$-\dfrac{\hbar^2}{2m}\dfrac{d^2\phi(x+N_La)}{dx^2}+U(x)\phi(x+N_La)$ $=E\phi(x+N_La)$

$(j=N_L=0$（原点）に一致$)$ (6.60)

ここで j 番目の格子点における局在電子の状態関数を $u_j(x)$ で与えると，電子の波動関数は，格子の周期性 $\exp ikx$ と重ね合わせて

$$\phi(x)=e^{ikx}u_k(x) \quad （ただし，k=2\pi j/Na=2\pi j/L） \tag{6.61}$$

の形式で表される．この形式はブロッホ関数とよばれる．ブロッホ関数は格子の周期関数とポテンシャルの周期性から導かれた関数の重畳である．このことは図 6.5 に示すように，格子と同じ周期をもつ局在電子 $u(x)$ が結晶中を伝播する電子の波動 e^{ikx} を変調し，結局，電子の伝播波は式 (6.61) で与えられる．

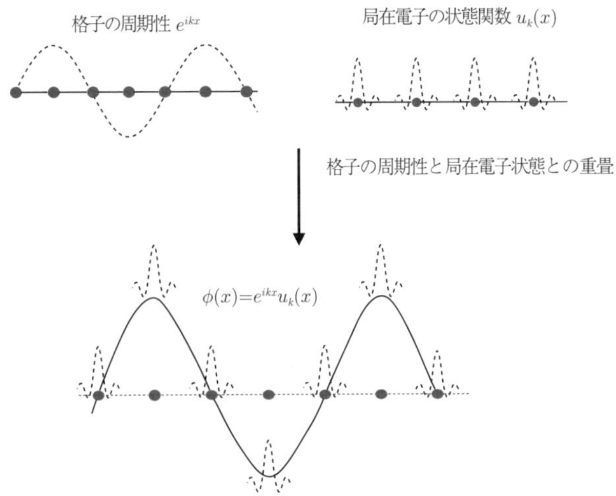

図 6.5　1 次元周期格子系におけるブロッホ関数 $\phi(x)=e^{ikx}u_k(x)$ の概念図．

6.3 伝導電子と周期ポテンシャル場の相互作用

キーワード　● 周期ポテンシャル・エネルギー　● 電子散乱
● クローニッヒ・ペニー模型

伝導電子（1 次元）$\phi(x)$ と格子間隔 a の 1 次元格子をつくる周期ポテンシャル・エネルギー $U(x)$ との相互作用を表す基本方程式を導出し，それをブリュアン帯の境界に適用して，境界近傍のバンド状態を調べる．

6.3.1 1 次元周期ポテンシャル場の基本方程式

格子間隔 a の 1 次元格子のつくる周期ポテンシャル・エネルギーは式 (6.36) より，第 3 章で示した逆格子 $G = 2\pi/a$ のフーリエ級数として展開される．

$$U(x) = \sum_G U_G e^{iGx} \tag{6.62}$$

このような周期ポテンシャル・エネルギーをもつ 1 次元格子系での電子の運動は，1 電子近似のシュレーディンガー方程式

$$-\frac{\hbar^2}{2m}\frac{d^2\phi(x)}{dx^2} + U(x)\phi(x) = E\phi(x) \tag{6.63}$$

で表される．上式の $\phi(x)$ は格子点のイオン殻ポテンシャル内の電子の運動，および平均化されたポテンシャル場内における伝導電子の運動を表す固有関数である．このような周期的な格子空間内を運動する電子の固有関数は，境界条件を満たす波数 k 全体についての和をとって，フーリエ級数に展開できる．

$$\phi(x) = \sum_k c(k)e^{ikx} \tag{6.64}$$

ここで係数 $c(k)$ は境界条件によって決まる定数である．ただし，$k = 2\pi n/L$, L は 1 次元格子の大きさ ($L = aN_L$)，n は正負の整数であり，$\exp ikx$ は平面波である．

実際に式 (6.63) を解いてみる．式 (6.62)，式 (6.64) を式 (6.63) へ適用すれば

$$\sum_k \frac{\hbar^2}{2m}k^2 c(k)e^{ikx} + \sum_G \sum_k U_G c(k)e^{i(k+G)x} = E\sum_k c(k)e^{ikx} \tag{6.65}$$

となる．上式の左辺第 2 項は，級数展開形式について $k \to k - G$ ととると

$$\sum_k c(k)e^{i(k+G)x} = c(k-G)e^{ikx} \tag{6.66}$$

の平面波で表せる．これより式 (6.65) は，

$$(E_k - E)c(k) + \sum_G U_G c(k-G) = 0 \tag{6.67}$$

のことを要請している．ただし，$E_k = \hbar^2 k^2/2m$ である．式 (6.67) は，周期格子の基本方程式とよばれる．

6.3.2 境界近傍のエネルギー・バンド

先述のような結晶格子系において電子とポテンシャル・エネルギーとの相互作用がある場合，電子の運動を表すシュレーディンガー方程式は，ポテンシャル・エネルギーおよび波動関数の周期関数への展開形式により，その展開係数 $c(k)$ の基本方程式に帰着する．ここでは，式 (6.67) を第 1 ブリュアン帯の境界近傍の電子に適用して，そこのエネルギー・バンドについて調べる．

まず，電子状態の条件として，ブリュアン帯の境界近傍での電子の運動エネルギーはポテンシャル・エネルギーのフーリエ成分 U_G に比べて大きいものとする ($p^2/2m > U_G$, p は電子の運動量)．ここで第 3 章の例題 3.1 で議論したように，境界での電子の弾性散乱 ($\boldsymbol{k} - \boldsymbol{G} = \boldsymbol{k}'$; $|\boldsymbol{k}| = |\boldsymbol{k}'|$) を仮定すると，電子の波数 k は第 5 章，図 5.6 の第 1 ブリュアン帯の境界 ($k = G/2$) で $k = \pm\pi/a$ であるので

$$\left.\begin{aligned} k^2 &= \left(\frac{1}{2}G\right)^2 \\ k'^2 &= (k-G)^2 = \left(\frac{1}{2}G - G\right)^2 = \left(-\frac{1}{2}G\right)^2 \end{aligned}\right\} \tag{6.68}$$

と書ける．ここでの議論は第 1 ブリュアン帯の境界域を対象に考えているので，$U_G = U$ とし，境界 k, k' に対して式 (6.67) を適用する．

$$\left.\begin{aligned} k\left(= \frac{1}{2}G = \frac{\pi}{a}\right) &; \quad (E_k - E)\,c_+ + U\,c_- = 0 \\ k'\left(= k - G = -\frac{1}{2}G = -\frac{\pi}{a}\right) &; \quad U\,c_+ + (E_k - E)\,c_- = 0 \end{aligned}\right\} \tag{6.69}$$

ただし，$c_+ = c(G/2)$, $c_- = c(-G/2)$ である．式 (6.69) が同時に成り立つためには，

$$\begin{vmatrix} E_k - E & U \\ U & E_k - E \end{vmatrix} = 0 \tag{6.70}$$

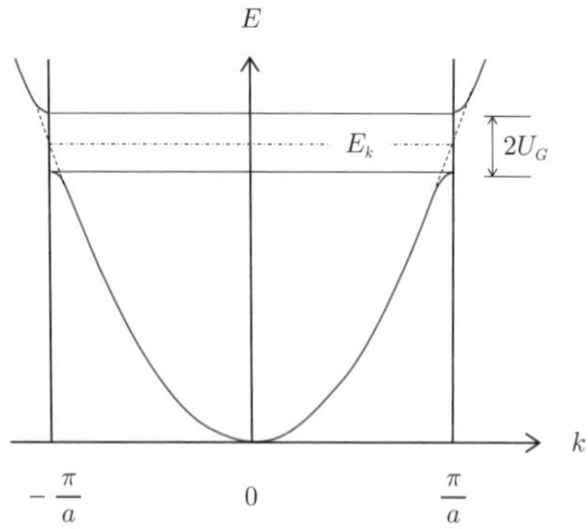

図 6.6　1 次元格子における第 1 ブリュアン帯のエネルギー境界.

である．電子の運動エネルギー E_k は

$$E_k = \frac{\hbar^2}{2m}k^2 = \frac{\hbar^2}{2m}\left(\frac{1}{2}G\right)^2 \tag{6.71}$$

であるから，式 (6.70) より求める固有値 E は

$$E = E_k \pm U = \frac{\hbar^2}{2m}\left(\frac{1}{2}E\right)^2 \pm U \qquad (U = U_G) \tag{6.72}$$

と得られる．このことからバンドのエネルギー状態は，エネルギー E_k に対して，ポテンシャル・エネルギー U の高低差のエネルギーギャップをつくることを示している．したがって，第 1 ブリュアン帯の境界 ($k = G/2 = \pi/a$，および $k' = -G/2 = -\pi/a$) において，ポテンシャル・エネルギーは図 6.6 に示すように $2U_G$ のエネルギーギャップを生じる．

本章のキーポイントの図 6.1 におけるフェルミ準位 E_F は，電子の活性化に必要な最小エネルギーであり E_k と等価である．図 6.1 のバンドギャップは図 6.6 の $2U_G$ に相当している．

例題 6.2

格子間隔 a の 1 成分系 1 次元格子のポテンシャル・エネルギー $U(x)$ が

$$U(x) = 2\sum_{0<G} U_G \cos Gx = Aa\sum_{s} \delta(x - sa) \tag{6.73}$$

の δ 関数で与えられるとき，これをクローニッヒ・ペニー模型という．ただし，A は決定すべき定数，s は $0 < s < 1/a$ の間に含まれるすべての整数で

ある．格子の境界条件を $0 < x < 1$ として，以下の設問に答えよ．

(1) 式 (6.73) のポテンシャル・エネルギーを使って式 (6.67) の係数方程式を書き下せ．

(2) 係数 A を求めよ．

(3) (1) のポテンシャル・エネルギーのフーリエ成分の値が，ブリュアン帯境界での自由電子の運動エネルギーに比べて小さいとして，波数 $k = \pm G/2$ のとき，固有値 E は 式 (6.72) であることを示せ．

解説

(1) 1 次元格子の境界条件 $0 < x < 1$ に基づき，ポテンシャル・エネルギーのフーリエ係数 U_G を求める．

$$U_G = \int_0^1 U(x)\cos G\,x\,dx = Aa\sum_s \int_0^1 \delta(x - sa)\cos G\,x\,dx$$

$$= A\,a\sum_s \cos G\,sa = A\,a\sum_s \cos\frac{2\pi}{a}sa = A\,a\,(1 + 1 + \cdots + 1)$$

$$= A\,a\left(1 \times \frac{1}{a}\right) = A \tag{6.74}$$

ただし，計算は δ 関数の積分公式

$$\int f(x)\delta(x - a)dx = f(a) \tag{6.75}$$

を用いた．また，$(1 + 1 + \cdots + 1)$ は 1 が格子点の数 $1/a$ だけ存在する．式 (6.74) により式 (6.67) の基本方程式は，$c_k = c(k)$ で表記すると次の係数方程式となる．

$$(E_k - E)c(k) + A\sum_n c\left(k - \frac{2\pi\,n}{a}\right) = 0 \tag{6.76}$$

(2) 式 (6.76) の左辺第 2 項について，便宜的に k の関数形式 $f(k)$

$$f(k) = f(k - k_n) = \sum_n c\left(k - \frac{2\pi\,n}{a}\right) \tag{6.77}$$

と表し，電子の運動エネルギー $E_k = \hbar^2k^2/2m$ を用いて式 (6.76) を書き直す．

$$\left(\frac{\hbar^2k^2}{2m} - E\right)c(k) + Af(k) = 0 \tag{6.78}$$

これより係数は

$$c(k) = -\frac{\dfrac{2mA}{\hbar^2}}{k^2 - \dfrac{2mE}{\hbar^2}} f(k) \tag{6.79}$$

と書ける．上式は k について周期性を考慮して $k \to k - k_n = k - 2\pi\, n/a$ と置くと，

$$c\left(k - \frac{2\pi\, n}{a}\right) = -\frac{\dfrac{2mA}{\hbar^2}}{\left(k - \dfrac{2\pi\, n}{a}\right)^2 - \left(\dfrac{2mE}{\hbar^2}\right)^2} f(k) \tag{6.80}$$

と表せる．式 (6.78)，式 (6.79) および式 (6.80) より求めるべき係数 A は次の形式で与えられる．

$$A^{-1} = -\frac{2m}{\hbar^2} \sum_n \frac{1}{\left(k - \dfrac{2\pi\, n}{a}\right)^2 - \left(\dfrac{2mE}{\hbar^2}\right)^2} \tag{6.81}$$

(3) 基本方程式について $c(G/2) = c_+$, $c(-G/2) = c_-$ と表記し，係数だけを取り出す．

$$k = +\frac{1}{2}G\ ; \quad (E_k - E)c_+ + Uc_- = 0 \tag{6.82}$$

$$k = -\frac{1}{2}G\ ; \quad Uc_+ + (E_k - E)c_- = 0 \tag{6.83}$$

これより両者を満足する関係

$$\begin{vmatrix} E_k - E & U \\ U & E_k - E \end{vmatrix} = 0 \tag{6.84}$$

が要請される．ゆえに求める固有値 E

$$E = E_k \pm U = \frac{\hbar^2}{2m}\left(\frac{1}{2}G\right)^2 \pm U \qquad (U = U_G) \tag{6.85}$$

を得る．

6.4 立方格子のブリュアン帯

キーワード ●反復素ゾーン ●還元ゾーン

上記では1次元格子のブリュアン帯のエネルギー境界について述べた．ここでは2次元単純立方格子の場合について議論する．

先に示したように格子定数aの1次元格子のブリュアン帯は，ポテンシャル・エネルギー境界が$\pm n\pi/a$ $(n=0,1,2,\cdots)$の周期で表される．このことは2次元単純立方格子にも当てはめることができる．図6.7は自由電子模型による2次元単純立方格子のつくるエネルギー準位(E_x, E_y)と波数(k_x, k_y)の関係を概念的に示したものである．結晶が1成分系立方格子の場合，$E-k_x$と$E-k_y$は対称であり，ブリュアン帯のエネルギー領域も図6.7のように対称的な正方形をつくる．

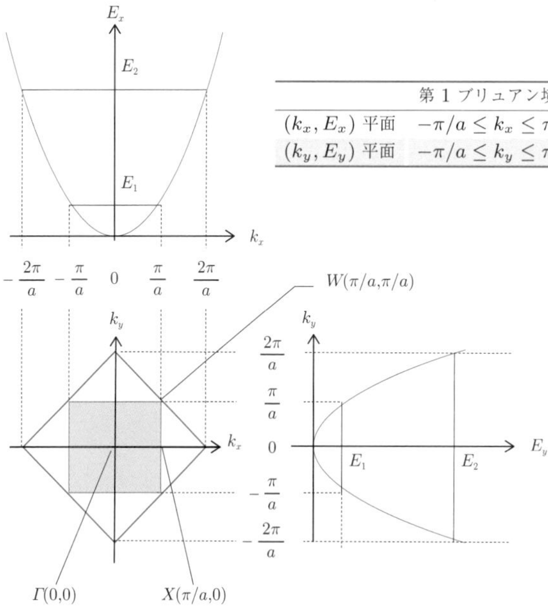

	第1ブリュアン境界	第2ブリュアン境界
(k_x, E_x) 平面	$-\pi/a \leq k_x \leq \pi/a$	$-2\pi/a \leq k_x \leq 2\pi/a$
(k_y, E_y) 平面	$-\pi/a \leq k_y \leq \pi/a$	$-2\pi/a \leq k_y \leq 2\pi/a$

図6.7 ブリュアン境界と空間点（2次元）の名称．
原点$\Gamma(0,0)$，第1ブリュアン帯とk軸（k_x軸およびk_y軸）との交点$X(\pm\pi/a,0)$および$X(0,\pm\pi/a)$，第1と第2ブリュアン境界との接点$W(\pm\pi/a,\pm\pi/a)$．

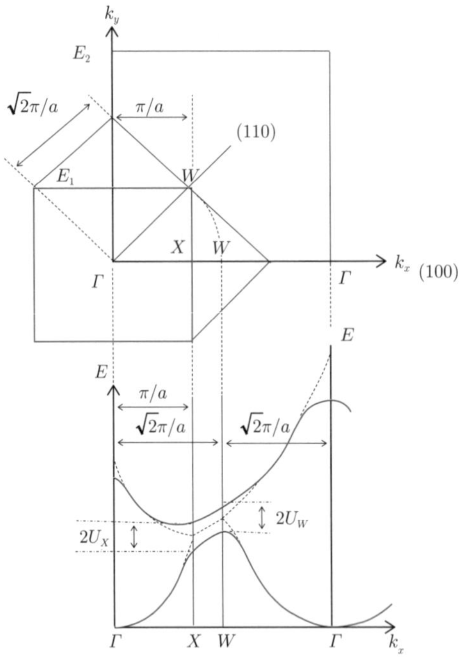

図 6.8　2 次元単純立方格子の第 1，第 2 ブリュアン境界と k_x 軸上への反復ゾーンおよびエネルギー E 軸への還元ゾーン．

図 6.7 に示した第 1，第 2 ブリュアン境界で囲まれた領域のエネルギー・バンド構造を描き，自由電子模型に従って原点 Γ と点 X の間でエネルギー・バンドの反復ゾーン表示を行う．

図 6.8 は図 6.7 で得た第 1，第 2 ブリュアン境界領域でのエネルギー・バンド構造の概略図である．自由電子の運動エネルギーは波数 k の 2 乗の関数で与えられので，2 次曲線で描かれる．その曲線領域は対称性を考慮すると π/a の幅の範囲に集約される．

この集約したエネルギーは還元ゾーンとよばれ，図 6.8 の $\Gamma \leq k_x \leq X$ の範囲の (E, k_x) 平面内で繰り返される．次に，原点 Γ と接点 W との間の長さ $\sqrt{2}\pi/a$ を半径にとって，点 W を k_x 軸上へ回転投影（破線表示した部分）し，その点をあらためて点 W（原点からの長さ $\sqrt{2}\pi/a$）とする．また，第 2 ブリュアン境界の原点は，k_x 軸上で点 W から正の方向へ $\sqrt{2}\pi/a$ だけ離れた位置にある．このようにして拡張した領域は反復ゾーンとよばれ，作図されたものが

2 次元単純立方格子のエネルギー・バンド構造である．ここで先述の 1 次元格子のエネルギー境界でのバンドギャップ $2U_G$ は，図 6.8 の第 1 ブリュアン境界の $2U_X$ と第 2 ブリュアン境界の $2U_W$ に対応している．

2 価金属のように単位格子当たりの電子数が偶数であっても，導電性を示すのは図 6.1 の金属のバンド模型で示したように，図 6.8 の第 2 バンドの点 W が第 1 バンドの点 X より低いので，バンドの重なり部分ができる．そのため電子は，ゾーンの境界でエネルギーギャップがあっても，機構的に点 W のゾーンの端から電子を流出し，第 1 バンドの上部を空にして，下のバンドを満たさずに，エネルギー的に低い第 2 バンドの底部に入った方が安定で有利である．

第 7 章

金属電子論

Key point　フェルミ分布，ボーズ分布，ボルツマン分布

多粒子系において系の j 番目のエネルギー準位 E_j を占有する平均粒子数は，下記の統計力学での分布関数 $f(E)$ で表される．ただし，個々の粒子の運動が許される量子状態は1粒子状態といい，温度 T においてこの状態を占めることのできる粒子数を N_p とし，その統計的平均粒子数を $\langle N_p \rangle$，フェルミ・エネルギーを E_F とする．

表 7.1　各粒子系とエネルギー分布関数．

粒子系	統計力学	粒子のエネルギー分布関数 $f(E)$
フェルミ粒子 ・電子，陽電子，陽子，中性子，μ 中間子など	フェルミ – ディラック統計 ・$N_p = 0$ または 1 ・パウリの排他原理に従う	$f(E) = \dfrac{1}{\exp\left(\dfrac{E_j - E_F}{k_B T}\right) + 1}$
ボーズ粒子 ・フォノン，フォトンなど	ボーズ – アインシュタイン統計 ・$N_p = 0, 1, 2, \cdots, \infty$ ・パウリの排他原理は成立しない	$f(E) = \dfrac{1}{\exp\left(\dfrac{E_j - E_F}{k_B T}\right) - 1}$
フェルミ粒子 および ボーズ粒子	ボルツマン統計 ($E_j - E_F > k_B T$ の条件下ではフェルミ – ディラック統計およびボーズ – アインシュタイン統計はいずれもボルツマン統計に帰着する．)	$f(E) = \dfrac{1}{\exp\left(\dfrac{E_j - E_F}{k_B T}\right)}$

7.1 フェルミ・エネルギー

キーワード ●自由電子 ●フェルミ気体 ●フェルミ－ディラック分布 ●ボルツマン分布

7.1.1 1次元格子模型

自由電子は相互作用のない理想的なフェルミ気体としてみなすことができる．そこで自由電子模型で扱うことのできる物質の最も安定な基底状態は系の温度 T が 0 [K] のときであり，このときの電子の占める最も高いエネルギー準位がフェルミ・エネルギー E_F である．議論を簡明にするため結晶の大きさが L の 1 次元格子を考える．E_F はエネルギー準位の指数を表す量子数 n について $n = n_F$ とすると，式 (5.21) より

$$E_F = \frac{\hbar^2}{2m}\left(\frac{n_F \pi}{L}\right)^2 \tag{7.1}$$

と表される．そこで，図 7.1 に示すように全電子数を N_e（ただし，便宜上 N_e は偶数）とすると，パウリの原理により 1 つのエネルギー準位につき，スピンを考慮に入れて 2 個の電子（↑，↓）で占められるので，エネルギー準位の状態数 n は $N_e/2$ である．したがって系の温度 T が 0 [K] のとき，フェルミ・エネルギーは式 (7.1) により

$$E_F = \frac{\hbar^2}{2m}\left(\frac{N_e \pi}{2L}\right)^2 \tag{7.2}$$

と与えられる，そのときの電子状態は図 7.1(a) で表される．ここで金属の場合，N_e は電気伝導に関与する自由電子を考えれば奇数でなければならないが，金属のエネルギー・バンドには重なり部分があるので，自由電子は偶数であって

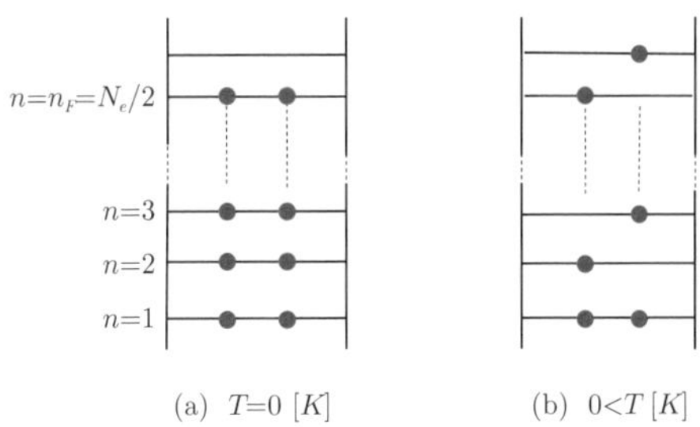

図 7.1 金属の自由電子（価電子）のエネルギー準位と状態．

も補償される．

次に，系の温度が $0 < T\,[\mathrm{K}]$ の場合について考察する．格子系の温度の上昇とともに，自由電子の運動エネルギーが増大し，図 7.1(b) に示すように，$E - E_F \leq k_B T$ の条件の下で，電子状態はフェルミ - ディラック分布

$$f(E) = \frac{1}{\exp\left(\dfrac{E - E_F}{k_B T}\right) + 1} \tag{7.3}$$

に従う．上式において温度が十分低く $E - E_F \gg k_B T$ の場合には

$$f(E) = \frac{1}{\exp\left(\dfrac{E - E_F}{k_B T}\right)} \tag{7.4}$$

が成り立ち，この形式はボルツマン分布とよばれる．このことは，低温における自由電子はボルツマン統計に従うことを意味している．

7.1.2　3 次元格子内の自由電子

1 辺の長さを L とする立方体の結晶を想定して，その中を自由電子という理想気体で満たされているものとする．理想気体は衝突などの相互作用に対して自身の運動エネルギーに比べ十分弱く無視できるとする．また，結晶中の自由電子は，第 5 章 5.2 節で扱った 1 粒子近似により，平均的にはすべて同じ振る舞いをしているとみなして，1 個の電子に着目し，その電子の振る舞いを調べれば，全電子の平均的な振る舞いを知ることができる．そこで着目する 1 個の自由電子の運動を表す 3 次元シュレーディンガー方程式は，第 5 章の式 (5.4)，式 (5.5) により次式で与えられる．

$$-\frac{\hbar^2}{2m}\left(\frac{\partial^2}{\partial x^2} + \frac{\partial^2}{\partial y^2} + \frac{\partial^2}{\partial z^2}\right)\phi_n = E_n \phi_n \tag{7.5}$$

ここで，E_n は電子の固有状態 φ_n での運動エネルギーである．添え字 n は先述したエネルギー準位を示す量子数

$$n^2 = n_x^2 + n_y^2 + n_z^2 \tag{7.6}$$

である．エネルギー E_n は式 (7.1) と同様に次のように書ける．

$$\begin{aligned} E_n &= \frac{\hbar^2}{2mL^2}(n_x^2 + n_y^2 + n_z^2) = \frac{\hbar^2}{2mL^2} n^2 \\ &= \frac{\hbar^2}{2m}(k_x^2 + k_y^2 + k_z^2) = \frac{\hbar^2}{2m} k^2 \end{aligned} \tag{7.7}$$

一方，状態関数 $\phi_n(r)$ はエネルギー空間の状態を表す関数（もしくはベクトル）$\phi_n(r) = \phi_n(x, y, z)$ を意味し，式 (7.5) を満たす解である．この 3 次元状態関数は，変数分離の手続きにより

$$\phi_n(r) = \phi_n(x, y, z) = C\phi_n(x)\phi_n(y)\phi_n(z) \tag{7.8}$$

とする．上式の成分要素はそれぞれ独立関数であり，第 5 章の式 (5.25) を用いて

$$\begin{aligned}\phi_n(r) &= C \sin\frac{n_x \pi x}{L} \sin\frac{n_y \pi y}{L} \sin\frac{n_z \pi z}{L} \\ &= C \sin k_x x \sin k_y y \sin k_z z\end{aligned} \tag{7.9}$$

と書ける．ただし C は規格化定数である．上式は一般に，自由電子のシュレーディンガー方程式と周期性を満たす波動関数の平面波（ベクトル）形式

$$\phi(\boldsymbol{r}) = Ce^{-i\boldsymbol{k}\cdot\boldsymbol{r}}\ ;\ (\boldsymbol{k} = k_x\boldsymbol{e}_x + k_y\boldsymbol{e}_y + k_z\boldsymbol{e}_z, \boldsymbol{r} = r_x\boldsymbol{e}_x + r_y\boldsymbol{e}_y + r_z\boldsymbol{e}_z) \tag{7.10}$$

で与えられる．この波数ベクトル $\boldsymbol{k}(k_x, k_y, k_z)$ の成分は

$$k_{\alpha(=x,y,z)} = 0, \pm\frac{2\pi}{L}, \pm\frac{4\pi}{L}, \cdots, \pm\frac{n_\alpha 2\pi}{L} \cdots\ ;\ (n_{\alpha(=x,y,z)} = 0, 1, 2, \cdots,) \tag{7.11}$$

である．

以上のことから，結晶内の自由電子の運動状態は，電子固有のエネルギー準位で固有の振る舞いをするものと解釈される．そこで温度 $T = 0\,[\mathrm{K}]$ の場合，一辺の長さ L の結晶中に含むすべての自由電子は式 (7.7) からわかるように

$$\boldsymbol{k}^2 = k_x^2 + k_y^2 + k_z^2 \tag{7.12}$$

を満足する半径 $\boldsymbol{k}$ の球形の（$\boldsymbol{k}-$ 空間もしくは運動量空間とよばれている）空間を形成し，エネルギー的に最も低い基底状態を実現する．この球形 $\boldsymbol{k}-$ 空間はフェルミ球とよばれ，その半径を k_F で表示する．フェルミ・エネルギー E_F は式 (7.1) の定義により

$$E_F = \frac{\hbar^2}{2m}k_F^2 \tag{7.13}$$

と表される．このエネルギー E_F は電子を価電子帯から伝導帯へ移すのに必要な活性化エネルギーの最小条件を意味している．

例題 7.1

体積 $V_L = L^3$ の一成分系結晶体がある．結晶は 1 原子当たり 1 個の価電子を有し，単位体積当たり N_V 個の原子で構成されているものとする．系の温度は 0 [K] であるとして，以下の設問に答えよ．ただし，電子の質量を m，プランク定数を $\hbar$，円周率を π とする．

(1) フェルミ球の半径 k_F とエネルギー E_F について，V_L と N_V を用いて示せ．

(2) フェルミ面上での電子の移動速度 v_F の形式を求めよ．

(3) Cu は面心立方格子（格子定数 $a = 0.361$ [nm]）であり，1 原子当たり 1 個の価電子を有する．Cu のフェルミ面上での v_F の値を求めよ．ただし，電子質量 $m = 9.11 \times 10^{-31}$ [kg]，プランク定数 $\hbar = 1.05 \times 10^{-34}$ [J·s] とする．

解説

(1) 電子の運動量空間（$\boldsymbol{k}-$ 空間）の体積要素は式 (7.11) の $n_\alpha = 1$ の場合に対応し，体積 $V_k = k_x k_y k_z = (2\pi/L)^3$ であり，フェルミ球の体積は $V_F = (4/3)\pi\, k_F^3$ である．パウリの原理を考慮に入れて，1 つの準位に 2 個入りうるので，N_e 個の電子の状態数は $N_e/2$ である．すなわち，

$$\frac{N_e}{2} = \frac{V_F}{V_k} = \frac{\dfrac{4}{3}\pi k_F^3}{\left(\dfrac{2\pi}{L}\right)^3} = \frac{V_L k_F^3}{6\pi^2} \tag{7.14}$$

である．このことは，ブリュアン境界域（体積 V_k）おいて，フェルミ球（体積 V_F）が占める割合を意味している．式 (7.14) よりフェルミ球の半径は

$$k_F = \left(3\pi^2 \frac{N_e}{V_L}\right)^{\frac{1}{3}} \tag{7.15}$$

と表せる．式 (7.15) を式 (7.14) に適用して

$$E_F = \frac{\hbar^2}{2m} k_F^2 = \frac{\hbar^2}{2m}\left(\frac{3\pi^2 N_e}{V_L}\right)^{\frac{2}{3}} \tag{7.16}$$

である．式 (7.16) により，フェルミ・エネルギーは単位体積当たりの電子数（電子密度）で与えられることを示している．

(2) 運動量の定義により，$p = m v_F = \hbar k_F$ であるから，

$$v_F = \frac{\hbar}{m}k_F = \frac{\hbar}{m}\left(3\pi^2\frac{N_e}{V_L}\right)^{\frac{1}{3}} \tag{7.17}$$

の形式を得る．

(3) 電子密度 (N_e/V_L) は結晶内のすべての位置で均質であることを考慮すると，単位格子中に含まれる電子の数と同じである．第 2 章で扱った通り，Cu（面心立方格子，単位格子の体積 $V = a^3$，格子定数 $a = 0.361$ [nm]）の場合，単位格子を構成するのに必要な原子の数 N_c は 4 個であり，1 原子当たりの価電子数が 1 個であるから，電子密度は

$$\frac{N_e}{V_L} = \frac{N_c}{V} = \frac{N_c}{a^3} = \frac{4}{(3.61 \times 10^{-10}\,[\mathrm{m}])^3}$$

で与えられる．したがって式 (7.17) により

$$\begin{aligned} v_F &= \frac{1.05 \times 10^{-34}\,[\mathrm{J \cdot s}]}{9.11 \times 10^{-31}[(\mathrm{kg})]}\left(3 \times (3.14)^2 \frac{4}{(3.61 \times 10^{-10}\,[\mathrm{m}])^3}\right)^{\frac{1}{3}} \\ &\cong 1.56 \times 10^6\,[\mathrm{m/s}] \end{aligned}$$

と得られる．ただし，v_F はフェルミ面上での電子の移動速度であり，後述の電気伝導度に関与する伝導帯での電子の移動速度ではないことに注意されたい．

7.2 電子状態密度

キーワード ●エネルギー状態密度 ●エネルギー 1/2 乗法則

体積 V_L の結晶において，価電子数のエネルギーに対する割合，すなわちエネルギー状態の数を電子状態密度（もしくはエネルギー状態密度）という．電子状態密度は温度によってフェルミ準位を挟んで変化する．

電子数 N_e はエネルギー E の関数で与えられ，その状態密度 $D(E)$ は

$$D(E) = \frac{dN_e(E)}{dE} \tag{7.18}$$

と定義される．そこで電子の最大エネルギー準位での電子数 N_e は式 (7.16) を用いて

$$N_e(E) = \frac{V_L}{3\pi^2}\left(\frac{2mE}{\hbar^2}\right)^{\frac{3}{2}} \tag{7.19}$$

と書ける．したがって電子状態密度は

$$D(E) = \frac{dN_e(E)}{dE} = \frac{V_L}{2\pi^2}\left(\frac{2m}{\hbar^2}\right)^{\frac{3}{2}} E^{\frac{1}{2}} \tag{7.20}$$

と得られる．これを，エネルギー状態密度に関するエネルギー E の 1/2 乗法則という．

図 7.2 は自由電子のエネルギー状態密度のエネルギー 1/2 乗法則を概念的に示したものである．フェルミ準位を挟んで電子状態は温度の関数として分布曲線をもつ．したがって，図 7.3 に示す 2 次元ブリュアン境界において曲線で囲まれた電子分布が現れる．

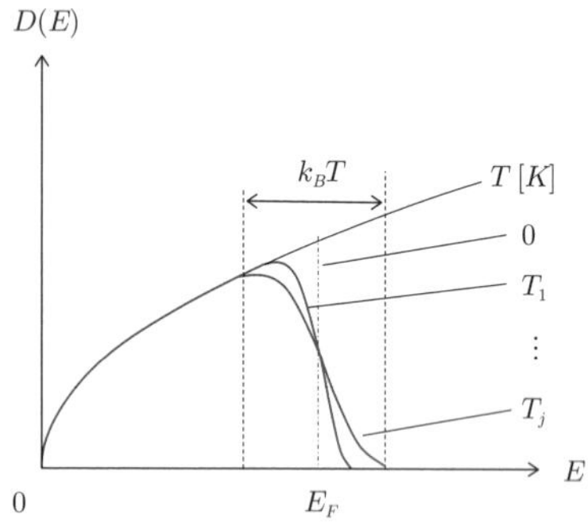

図 7.2　自由電子のエネルギー状態密度（エネルギー 1/2 乗法則）の概念．

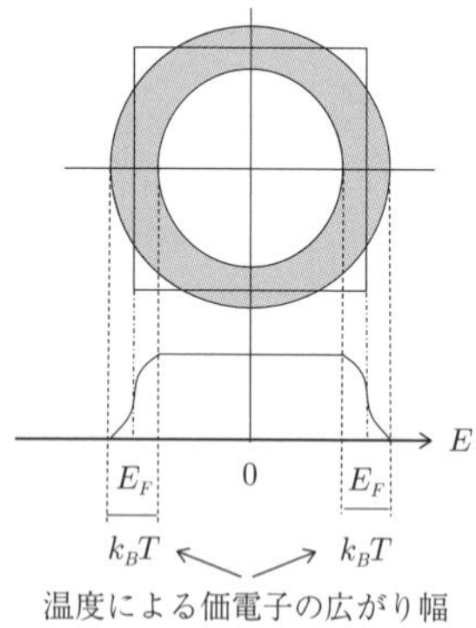

図 7.3　電子分布状態の温度依存性．

例題 7.2

式 (7.20) のエネルギー状態密度 $D(E)$ について，式 (7.19) を用いて N_e と E で表せ．

解説

式 (7.19) の両辺について対数をとると

$$\ln N_e = \ln \frac{V_L}{3\pi^2}\left(\frac{2m}{\hbar^2}\right)^{\frac{3}{2}} + \frac{3}{2}\ln E$$

である．上式の N_e を E について微分する．

$$\frac{1}{N_e}dN_e = \frac{3}{2}\frac{1}{E}dE$$

これより

$$D(E) = \frac{dN_e}{dE} = \frac{3}{2}\frac{N_e}{E} \tag{7.21}$$

が得られる．このことは，状態密度が単位エネルギー当たりの電子数 N_e/E の 1.5 倍であることを示している．この結果を利用した電子比熱を NOTE 7.2 （→ p.124）に示す．

7.3 自由電子模型による電気伝導度

キーワード　●電子の移動速度　●衝突　●オームの法則

議論を簡明にするため，ここで扱う金属は 1 成分の金属結晶であり，1 原子当たり 1 個の価電子（電気伝導に寄与する自由電子）を有するものとする．図 7.4(a) に示すように，これらの電子は熱平衡状態のもとで結晶内を自由に運動している．結晶中の多電子の運動は 1 粒子近似により平均化した 1 個の電子で代表されるものとする．この状態で同図 (b) のように電場 E を矢印の向きに作用すると，電子は負の電荷を有するので，電場の作用方向とは逆向きに衝突を

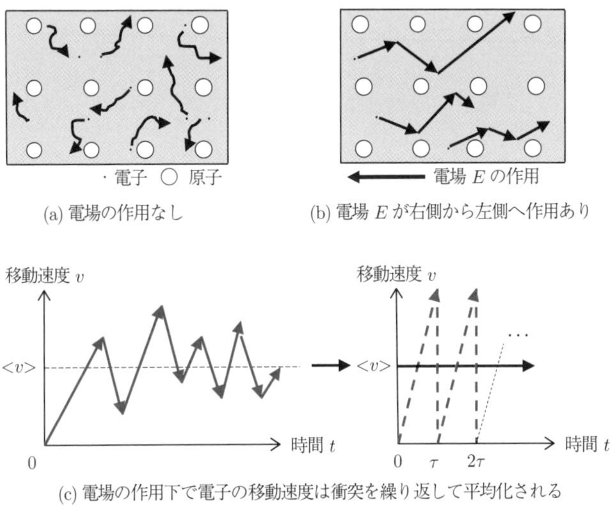

図 7.4　電場の作用の有無による金属結晶内の自由電子の運動．

繰り返しながら移動する．この電子の運動行程は次のように解釈される．電子は1粒子近似で扱う．同図(c)のように着目する電子は電場からの力の作用により加速され運動速度を増大するが，やがてイオンや不純物などと衝突して加速度を失う．しかし，電場の作用がある限り，電子は再び電場の作用力により加速度を得て速度を増大する．またしても衝突と加速度運動を繰り返し，全体として一定の移動速度 $\langle v \rangle$ に落ち着くことになる．この平均移動速度 $\langle v \rangle$ は物質固有で電場の強さに比例する（オームの法則）．

ここで平均移動速度 $\langle v \rangle$ を用いてオームの法則を導いてみよう．電子の質量を m，電荷を $-e$ およびその移動速度を v とする．一定の強さ E の電場が結晶にはたらくと，結晶内の伝導電子にはたらく力の関係式は，力学的な力（[質量] × [加速度]）と静電的なローレンツ力 ([電荷] × [電場]) とのつり合いで与えられる．この関係は形式的に

$$m\frac{dv}{dt} = -eE \tag{7.22}$$

と表せる．電子は，時刻 $t = 0$ のとき速度 $v = 0$ であり，電場 E を作用して時刻 $t = \tau$ の後に一定の移動速度 $\langle v \rangle$ に到達したとする．この与えられた条件を用いて式(7.22)に適用すれば

$$\int_0^{\langle v \rangle} dv = -\frac{eE}{m}\int_0^{\tau} dt$$

$$\langle v \rangle = -\frac{e\tau}{m}E \tag{7.23}$$

を得る．上式から，電子の移動速度は電場の強さに比例することがわかる．特にこの比例定数

$$\frac{(-e)\tau}{m} = \mu_e \quad もしくは \quad \frac{e\tau}{m} = -\mu_e \tag{7.24}$$

を電子の移動度という．

以上，結晶中の平均化された多電子のうちの1個の電子に着目しその運動を調べてきた．結晶内の電子はすべて平均的にこれと同じ振る舞いをしており，電場の作用方向と逆向きに一定の速度 $\langle v \rangle$ で移動している．そこで結晶の切断面の単位面積当たり，単位時間に電子が速度 $v(= \langle v \rangle)$ で通過していくとすると，この電子の流れを形式的に

$$j = -env \tag{7.25}$$

と表し，電流密度と定義する．ただし n は結晶内の伝導に寄与する単位体積当

たりの電子数である．式 (7.25) は式 (7.23) により

$$j = -env = \frac{e^2 \tau n}{m} E = \sigma E \tag{7.26}$$

と書かれ，これをオームの法則という．ここで σ は電気伝導度とよばれ物質固有の値である．特に，静電場の場合，$\sigma = \sigma_0$ とし

$$\sigma_0 = \frac{e^2 \tau n}{m} = en\mu_e = \frac{1}{\rho} \tag{7.27}$$

と定義する．上式の定数 $\rho (= 1/\sigma)$ は一般に固有抵抗とよばれる．式 (7.26) からわかるように，電子が電場の作用方向と逆向き（電場の負極から正極）に移動し（式 (7.24) 参照），その結果，電流は電場の作用方向と同じ向きに流れることを示している．

式 (7.26) は系の温度が 0 [K] の場合に相当するもので，通常，抵抗値は温度の関数で表される．また，物質の電気抵抗は主として格子振動，不純物および格子欠陥などによる電子散乱に起因する．ただし，電子の散乱確率は系の温度上昇とともに増大するため，電気抵抗の値も温度とともに増大する．

ここで図 7.4(c) の平均衝突時間と速度の考えをフェルミ面上での電子の衝突過程に適用してみる．フェルミ面上において平均化した衝突過程における衝突間の平均間隔 l は平均自由行程とよばれ

$$l = v_F \tau \tag{7.28}$$

で与えられる．ただし，v_F はフェルミ面上での電子の平均移動速度である．

例題 7.3

例題 7.1 で扱った Cu について以下の設問に答えよ．ただし，Cu について，固有抵抗値 $\rho = 1.6 \times 10^{-8}$ [Ω·m]，アボガドロ数 $N_A = 6.02 \times 10^{23}$ [個／mol]，電子質量 $m = 9.1 \times 10^{-31}$ [kg]，電荷素量 $e = -1.6 \times 10^{-19}$ [C]，密度 8.9×10^3 [kg/m^3]，原子量 6.35×10^{-2} [kg] とする．

(1) 伝導電子の平均衝突時間 τ を求めよ．

(2) 平均自由行程の距離 l を求めよ．

解説

単位体積当たりの自由電子数 n は，Cu 原子 1 個につき 1 個の価電子を有することを考慮して

$$n = (6.02 \times 10^{23}) \left(\frac{8.9 \times 10^3}{6.35 \times 10^{-2}} \right) = 8.4 \times 10^{28}\,[\mathrm{ele./m^3}]$$

である．

(1) 式 (7.28) より

$$\tau = \frac{m}{e^2 n \rho} = \frac{9.1 \times 10^{-31}}{(-1.6 \times 10^{-19})^2 (8.4 \times 10^{28})(1.6 \times 10^{-8})}$$
$$= 2.6 \times 10^{-14}\,[\mathrm{s}]$$

(2) 式 (7.29) を用いる．v_F は問題 7.1 の結果を用いて

$$l = v_F \tau = (1.56 \times 10^6)(2.6 \times 10^{-14}) = 4.0 \times 10^{-8}\,[\mathrm{m}]$$

7.4 電磁場内での自由電子の運動方程式

キーワード　●ローレンツ力　●サイクロトロン角周波数　●テンソル量

一般に荷電粒子は電磁場内で運動すると，場からローレンツ力とよばれる力の作用を受ける．電場（ベクトル）$\boldsymbol{E}$，磁束密度（ベクトル）$\boldsymbol{B}$ の場の中へ，電荷 q の荷電粒子が速度（ベクトル）$\boldsymbol{v}$ で入射すると，荷電粒子は

$$\boldsymbol{F} = q[\boldsymbol{E} + \boldsymbol{v} \times \boldsymbol{B}] \tag{7.29}$$

のローレンツ力の作用を受ける．固体内の自由電子 $(q = -e)$ についても同様に，ローレンツ力がはたらく．

そこで，フェルミ球に対してローレンツ力が作用する場合について考察する．フェルミ球は図 7.5 に示すように，自由電子（黒丸）でつくられた球と見ることができる．このフェルミ球にローレンツ力が作用すると，球そのものにはたらく力 $\boldsymbol{F}_1$ と，電子にはたらく力 $\boldsymbol{F}_2$ との和で与えられる．

$$\boldsymbol{F} = \boldsymbol{F}_1 + \boldsymbol{F}_2 \tag{7.30}$$

図 7.5(a) は外部作用場のない静的な電子状態を示すものであり，この状態での電子の運動量を $\boldsymbol{P}_0$ とする。いまフェルミ球に対し外力 $\boldsymbol{F}$ を作用すると，同図 (b) のようにフェルミ球は移動を生じ，そのためフェルミ球の運動量が $\boldsymbol{P}_1$ になったとする．このことはフェルミ球の運動量が $\boldsymbol{P}(= \boldsymbol{P}_1 - \boldsymbol{P}_0)$ だけ変化し

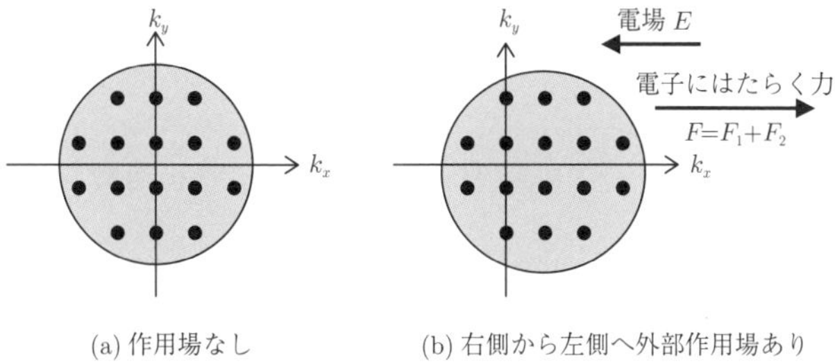

図 7.5 外部作用場のフェルミ球への効果の概念図.

たことを意味し，$\boldsymbol{F}_1$ は

$$\boldsymbol{F}_1 = \frac{d\boldsymbol{P}}{dt} \tag{7.31}$$

と与えられる.

一方，力 $\boldsymbol{F}_2$ の作用により電子の衝突が生じる．先述したように，電子は外力により加速度を得るが，不純物やイオンなどと衝突し運度量を失う．このような衝突過程を繰り返し全体として平均化され，ほぼ一定の速度で運動する．ここで電子が衝突するまでの平均時間を τ とすると，この間の電子の運動量の変化は，フェルミ球と同じ $\boldsymbol{P}$ である．したがって，力 $\boldsymbol{F}_2$ は次の関係で表される.

$$\int_0^{\tau} \boldsymbol{F}_2 dt = \int_{\boldsymbol{P}_0}^{\boldsymbol{P}_1} d\boldsymbol{P} \tag{7.32}$$

これより

$$\boldsymbol{F}_2 = \frac{\boldsymbol{P}}{\tau} \tag{7.33}$$

である．式 (7.31) と式 (7.33) を式 (7.30) へ適用すると

$$\boldsymbol{F} = \left(\frac{d}{dt} + \frac{1}{\tau}\right)\boldsymbol{P} \tag{7.34}$$

となる．上式の左辺はこの一連の過程にはたらく外力でありローレンツ力である．したがって式 (7.29) と式 (7.34) により次の関係式で結ばれる.

$$\left(\frac{d}{dt} + \frac{1}{\tau}\right)\boldsymbol{P} = (-e)[\boldsymbol{E} + \boldsymbol{v} \times \boldsymbol{B}] \tag{7.35}$$

一般にこれは電磁場内で固体中の自由電子に作用する力の基本方程式とよばれる．式 (7.35) を電子の粒子性と波動性について下記のように一般化表示する.

電子の粒子性について，質量 m の粒子として，電子の運動量 $\boldsymbol{P} = m\boldsymbol{v}$ を式 (7.35) に適用すると

$$m\left(\frac{d}{dt}+\frac{1}{\tau}\right)\boldsymbol{v}=(-e)[\boldsymbol{E}+\boldsymbol{v}\times\boldsymbol{B}] \tag{7.36}$$

と表せる．

電子の波動性について，運動量 $\boldsymbol{P}=\hbar\boldsymbol{k}$ を式 (7.35) に適用すると

$$\hbar\left(\frac{d}{dt}+\frac{1}{\tau}\right)\boldsymbol{k}=(-e)[\boldsymbol{E}+\boldsymbol{v}\times\boldsymbol{B}] \tag{7.37}$$

と表せる．

例題 7.4

式 (7.26) のオームの法則のベクトル形式

$$\boldsymbol{j}=\sigma\boldsymbol{E}=(-e)n\,\boldsymbol{v} \tag{7.38}$$

について，電流密度成分 (j_x, j_y, j_z) を導け．

ただし，電場 $\boldsymbol{E}=\boldsymbol{E}(E_x,E_y,0)$，磁場 $\boldsymbol{B}=\boldsymbol{B}(0,0,B_z)$ および電子の移動速度 $\boldsymbol{v}$ は一定とし電子の衝突時間 τ を有限とする．

解説

電子の粒子性により，式 (7.36) を用いる．ただし，$\boldsymbol{v}=$一定であるから時間微分 $d\boldsymbol{v}/dt=0$ である．与えられた条件を式 (7.36) に適用して速度の成分表示する．

ベクトル $\boldsymbol{A}(A_x,A_y,A_z)$, $\boldsymbol{B}(B_x,B_y,B_z)$ の外積の形式

$$\begin{aligned}\boldsymbol{A}\times\boldsymbol{B}&=\begin{vmatrix}\boldsymbol{e}_x & \boldsymbol{e}_y & \boldsymbol{e}_z\\ A_x & A_y & A_z\\ B_x & B_y & B_z\end{vmatrix}\\ &=(A_yB_z-A_zB_y)\boldsymbol{e}_x-(A_xB_z-A_zB_x)\boldsymbol{e}_y+(A_xB_y-A_yB_x)\boldsymbol{e}_z\end{aligned} \tag{7.39}$$

を考慮して計算する．

- x 成分；

$$m\frac{1}{\tau}v_x=(-e)(E_x+v_yB_z) \tag{7.40}$$

これより

$$\begin{aligned}v_x&=\frac{(-e)\tau}{m}E_x-\left(\frac{eB_z}{m}\right)\tau v_y\\ &=\frac{(-e)\tau}{m}E_x-\omega_c\tau v_y\end{aligned} \tag{7.41}$$

ただし

$$\omega_c = \frac{eB_z}{m} \tag{7.42}$$

はサイクロトロン角周波数とよばれる.

- y 成分;

$$\begin{aligned} m\frac{1}{\tau}v_y &= (-e)(E_y - v_x B_z) \\ v_y &= \frac{(-e)\tau}{m}E_y + \omega_c \tau v_x \end{aligned} \tag{7.43}$$

- z 成分;

$$m\frac{1}{\tau}v_z = 0, \qquad v_z = 0 \tag{7.44}$$

そこで, 式 (7.41) と式 (7.43) より v_x, v_y を求める.

$$\begin{aligned} v_x &= \frac{(-e)\tau}{m}E_x - \omega_c \tau \left(\frac{(-e)\tau}{m}E_y + \omega_c \tau v_x \right) \\ v_x &= -\frac{e\tau/m}{1+(\omega_c \tau)^2}(E_x - \omega_c \tau E_y) \end{aligned} \tag{7.45}$$

および

$$\begin{aligned} v_y &= \frac{(-e)\tau}{m}E_y + \omega_c \tau \left(\frac{(-e)\tau}{m}E_x - \omega_c \tau v_y \right) \\ v_y &= -\frac{e\tau/m}{1+(\omega_c \tau)^2}(\omega_c \tau E_x + E_y) \end{aligned} \tag{7.46}$$

ここで設問の与えられた条件を, NOTE7.1 の式 (7.53) へ適用する. 式 (7.44) より $v_z = 0$ であるから

$$\begin{bmatrix} j_x \\ j_y \\ j_z \end{bmatrix} = \begin{bmatrix} \sigma_{xx} & \sigma_{xy} & \sigma_{xz} \\ \sigma_{yx} & \sigma_{yy} & \sigma_{yz} \\ 0 & 0 & 0 \end{bmatrix} \begin{bmatrix} E_x \\ E_y \\ 0_z \end{bmatrix} = (-e)n \begin{bmatrix} v_x \\ v_y \\ 0 \end{bmatrix} \tag{7.47}$$

上式を成分式に書き直すと

$$\begin{cases} j_x = \sigma_{xx}E_x + \sigma_{xy}E_y = (-e)n\,v_x & (7.48) \\ j_y = \sigma_{yx}E_x + \sigma_{yy}E_y = (-e)n\,v_y & (7.49) \\ j_z = 0 & (7.50) \end{cases}$$

となる. ここで対角要素の $\sigma_{xx}E_x$ および $\sigma_{yy}E_y$ の項は真電荷による電流成

分である．式 (7.48)，式 (7.49) へそれぞれ式 (7.45)，式 (7.46) を代入すると

$$
\begin{cases}
j_x = \dfrac{\sigma_0}{1+(\omega_c\tau)^2}(E_x - \omega_c\tau E_y) & (7.51) \\
j_y = \dfrac{\sigma_0}{1+(\omega_c\tau)^2}(\omega_c\tau E_x + E_y) & (7.52)
\end{cases}
$$

ただし，$\sigma_0 = \dfrac{ne^2\tau}{m}$

を得る．

NOTE 7.1

電気伝導度 σ はテンソル量

空間的に成分特性を示す物理量はテンソル量とよばれる．

電気伝導度 σ は物質内の空間的な特性（異方性）を示すので，オームの法則における電流密度は次のように成分表示で与えられる．

テンソル表示　：$[\boldsymbol{j}] = [\boldsymbol{\sigma}][\boldsymbol{E}]$

成分表示：

$$
\begin{bmatrix} j_x \\ j_y \\ j_z \end{bmatrix} = \begin{bmatrix} \sigma_{xx} & \sigma_{xy} & \sigma_{xz} \\ \sigma_{yx} & \sigma_{yy} & \sigma_{yz} \\ \sigma_{zx} & \sigma_{zy} & \sigma_{zz} \end{bmatrix} \begin{bmatrix} E_x \\ E_y \\ E_z \end{bmatrix} = (-e)n \begin{bmatrix} v_x \\ v_y \\ v_z \end{bmatrix} \tag{7.53}
$$

7.5　ホール効果

キーワード　●ホール効果　●ホール起電力　●キャリア

ホール効果は例題 7.4 で示した電流成分によって生じる電場，もしくは起電力を意味する．この起電力を与える電荷はキャリア（担体）とよばれ，電子と正孔がある．具体的にホール効果の測定原理を図 7.6 に示す．ただし，図のホール効果の測定条件は

$$
\boldsymbol{j} = \boldsymbol{j}(j_x, 0, 0)\ ;\quad \boldsymbol{E} = \boldsymbol{E}(E_x, E_y, 0)\ ;\quad \boldsymbol{B} = \boldsymbol{B}(0, 0, B_z) \tag{7.54}
$$

とする．この条件の下で金属結晶のホール効果について考察する．ここで扱う

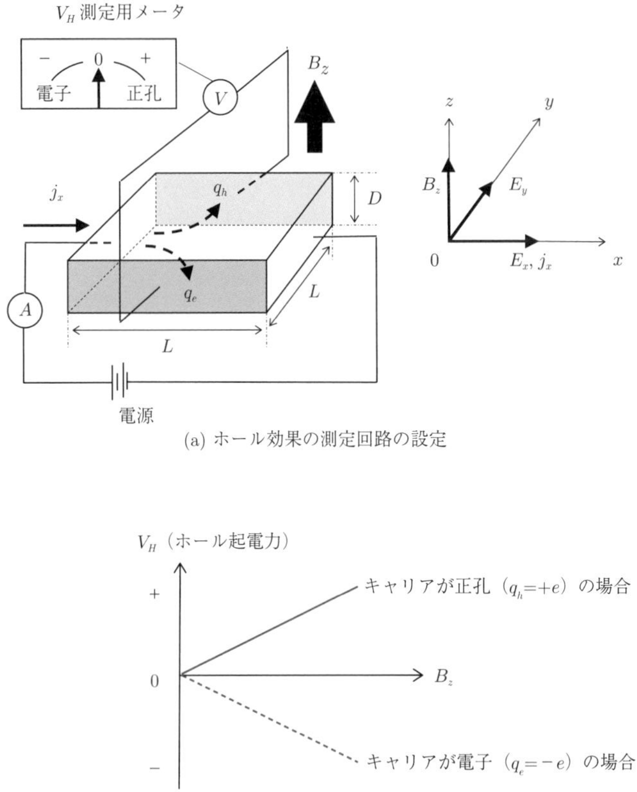

(a) ホール効果の測定回路の設定

（b）ホール効果の測定結果とキャリア（担体）の判別

図 7.6　ホール効果の測定原理と測定結果.

キャリアは電荷 $q_e = -e$ の伝導電子（自由電子）を対象に議論する.

図 7.6(a) に示すように, x 軸の正方向へ一定の電流（電流密度 j_x）を流し, z 軸の正方向へ磁束密度 B_z の磁場を印加して, その強さを連続的に一定の大きさで変化させる. すると結晶中の電子は磁場から $-ev_xB_z$ の力を y 軸の負方向へ受けるため曲げられ, 同図 (b) のようにホール起電力 V_H（キャリアが電子の場合, $V_H < 0$）が測定される. 以下にこのことを検証する.

例題 7.4 で得た式 (7.51), 式 (7.52) を用いて, 式 (7.54) の条件に適用すると

$$j_x = \frac{\sigma_0}{1+(\omega_c\tau)^2}(E_x - \omega_c\tau E_y) \tag{7.55}$$

$$j_y = \frac{\sigma_0}{1+(\omega_c\tau)^2}(\omega_c\tau E_x + E_y) = 0 \tag{7.56}$$

$$j_z = 0$$

と表される．これより y 成分の電場 E_y を求めると

$$\begin{aligned} E_y &= -\frac{\omega_c\tau}{\sigma_0}j_x\left(\sigma_0 = \frac{ne^2\tau}{m}\right) \\ &= -\left(\frac{1}{ne}\right)B_z j_x = R_H B_z j_x \end{aligned} \tag{7.57}$$

である．これは図 7.6 のホール電場を意味し，ホール起電力を与える．

また，R_H は

$$R_H = \frac{\mu}{\sigma} = \rho\mu = -\frac{1}{ne} \tag{7.58}$$

であり，ホール係数とよばれる．上式の右辺の負符号は，キャリアが電子であることを意味している（ここでの議論は一貫してキャリアが電子を対象としていることに注意されたい）．

以上の議論から実際にホール効果の測定形式を表せる．測定試料の形状は厚さ D，幅および長さを L とすると，試料への供給電流 $J_e = j_x LD$，ホール起電力 $V_H = E_y L$ であるから，ホール起電力は

$$V_H = R_H \frac{J_e}{D} B_z \tag{7.59}$$

と表せる．実験では V_H, B_z, J_e および測定試料の形状を知って，ホール係数 R_H を求めてキャリアの判別とその密度が得られる．実際，キャリアは，ホール起電力 V_H が $0 < V_H$（したがって $0 < R_H$）であれば正孔であり，$V_H < 0$（したがって $R_H < 0$）であれば電子である．このようにホール効果はキャリアの判別とその濃度を知ることができるので，半導体の性質を調べるのに有効である．

NOTE 7.2
電子比熱

金属の全比熱は電子比熱と格子比熱の和で与えられる．格子比熱は第 5 章 5.3 節の格子振動と比熱で与えられる．ここでは本章 7.2 節で議論した電子状態密度に関連する電子比熱について述べる．

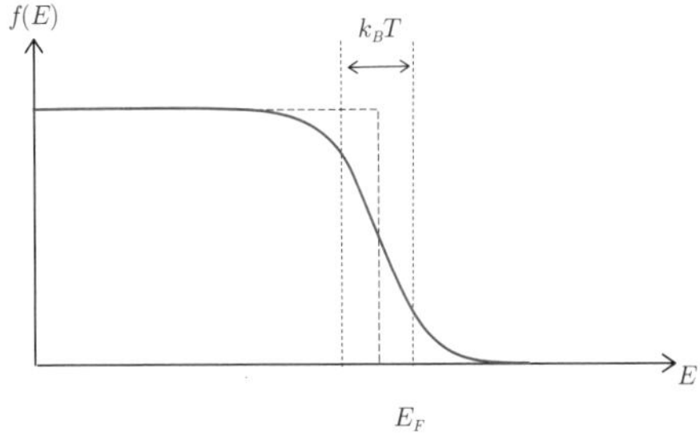

図 7.7 フェルミ準位近傍での電子の熱エネルギー領域 k_BT と熱励起.

図 7.7 に示すように，極低温ではフェルミ面近傍にある電子だけが温度によって高いエネルギー準位へ励起される．この熱励起をする電子数量はフェルミ面の電子状態密度を $D(E_F)$ とすると，近似的に $k_BTD(E_F)$ 個である．したがって，これらの各電子は熱エネルギー k_BT を受けるので，結晶全体としてエネルギー E_{el} について

$$E_{el} = (k_BT)^2 D(E_F) \tag{7.60}$$

を得る．式 (5.35) の定義により電子比熱 C_{el} は

$$C_{el} = \frac{\partial E_{el}}{\partial T} = 2k_B^2 D(E_F)T \tag{7.61}$$

である．電子比熱はフェルミ統計により厳密に計算すると

$$C_{el} = \frac{1}{3}\pi^2 k_B^2 D(E_F)T \tag{7.62}$$

で与えられる．また，自由電子の気体模型で扱った場合，$E_F = k_BT_F$ とおいて，式 (7.21) を用いてフェルミ面の電子状態密度 $D(E_{el})$ は

$$D(E_{el}) = \frac{3N_e}{2E_F} = \frac{3N_e}{2k_BT_F} \tag{7.63}$$

と書ける．これは上述の熱励起による値の 1.5 倍である．式 (7.63) を式 (7.62) に適用すると，電子気体模型による電子比熱は

$$C_{el} = \frac{1}{2}\pi^2 N_e k_B \frac{T}{T_F} \tag{7.64}$$

で与えられる．ここで温度 T_F はフェルミ温度とよばれ，便宜上の温度で現実の温度ではないことに注意されたい．

NOTE 7.3
金属比熱

系の温度 T が式 (5.43) で定義したデバイ温度 Θ_D およびフェルミ温度 T_F に対して，$T \ll \Theta_D, T_F$ の場合，金属の定積比熱 C_V は格子振動と自由電子の両者の効果が寄与する．すなわち式 (5.44) と式 (7.64) により

$$C_V = \alpha T + \beta T^3 \tag{7.65}$$

と書ける．ただし，α, β は物質の固有定数である．上式は形式として

$$\frac{C_V}{T} = \alpha + \beta T^2 \tag{7.66}$$

と表す．式 (7.65) もしくは式 (7.66) から明らかなように，電子比熱は温度 T の 1 次関数で表され，一方，格子比熱は 3 次関数で与えられる．そのため極低温では，格子比熱は電子比熱より速く 0 に近づくので，電子比熱の方が支配的となる．

第 8 章

半導体

Key point　半導体の基本的性質

◇ 半導体

種　類	形　式（例）
・真性半導体	Si（14 族），Ge（14 族）など単一元素
・不純物半導体	（例） Si+B（13 族） → p 型半導体
	（例） Si+P（15 族） → n 型半導体
・化合物半導体	（例） Ga（13 族）+As（15 族） → p 型（Ga>As）
	→ n 型（Ga<As）

◇ 不純物半導体

真性半導体に異種物質（不純物）を添加（ドーピング）する．

不純物エネルギー準位の形成

$$\begin{cases} n \text{ 型：ドナー準位} \\ p \text{ 型：アクセプタ準位} \end{cases}$$

◇ 半導体の電気伝導

低温では極めて低く，温度の上昇とともに増加傾向を示す．電気伝導を担うキャリア（担体）は電子と正孔（ホール）の 2 種類がある．伝導に寄与するキャリアが主として電子であれば n 型半導体，正孔であれば p 型半導体となる．

◇ 半導体中のキャリア

電子および正孔の各密度を n_e および n_h とすると，一般に次の平衡定数 K の関係式が成り立つ．

$$K^2 = n_e n_h = 4\left(\frac{k_B T}{2\pi\hbar^2}\right)^3 (m_e m_h)^{\frac{3}{2}} \exp\left(-\frac{E_g}{k_B T}\right)$$

ただし，m_e, m_h は電子および正孔の有効質量，E_g は伝導帯の最下端 E_c と価電子帯の最上端 E_v とのバンドギャップ（エネルギー準位差）$E_g = E_c - E_v$ である．

8.1 真性半導体

キーワード ●電子 ●正孔 ●バンドギャップ ●禁制帯

8.1.1 バンド構造と伝導機構

単一成分真性半導体の代表的な Si，Ge，Sn および C（ダイヤモンド）など 14 族元素は，最外殻電子軌道に 4 個の不対電子をもち，原子間で互いに電子を共有して結合対をつくっている．そのため半導体の価電子は局在化傾向が強い．これらの結晶は図 8.1 に示すように，面心立方格子を基本形とするダイヤモンド構造を形成している．

単一真性半導体のエネルギー・バンド構造は価電子の局在化傾向が強いことを反映して，図 8.2 のように価電子帯と伝導帯の間に広いエネルギーギャップをつくる．

このエネルギーギャップ E_g は伝導帯エネルギーの最下端 E_c と価電子帯エネルギーの最上端 E_v との差（$E_g = E_c - E_v$）である．このエネルギー・ギャップは禁制帯とよばれ，電子の存在しない領域である（第 6 章 6.1.1 項参照）．

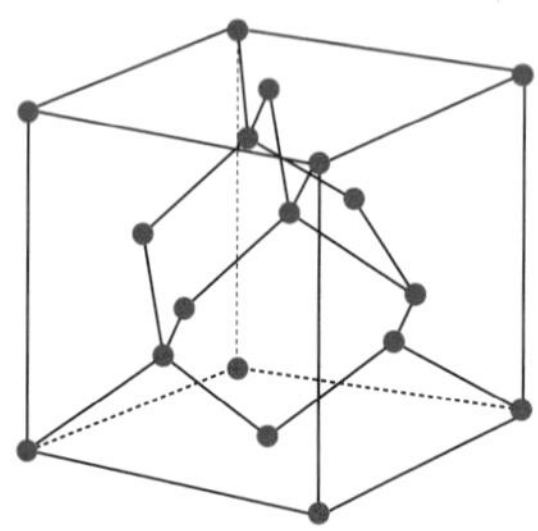

図 8.1 半導体の結晶構造の概略図．
面心立方格子を基本とするダイヤモンド構造を形成する．

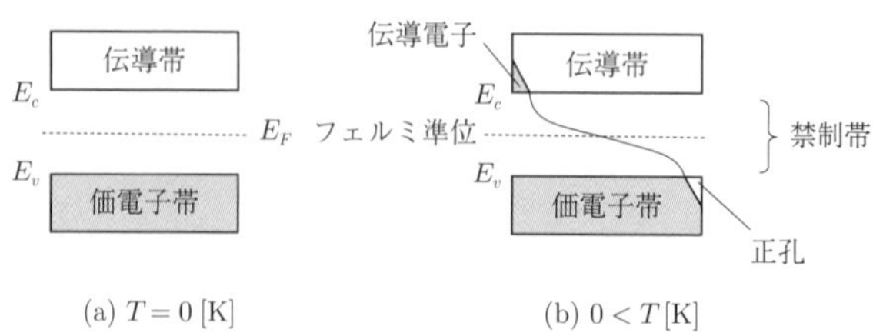

図 8.2 真性半導体のバンド構造の模式図．

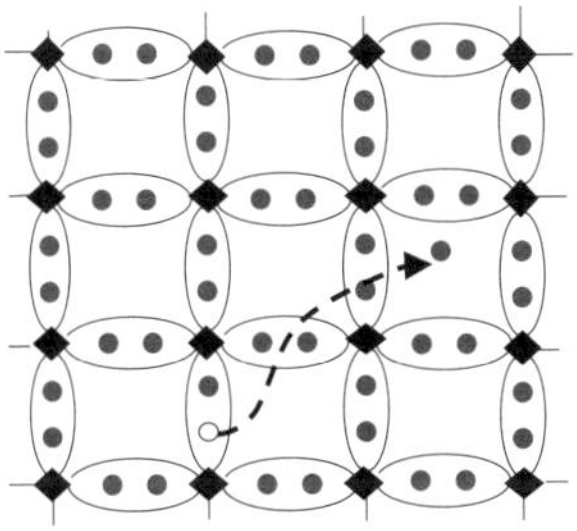

図 8.3 真性半導体の格子結合模型．電子 (●) と正孔 (○) は，電荷が対をなして電気的に中性となる．

真性半導体の場合，電子は温度 $T = 0\,[\mathrm{K}]$ ではすべて結晶内の原子に局在し，図 8.2(a) に示すように，価電子帯に詰め込まれ伝導帯には存在しないので，絶縁体と同じ状態になる．しかし，温度の上昇とともに格子振動が活発になり，価電子はこの振動エネルギーを得て，局在化状態から開放されて伝導帯へと励起し，伝導電子としてはたらく．このように電子が価電子帯から伝導帯へ励起するには，少なくとも禁制帯を飛び越えるだけの活性化エネルギーが必要である．そのための必要な最小エネルギーはフェルミ・エネルギー E_F とよばれ，禁制帯の中央に位置し $E_F = E_g/2$ の関係にある．

伝導帯へ移ってきた電子は伝導電子としてはたらくため，半導体の電気抵抗を下げて導電性が出現する．この一連の過程における電子の振る舞いはフェルミ - ディラック統計に従う．

価電子帯の電子が抜け出た跡には正電荷の正孔（ホール）が生成され（図 8.2(b)），これによって電気的に中性となる．これら電子と正孔は電荷をもっているので電流を担うキャリアとしてはたらく．

図 8.3 は真性半導体の格子内の価電子帯から抜け出た電子（●）と，その跡に生成される正孔（○）を模式的に示したものである．このことから半導体の電気伝導機構において電子（負電荷）と正孔（正電荷）がキャリアとして関与し，電気伝導度 σ は電子と正孔の伝導度 σ_e, σ_h の和で与えられる．

いま，キャリアの電子と正孔の電荷量を q_e, q_h，電子および正孔の単位体積当たりの個数（密度）を n_e, n_h，移動度をそれぞれ μ_e, μ_h とすると，

$$\sigma = \sigma_e + \sigma_h = q_e n_e \mu_e + q_h n_h \mu_h \tag{8.1}$$

$$\mu_e = \frac{q_e \tau_e}{m_e} \left(= \frac{-e\tau_e}{m_e} \right) \; ; \quad \mu_h = \frac{q_h \tau_h}{m_h} \left(= \frac{e\tau_h}{m_h} \right) \tag{8.2}$$

と与えられる．ただし，τ_e, τ_h は電子および正孔の衝突（もしくは散乱）の緩

8

半導体

和時間であり室温でほぼ $\sim 10^{-15} \sim 10^{-13}$ [sec] である．また，電子の電荷量 $q_e = -e$，正孔の電荷量 $q_h = +e$ である．ここでキャリアの伝導性について考察する．電子の電荷は $q_e = -e$, $\mu_e < 0$ であるので，電子の伝導度は $\sigma_e = (-e)n_e(-\mu_e)$ の意味により正の値を示す．また，正孔の電荷は $q_h = +e$, $0 < \mu_h$ であるので，σ_h は正の値を示す．したがって両者による電流はともに同じ方向（電場の作用方向と同じ向き）に流れる．

半導体に電場 E を作用すると，上述の通り，半導体内を流れる電流は電子および正孔による電流が同じ向きであるので，その電流密度 j は電子と正孔の各電流密度 j_e と j_h の両者の和で与えられる．電流密度の定義（$j = \sigma E$）により

$$\begin{aligned} j &= j_e + j_h = \sigma_e E + \sigma_h E \\ &= \left(\frac{n_e q_e^2 \tau_e}{m_e}\right) E + \left(\frac{n_h q_h^2 \tau_h}{m_h}\right) E = (n_e q_e \mu_e)E + (n_h q_h \mu_h)E \end{aligned} \tag{8.3}$$

と表せる．

8.1.2 キャリア密度の温度依存性

ここで，式 (8.1) の真性半導体の電気伝導度 σ を検討する．そのためには電子と正孔のキャリア密度 n_e と n_p を調べる必要がある．はじめに，エネルギー・バンドにおける電子と正孔の分布状態を明らかにしなければならない．電子および正孔はフェルミディラック統計に従って分布する．

$$f(E) = \frac{1}{\exp\left(\dfrac{E - E_F}{k_B T}\right) + 1} \tag{8.4}$$

ただし，E_F はフェルミ準位，k_B はボルツマン定数である．ここで，エネルギー・バンドと温度の関係について，$E - E_F \gg k_B T$ の条件を満たす範囲内で式 (8.4) は次のように近似できる．

$$f(E) = \exp\left(-\frac{E - E_F}{k_B T}\right) \tag{8.5}$$

この分布関数を用いて電子と正孔のキャリア密度 n_e と n_h を調べる．

NOTE 8.1

キャリアの再結合

価電子帯の電子が伝導帯へ励起して伝導電子（自由電子）としてはたらき，一方，電子の抜け出た跡には正孔が生成され，その結果，伝導に関与する電子と正孔の対が形成される．伝導帯へ励起した電子は結晶中を運動してエネルギーを消耗すると，価電子帯の正孔のある箇所へ落ちる．その結果，正孔は電子で占められ消滅する．このように電子が伝導帯から価電子帯へ落ち込むことをキャリアの再結合といい，価電子の数はこの再結合過程によって保たれている．

[I] 電子密度 n_e

真性半導体における伝導電子（自由電子）は価電子帯から移ってきたものであり，伝導帯エネルギーの全域 $E_c \leq E < \infty$ にわたって占める電子密度を n_e で表すと

$$n_e = \int_{E_c}^{\infty} D_e(E) f_e(E) dE \tag{8.6}$$

と与えられる．ただし，$f_e(E)$ は式 (8.5) の分布関数，$D_e(E)$ はエネルギー状態密度

$$D_e(E) = \frac{1}{2\pi^2}\left(\frac{2m_e}{\hbar^2}\right)^{\frac{3}{2}}(E - E_c)^{\frac{1}{2}} \tag{8.7}$$

である（第 7 章，式 (7.20) 参照）．式 (8.5)，式 (8.7) を式 (8.6) へ適用すると

$$\begin{aligned} n_e &= \frac{1}{2\pi^2}\left(\frac{2m_e}{\hbar^2}\right)^{\frac{3}{2}} \int_{E_c}^{\infty} (E - E_c)^{\frac{1}{2}} \exp\left(-\frac{E - E_F}{k_B T}\right) dE \\ &= \frac{1}{2\pi^2}\left(\frac{2m_e}{\hbar^2}\right)^{\frac{3}{2}} \exp\left(\frac{E_F}{k_B T}\right) \int_{E_c}^{\infty} (E - E_c)^{\frac{1}{2}} \exp\left(-\frac{E}{k_B T}\right) dE \\ &= 2\left(\frac{m_e k_B T}{2\pi\hbar^2}\right)^{\frac{3}{2}} \exp\left(\frac{E_F - E_c}{k_B T}\right) \end{aligned} \tag{8.8}$$

となる．ただし，積分計算には Γ-積分（フェルミ積分）の公式

$$\int_0^{\infty} x^{n-1} e^{-x} dx = \Gamma(n) \tag{8.9}$$

$n - 1 = 1/2$ のとき，すなわち $n = 3/2$ であるので

$$\int_0^\infty x^{\frac{1}{2}} e^{-x} dx = \Gamma\left(\frac{3}{2}\right) = \frac{\sqrt{\pi}}{2} \tag{8.10}$$

を用いた.

[II] 正孔密度 n_h

ここでの正孔の生成は価電子帯から電子の抜け出た跡によるものであるから，正孔の分布関数 $f_h(E)$ は次式で与えられる.

$$\begin{aligned} f_h(E) &= 1 - f_e(E) \\ &= 1 - \frac{1}{\exp\left(\dfrac{E-E_F}{k_BT}\right)+1} = \frac{\exp\left(\dfrac{E-E_F}{k_BT}\right)}{\exp\left(\dfrac{E-E_F}{k_BT}\right)+1} \\ &= \frac{1}{1+\exp\left(-\dfrac{E-E_F}{k_BT}\right)} \end{aligned} \tag{8.11}$$

ここで価電子帯のエネルギー準位 E が $E < E_F$ に位置するので，上式は

$$f_h(E) = \exp\left(\frac{E-E_F}{k_BT}\right) \tag{8.12}$$

と書ける．正孔のエネルギー状態密度 $D_h(E)$ は，正孔の質量を m_h とすると，エネルギー 1/2 乗法則により

$$D_h(E) = \frac{1}{2\pi^2}\left(\frac{m_h k_B T}{\hbar^2}\right)^{\frac{3}{2}} (E_v - E)^{\frac{1}{2}} \tag{8.13}$$

で与えられる.

そこで正孔密度 n_h は，式 (8.12) と式 (8.13) を用いて，上述の電子密度の場合と同様に計算すると，ただし，価電子帯の全エネルギー領域 $-\infty < E \leq E_v$ を考慮して，

$$\begin{aligned} n_h &= \int_{-\infty}^{E_v} D_h(E) f_h(E) dE \\ &= \frac{1}{2\pi^2}\left(\frac{2m_h}{\hbar^2}\right)^{\frac{3}{2}} \int_{-\infty}^{E_v} (E_v - E)^{\frac{1}{2}} \exp\left(\frac{E-E_F}{k_BT}\right) dE \\ &= 2\left(\frac{m_h k_B T}{2\pi\hbar^2}\right)^{\frac{3}{2}} \exp\left(\frac{E_v - E_F}{k_BT}\right) \end{aligned} \tag{8.14}$$

を得る.

以上，キャリア密度（n_e, n_h）が求められたので，温度 T におけるキャリア

密度の平衡状態を表す平衡定数 K は

$$K^2 = n_e n_h = 4\left(\frac{k_BT}{2\pi\hbar^2}\right)^3 (m_e m_h)^{\frac{3}{2}} \exp\left(-\frac{E_g}{k_BT}\right) \tag{8.15}$$

の関係式で表される．ここで平衡状態とはキャリアの生成する数（または量）と消滅する数（または量）の割合が一定に保たれている状態を意味する．ただし，$E_g = E_c - E_v$（$E_c > E_v$）である．式 (8.15) はエネルギーギャップ E_g を含む平衡状態の関係を表す質量作用の法則とよばれ，この関係式にはフェルミ準位 E_F が含まれていないことに注意されたい．

8.1.3　電気伝導度の温度依存性

真性半導体の電気伝導度の温度依存性を検討する．電子および正孔の各密度 n_e と n_h は，平衡状態ではそれらは等しいので式 (8.15) より

$$n_e = n_h = 2\left(\frac{k_BT}{2\pi\,\hbar^2}\right)^{\frac{3}{2}} (m_e m_h)^{\frac{3}{4}} \exp\left(-\frac{E_g}{2k_BT}\right) \tag{8.16}$$

と表せる．これから所定の温度 T におけるキャリアの数は $\exp(-E_g/2k_BT)$ の因子に依存することを示しており，エネルギーギャップ $E_g(= E_c - E_v)$ が重要である．

図 8.2 に示したように $E_v < E_F < E_c$ の範囲内に存在するフェルミ・エネルギー準位 E_F について調べてみる．平衡状態でのキャリアは n_e と n_h は等価で対をなしているので，式 (8.8) と式 (8.14) より

$$2\left(\frac{m_e k_BT}{2\pi\hbar^2}\right)^{\frac{3}{2}} \exp\left(\frac{E_F - E_c}{k_BT}\right) = 2\left(\frac{m_h k_BT}{2\pi\hbar^2}\right)^{\frac{3}{2}} \exp\left(\frac{E_v - E_F}{k_BT}\right) \tag{8.17}$$

である．ここで議論を簡明にするため，エネルギー準位の基準値を $E_v(= 0)$ に設定し $E_g = E_c$ とすると，式 (8.17) は

$$\left(\frac{m_e}{m_h}\right)^{\frac{3}{2}} \exp\left(\frac{2E_F}{k_BT}\right) = \exp\left(\frac{E_g}{k_BT}\right) \tag{8.18}$$

となる．両辺の対数をとって整理すると

$$E_F = \frac{1}{2}E_g - \frac{3}{4}k_BT\ln\left(\frac{m_e}{m_h}\right) \tag{8.19}$$

を得る．ここで真性半導体のキャリアの質量は等価 $(m_e = m_h)$ であると考え

られるので

$$E_F = \frac{1}{2}E_g \tag{8.20}$$

と導かれる．このことから真性半導体のフェルミ準位はエネルギーギャップの中間点に位置していることがわかる．式 (8.20) を式 (8.16) に適用すると，キャリア密度とフェルミ準位の関係を得る．

$$n_e = n_h = A\exp\left(-\frac{E_g}{2k_BT}\right) = A\exp\left(-\frac{E_F}{k_BT}\right) \tag{8.21}$$

ただし，係数 A は

$$A = 2\left(\frac{k_BT}{2\pi\hbar^2}\right)^{\frac{3}{2}}(m_em_h)^{\frac{3}{4}} \tag{8.22}$$

である．そこで式 (8.21) を式 (8.1) の電気伝導度の関係式に適用すると

$$\begin{aligned}\sigma &= q_en_e\mu_e + q_hn_h\mu_h = (q_e\mu_e + q_h\mu_h)n_e \\ &= \sigma_0\exp\left(-\frac{E_g}{2k_BT}\right) \\ &= \sigma_0\exp\left(-\frac{E_F}{k_BT}\right)\end{aligned} \tag{8.23}$$

と書ける．ただし係数 $\sigma_0 = A(q_e\mu_e + q_h\mu_h)$ である．

ここでエネルギーギャップ E_g について考察する．式 (8.23) の両辺の対数をとると

$$\begin{aligned}\ln\sigma &= \ln\sigma_0 - \frac{E_g}{2k_BT} \\ &= \ln\sigma_0 - \frac{E_F}{k_BT}\end{aligned} \tag{8.24}$$

を得る．上式の $\ln\sigma$ と $1/T$ の関数関係は図 8.4 のように図表示（アレニウス・プロット）され．この図から比例定数 σ_0 およびエネルギーギャップ E_g もしくはフェルミ・エネルギー E_F を求めることができる．

例題 8.1

図 8.4 を利用して，真性半導体のフェルミ・エネルギー E_F の観測可能な形式を導け．

解説

図 8.4 において，温度 T_1 での電気伝導度が σ_1，温度 T_2 での電気伝導度

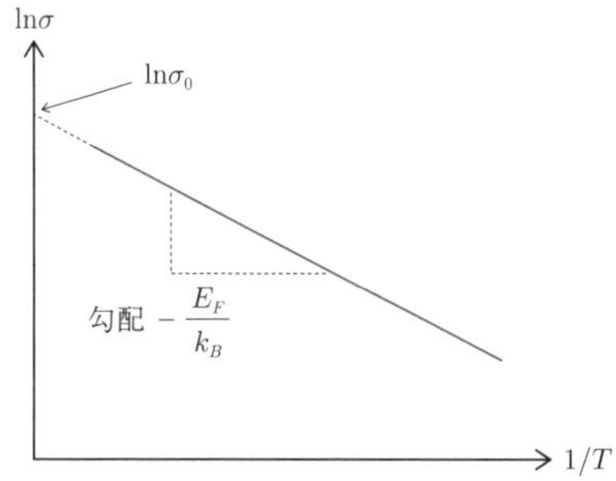

図 8.4 真性半導体の電気伝導度と温度の関係（アレニウス・プロット）．縦軸は対数目盛．

が σ_2 と測定されたとする．これらを式 (8.24) へ適用する．

$$\begin{cases} \ln \sigma_1 = \ln \sigma_0 - \dfrac{E_F}{k_B T_1} \\ \ln \sigma_2 = \ln \sigma_0 - \dfrac{E_F}{k_B T_2} \end{cases}$$

これより σ_0 を消去して E_F の形式を求める．

$$\ln \sigma_1 - \ln \sigma_2 = -\frac{1}{k_B}\left(\frac{1}{T_1} - \frac{1}{T_2}\right) E_F$$

したがって

$$E_F = \frac{k_B T_1 T_2}{T_1 - T_2} \ln \frac{\sigma_1}{\sigma_2} \tag{8.25}$$

と導かれる．上式の右辺において，実際には電気抵抗の測定値が用いられる．

8.2 不純物半導体

キーワード　●ドナー　●アクセプタ　●擬フェルミ準位

真性半導体におけるフェルミ準位（真性フェルミ準位）に対して，不純物半導体の活性エネルギー準位を擬フェルミ準位という．

8.2.1 n 型半導体

半導体の伝導に寄与する担体が電子であれば，その半導体は n 型半導体とな

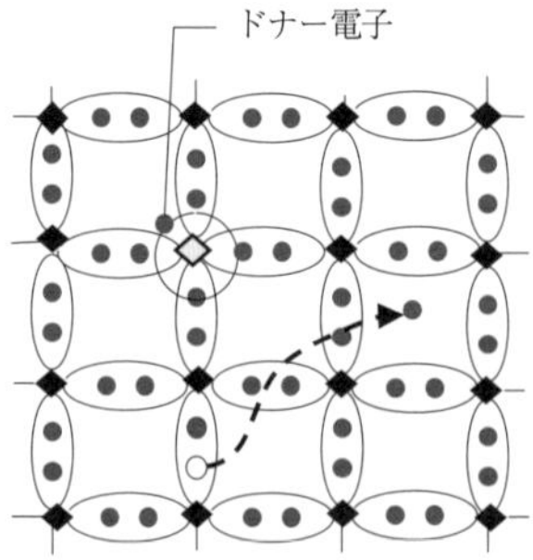

図 8.5　n 型半導体の格子結合模型．14 族の真性半導体（母体結晶◆）へ 15 族（◇）を不純物元素として添加．（例 Si(4 価母体) + P(5 価不純物)

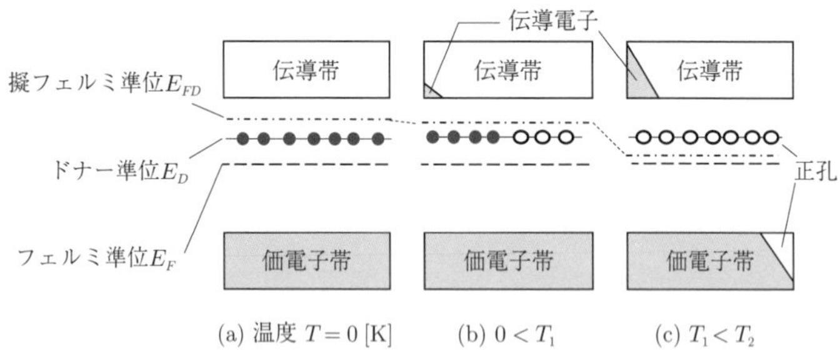

図 8.6　n 型不純物半導体のエネルギー・バンド構造の概念図．
ドナー準位と伝導帯の間に擬フェルミ準位 E_{FD} が形成される．擬フェルミ準位は温度上昇とともに母体半導体のフェルミ準位 E_F に近づく．

る．n 型半導体の形成は，例えば図 8.5 のように 4 価（14 族）の Si 結晶（真性半導体）を母体として，これに 5 価（15 族）の P を少量添加して，Si 格子点の一部を P 原子で置換する．すると，Si は 4 個の価電子をもって共有結合し，一方，P は 5 個の価電子をもっているため、Si–P 結合において 1 個余分の不対電子を生じる．この余分の電子は余剰（ドナー）電子とよばれ，図 8.6 に示すように，母体の真性半導体のバンドギャップの中にドナー準位を形成する．その結果，バンドギャップ幅は狭くなり，抵抗率が低下し伝導度を大きくする．

n 型不純物半導体の場合には，擬フェルミ準位 E_{FD} はドナー準位と伝導帯の間に形成され，温度 $T = 0\,[\mathrm{K}]$ ではその中心点に位置している．擬フェルミ準位 E_{FD} は，温度上昇とともに母体のフェルミ準位 E_F へ近づいていく．それに伴ってドナー準位のすべての電子は伝導帯へ移って枯渇状態となる．さらに温度上昇が続くと，価電子帯の電子は伝導帯へと励起するようになる．この

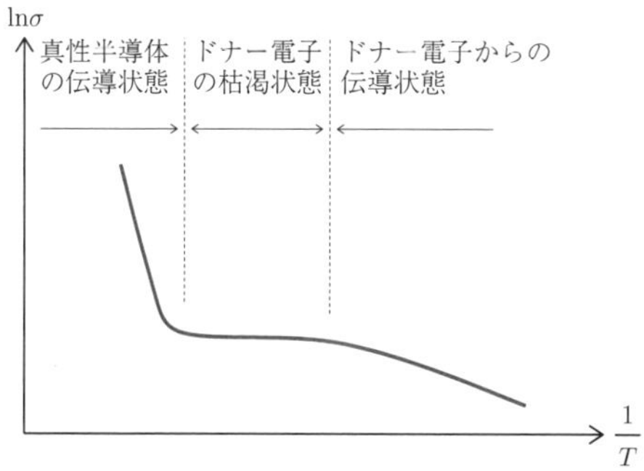

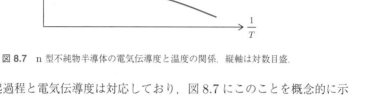

図 8.7　n 型不純物半導体の電気伝導度と温度の関係．縦軸は対数目盛．

電子の励起過程と電気伝導度は対応しており，図 8.7 にこのことを概念的に示してある．

NOTE 8.2
外因性半導体

真性半導体（母体）へ不純物を添加することによって，半導体の伝導キャリアを電子もしくは正孔とするものを外因性半導体という．外因性半導体のキャリア密度は真性半導体に比べると増加するが，伝導電子密度 n_e^{im} と正孔密度 n_h^{im} は等しくない．特に，$n_e^{im} > n_h^{im}$ であれば n 型半導体，$n_e^{im} < n_h^{im}$ であれば p 型半導体を形成する．

例題 8.2

Si 結晶は格子定数 $a = 0.543\,[\mathrm{nm}]$ の面心立方格子を基本とするダイヤモンド構造をなしている．Si 結晶を母体とし，P を 0.1 [ppm] だけ添加して n 型半導体を形成したい．次の各問の値を求めよ．

(1) ダイヤモンド構造の単位格子当たりの構成原子数を求めよ．

(2) 単位体積当たりのドナー電子数 n_D を求めよ．

(3) 電気伝導度 σ を求めよ．ただし，電子の電荷量 $q_e = -1.6 \times 10^{-19}\,[\mathrm{C}]$，Si のキャリア電子の移動度 $\mu_e = -0.14\,[\mathrm{m^2/sec \cdot V}]$ とする．

解説

(1) 図 8.1 よりダイヤモンド構造の基本格子は面心立方であるので，面心立方を構成するのに必要な原子の数は第 2 章例題 2.2 の結果から 4 個である．また，単位格子内には 4 個の原子がある．したがって，ダイヤモンド構造に要する原子数は 8 個である．

(2) 単位体積当たりのドナー電子数 n_D

$$n_D = \left(\frac{8\,[\mathrm{Si}]}{(5.43\times10^{-10})^3}\right)\left(\frac{1\times10^{-7}[\mathrm{P}]}{1\,[\mathrm{Si}]}\right)\left(\frac{1\,[\mathrm{ele.}]}{1\,[\mathrm{P}]}\right)$$
$$= 5\times10^{21}[\mathrm{ele./m^3}]$$

(3) 電気伝導はドナー電子が支配的であると考えられる．したがって

$$\sigma = q_e n_d \mu_e$$
$$= (-1.6\times10^{-19}\,[\mathrm{C}])(5\times10^{21}\,[\mathrm{ele./m^3}])(-0.14\,[\mathrm{m^2/\sec\cdot V}])$$
$$= 1.12\times10^2\,[1/\Omega\cdot\mathrm{m}]$$

8.2.2 p 型半導体

半導体の伝導キャリアの主体が正孔の場合は p 型半導体となる．p 型半導体は，母体結晶格子点の一部を，電子が 1 個不足している原子で置換することで得られる．例えば，図 8.8 のように，14 族（4 価）真性半導体の格子点の一部を 13 族（3 価）の原子で置換すると，結合対に不足電子を生じる．この不足部分には正電荷の正孔（ホール）ができる．この正孔のつくるエネルギー準位はアクセプタ準位とよばれ，図 8.9 に示すように価電子帯とフェルミ準位の間の禁制帯に形成される．この p 型半導体の擬フェルミ準位 E_{FA} は $T = 0\,[\mathrm{K}]$ のとき，価電子帯の最上端 E_v とアクセプタ準位 E_A と伝導帯の間には擬フェルミ準位が形成される．擬フェルミ準位 E_{FA} は温度上昇とともに母体半導体のフェルミ準位 E_F へ近づく．図の白丸はアクセプタ準位の正孔，価電子帯の白い部分は電子が励起した箇所．準位 E_A との中間点の位置に形成される（図 8.9(a)）．したがって温度上昇により価電子帯の電子は，容易にアクセプタ準位へ移りうる．このことにより価電子帯には正電荷の正孔を生じ，キャリアは正孔としてはたらくので p 型半導体特性が出現する．アクセプタへ移った電子の多くは伝導帯へ励起されるが，運動エネルギーを失って再び価電子帯へ落ちて

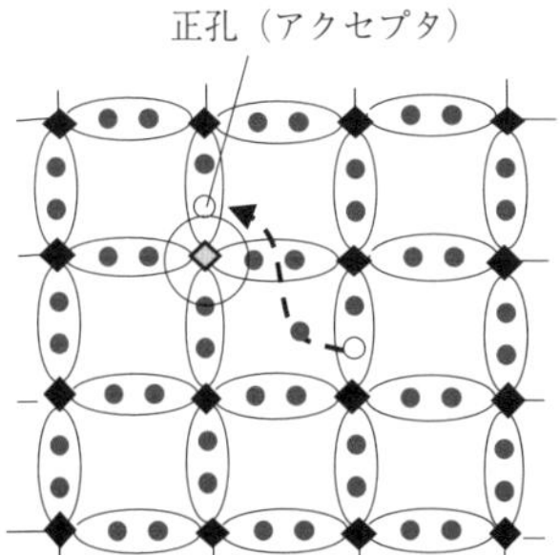

図 8.8　p 型半導体の格子結合模型.
14 族の真性半導体（母体結晶◆）へ 13 族（◇）を不純物元素として添加.（例 Si(4 価母体) + Al(3 価不純物)

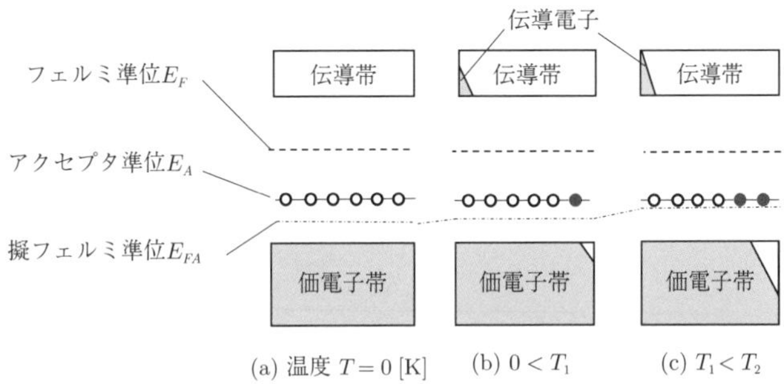

図 8.9　p 型不純物半導体のエネルギー・バンド構造の概念図.

正孔と再結合する．P 型半導体はこの過程を繰り返している．このことによる p 型不純物半導体の電気伝導度と温度の関係を図 8.10 に示す．

例題 8.3

Si 母体結晶中に Al を 0.01 [ppm] 添加した p 型半導体の室温における抵抗率は $\rho = 0.3\,[\Omega \cdot \mathrm{m}]$ である．Si 結晶の格子定数は 0.543 [nm] である．以下の問いに答えよ．

(1) 単位体積当たりのアクセプタ正孔数 n_h を求めよ．

(2) 正孔の移動度 μ_h を求めよ．ただし正孔の電荷量 $q_h = 1.6 \times 10^{-19}$[C] とする．

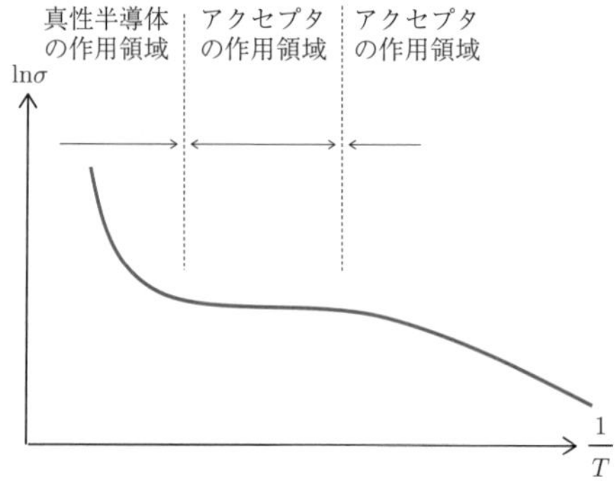

図 8.10　p 型不純物半導体の電気伝導度と温度の関係．縦軸は対数目盛．

解説

(1) ダイヤモンド単位格子の原子数は 8 個で，Al 原子は Si 原子 1 個に対して 10^{-8} 個の割合で含まれている．Al 原子 1 個当たりの 1 個の正孔をもつので，単位体積当たりの正孔数 n_h は

$$n_{Ah} = \left(\frac{8\,[\mathrm{Si}]}{(3.43\times10^{-10}[\mathrm{m}])^3}\right)\left(\frac{10^{-8}[\mathrm{Al}]}{1\,[\mathrm{Si}]}\right)\left(\frac{1\,[\mathrm{hole}]}{1\,[\mathrm{Al}]}\right)$$
$$= 5\times10^{20}\,[\mathrm{hole/m^3}]$$

(2)

$$\mu_h = \frac{1}{\rho q_h n_A} = \frac{1}{(0.3\,[\Omega\cdot\mathrm{m}])(1.6\times10^{-19}[\mathrm{C}])(5\times10^{20}[\mathrm{hole/m^{-3}}])}$$
$$= 0.04\,[\mathrm{m^2/\,sec\cdot V}]$$

例題 8.4

1 $[\mathrm{cm^3}]$ の立方体 Si 中に不純物を注入して正孔密度を $1\times10^{17}\,[\mathrm{hole/m^3}]$ とした．室温において，この試料に 10 [V] の電圧を印加した．次の各問いに答えよ．

(1) キャリア電子密度 n_e を求めよ．

(2) 試料に流れる電流密度 j を求めよ．

ただし，室温における Si 結晶中のキャリア移動度は $\mu_e = 0.14\,[\mathrm{m^2/V{\cdot}sec}]$ および $\mu_h = 0.04\,[\mathrm{m^2/V{\cdot}sec}]$ である．質量作用法則の平衡定数は $K =$

$1.5 \times 10^{16}\,[1/\mathrm{m}^3]$，キャリアの電荷量は $|q_e| = q_h = q = 1.6 \times 10^{-19}\,[\mathrm{C}]$ とする．

解説

(1) 質量作用の法則 $n_e n_h = K^2$ により電子密度は以下の通り算出される．

$$n_e = \frac{K^2}{n_h} = \frac{(1.5 \times 10^{16}\,[1/\mathrm{m}^3])^2}{1 \times 10^{17}\,[1/m^3]} = 2.25 \times 10^{15}\,[1/\mathrm{m}^3]$$

(2) 式 (8.3) より

$$\begin{aligned} j &= \sigma E = (\sigma_e + \sigma_h)E = (q_e n_e \mu_e + q_h n_h \mu_h)E = q(n_e \mu_e + n_h \mu_h)E \\ &= (1.6 \times 10^{-19}\,[\mathrm{C}])[(2.25 \times 10^{15}[1/\mathrm{m}^3])(0.14\,[\mathrm{m}^2/\mathrm{V} \cdot \mathrm{sec}] \\ &\qquad + (1 \times 10^{17}\,[1/\mathrm{m}^3])(0.04[\mathrm{m}^2/\mathrm{V} \cdot \mathrm{sec}])](10 \times 10^{-2}\,[\mathrm{V/m}]) \\ &= 6.62 \times 10^{-5}\,[\mathrm{A/m}^2] \end{aligned}$$

計算上，キャリアのほとんどは正孔が支配的である．

8.3 化合物半導体

キーワード ●共有結合 ●電気陰性度 ●イオン結合

化合物半導体の特徴は 2 成分系化合物を基本に，主として共有結合による単結晶体である．これが半導体となるためには，少なくとも，

・結合原子間の電気陰性度の差が 1 より小さい．

・結合原子間おいて電気陰性度の高い方の原子は，共有結合により s および p 準位を満たす．

・結合によってできる化合物の結晶構造は結晶空間全域にわたって一様に均質に形成されている．

などの条件が要請される．

原子間の電気陰性度の差は，原子間結合により化合物をつくる際，一方の原子の価電子を相手の原子へ移す電子数，すなわちイオン結合として生成する割合を与える．この意味から化合物半導体はイオン結合の性質を含んでいる．例えば，化合物半導体の代表的なものに GaAs（13–15 族化合物）がある．これは Ga(13 族) のもつ 3 個の価電子と As(15 族) のもつ 5 個の価電子によって，

表 8.1　代表的な半導体の基本物性 *.

半導体		密度	結晶型	格子定数		バンドギャップ [eV]	
族	元素	[g/cm^3]		a [nm]	c [nm]	0 [K]	300 [K]
14	人工ダイヤモンド	5.27	D	0.3567		5.48	5.47
	Si	2.328	D	0.543095		1.1695	1.110
	Ge	5.3243	D	0.565754		0.744	0.664
14-14	(3C)SiC	3.21	ZB	0.53596		2.60	2.20
	(6H)SiC	3.21	HEX	0.3081	1.512	3.0	2.86
13-15	GaAs	5.3161	ZB	0.565325		1.522	1.429
	GaP	4.1297	ZB	0.545114		2.338	2.261
	InP	4.787	ZB	0.586875		1.421	1.34
	InSb	5.78	ZB	0.647877		0.235	0.180
12-16	ZnO	5.67	WZ	0.3250	0.5207	3.44	3.2
14-16	SnO_2	6.95	TET	0.475	0.319	3.7	3.54

結晶型記号名：D（ダイヤモンド型），ZB（閃亜鉛鉱型），HEX（六方晶型），WZ（ウルツ鉱型），TET（正方晶型）

*『応用物理データブック』応用物理学会編，1994年，丸善出版，p.402より引用.

1 原子当たり平均 4 個の価電子をもつ 4 配位の共有結合をなし，閃亜鉛鉱型の結合を形成する．閃亜鉛鉱型結晶構造は図 8.1 と同じダイヤモンド型をしていて，面心立方格子の基本格子点に A 原子，格子内部の 4 点には X 原子が占めて，全体として AX 型構造をつくる．表 8.1 に代表的な化合物半導体の結合対と基本的な物性を示した．

化合物半導体の特性は組成成分の割合によって性質が変わる．例えば，GaAs の場合，Ga 成分が多ければ p 型半導体，As 成分が多ければ n 型半導体の性質が現れる．特に，GaAs の自由電子は運動速度が非常に速いので，高速度の機能を要する回路素子に適しており，また光半導体素子の材料にもよく使われる．

8.4　pn 接合型トランジスタ

キーワード　●pn 接合　●空乏層　●拡散

p 型半導体と n 型半導体の結晶は，適切な物理的条件が満たされるように接合すると，pn 接合型トランジスタを形成できる．この物理的条件とは，両者の接合部にエネルギー障壁（バリア）を設けて，この障壁をキャリアが拡散でき

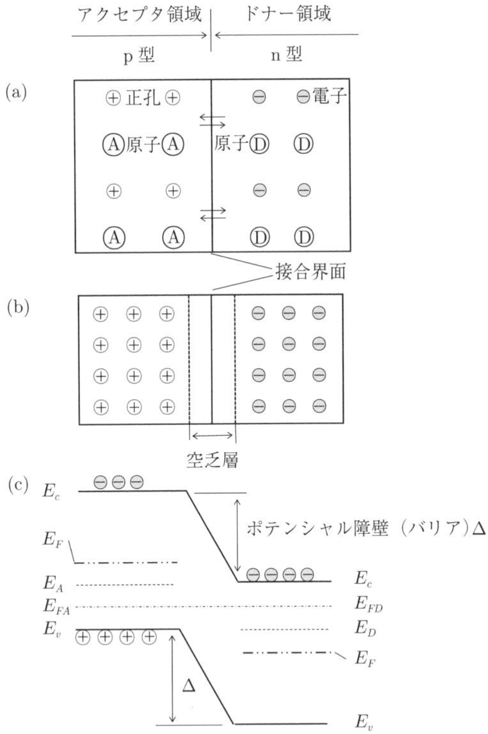

図 8.11 電場の作用がない場合の pn 接合型トランジスタの概念図.
(a) キャリアの相互拡散の初期状態, (b) キャリアの相互拡散が平衡状態に達し, 接合部に空乏層ができる, (c) pn 接合部のエネルギー準位. キャリアの相互拡散によって形成された接合ポテンシャル障壁（バリア）.

るようにすることである. ここではエネルギー障壁の形成とキャリアの拡散機構について考察する.

先に述べた Si を母体結晶として不純物を注入することで, p 型および n 型半導体とした. この両者による pn 接合型トランジスタの正孔と電子は, 図 8.11(a) に示すように電場の作用のない状態で, pn 接合面を通って相互拡散が発生し, 図 8.11(b) のように平衡状態に達するまで続けられる. この接合部でのエネルギー準位の配置は, 図 8.11(c) に示すように, p 型半導体と n 型半導体の擬フェルミ準位 E_{FA} と E_{FD} が一致するように成り立っている. そのため両者間にエネルギー・バンドの相対的なずれを生じ, 正孔と電子はそれぞれ p 型領域と n 型領域に偏り, 接合界面にはキャリアの存在しない空乏層とよばれる領域がで

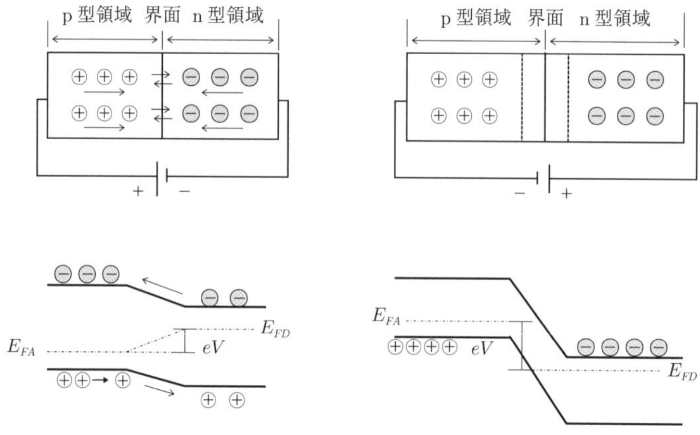

(a) 電場の作用が順方向の場合　　(b) 電場の作用が逆方向の場合

図 8.12 pn 接合型トランジスタに電場を作用したポテンシャル概念図.

きる．この空乏層が接合ポテンシャル Δ の障壁（バリア）を意味する．

先述の pn 接合型トランジスタの両端に，図 8.12 のように電場を作用した場合について調べてみる．図 8.12(a) は，電源（電圧 V_e）の正極側を p 型領域に，負極側を n 型領域に接続して電場を作用した場合を順方向といい，このときキャリアの移動とポテンシャル準位の関係を概念的に示したものである．p 型領域の正孔は正極との間に斥力がはたらき，また，対極の負極との間で引力がはたらいて，p 型領域から n 型領域へ向かって拡散する．図 8.12(b) は電源の負極側を p 型へ，正極側を n 型に接続した閉回路である．この場合，電極とキャリア（正極と電子および負極と正孔）との間に静電引力がはたらくため，pn 接合部の空乏層の間隔は広がる．このような電場の作用方向は逆方向という．

次に，図 8.12 の回路に流れる電流 J_e と電圧 V の関係を調べてみる．電流は第 1 章の式 (1.1) で与えられ，キャリア密度はボルツマン統計に基づく．

[I] 順方向の場合

図 8.12(a) に示す電場が順方向に作用した場合について検討する．電源の電圧を序々に増大すると，n 型領域の電子のエネルギー準位は上昇し，p 型領域の正孔のエネルギー準位は低下する．その結果，キャリアは正孔が p 型領域から n 型領域へ，電子が n 型領域から p 型領域へ互いに容易に拡散移動し，電流は順方向へ流れる（図 8.13）．具体的には以下の通りである．電圧 V が 0 のとき，接合ポテンシャル障壁を Δ とすると，電流 J_e は，$V = 0$ のときの電流 J_{p_0} と

電圧 $V(\neq 0)$ を印加したことによる電流 J_p との差である．すなわち，$V=0$ のときの電流 J_{p_0} は n 型領域の電流 J_{n_0} と等価であるので，キャリア密度にボルツマン分布を適用して

$$J_{p_0} = J_{n_0} = A\exp\left(-\frac{\Delta}{k_B T}\right) \tag{8.26}$$

と書ける．ここで A は係数，Δ は電場の作用がないときの pn 接合部のポテンシャル障壁の高さである．順方向の電圧 V を作用して電荷の仕事を $W(=eV)$ とすると，電流 J_p は

$$J_p = A\exp\left(\frac{-\Delta+W}{k_B T}\right) \tag{8.27}$$

と与えられる．したがって正孔による順方向電流は

$$J_e = J_p - J_{p_0} = A\exp\left(-\frac{\Delta}{k_B T}\right)\left(\exp\left(\frac{W}{k_B T}\right)-1\right) \tag{8.28}$$

である．

[II] 逆方向の場合

図 8.12(b) のように電圧を回路の逆方向に印加すると，pn 接合領域に大きなエネルギー障壁が現れる．このためキャリアの拡散は起こらないので，逆方向の電流は流れない．しかし，実際にはほんの僅かだが逆電流が流れる．これは僅かであるが p 型領域に電子があり，また，n 型領域には正孔があって，これらは格子欠陥で対を生成して電流を流している．この逆電流は温度の上昇とともに増加する．実際，逆方向に電圧 V_e を作用すると，n 型領域から p 型領域への逆方向電流 J_p は

$$J_p = A\exp\left(\frac{-\Delta-W}{k_B T}\right) \tag{8.29}$$

と与えられる．したがって，接合部を通って流れる電流は次式に従う．

$$J_e = J_p - J_{p_0} = C\exp\left(-\frac{\Delta}{k_B T}\right)\left(\exp\left(-\frac{W}{k_B T}\right)-1\right) \tag{8.30}$$

以上の議論により電圧 - 電流特性は式 (8.28) および式 (8.30) で表される．これらの特性の概略を図 8.13 に示す．

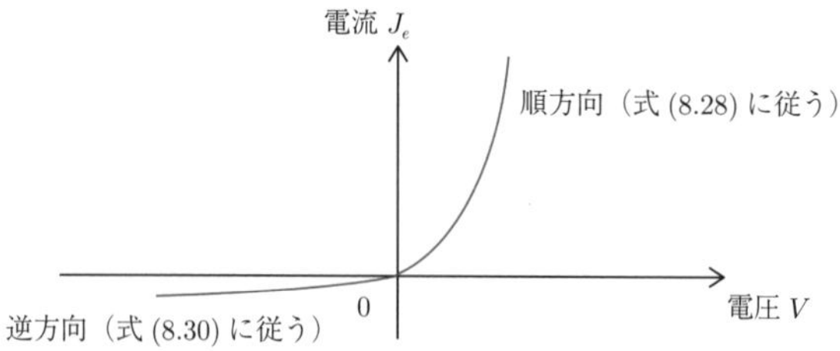

図 8.13　pn 接合の電圧 - 電流特性の概略図.

例題 8.5

あるn型不純物半導体の比抵抗 ρ は室温で $\rho = 4.3 \times 10^3\,[\Omega \cdot \mathrm{cm}]$ であり，電子の移動度 μ_e は $\mu_e = 1900\,[\mathrm{cm}^2/\mathrm{V} \cdot \mathrm{sec}]$ である．この半導体の

(1) ホール係数 R_H

(2) キャリア密度 n_e

の値を求めよ．

解説

(1) 第7章の式 (7.58)

$$R_H = \frac{\mu}{\sigma} = \rho\mu_e = -\frac{1}{n_e e}$$

により

$$\begin{aligned} R_H = \rho\mu_e &= (4.3 \times 10^3\,[\Omega \cdot \mathrm{cm}])(1900\,[\mathrm{cm}^2/\mathrm{V} \cdot \mathrm{sec}]) \\ &= 8.2 \times 10^6 [\mathrm{cm}^3/\mathrm{C}] \end{aligned}$$

である．

(2) 上式より

$$\begin{aligned} n_e = \frac{1}{R_H e} &= \frac{1}{(8.2 \times 10^6 [\mathrm{cm}^3/\mathrm{C}])(1.6 \times 10^{-19} [\mathrm{C}])} \\ &= 7.6 \times 10^{11}\,[1/\mathrm{cm}^3] \end{aligned}$$

と得られる．

第 9 章

磁性体

Key point　物質の磁性

(1) 磁性体は磁化すると N(+) 極と S(−) 極が必ず対で存在する（磁気双極子）.

(2) 物質の磁性の発現の主因は原子内の不対電子のスピンおよび軌道の角運動量による磁気モーメントによる.

(3) 磁気モーメントの定義　[磁気モーメント] = [定数] × [角運動量]
地磁気は地球の自転の角運動量により生じる.

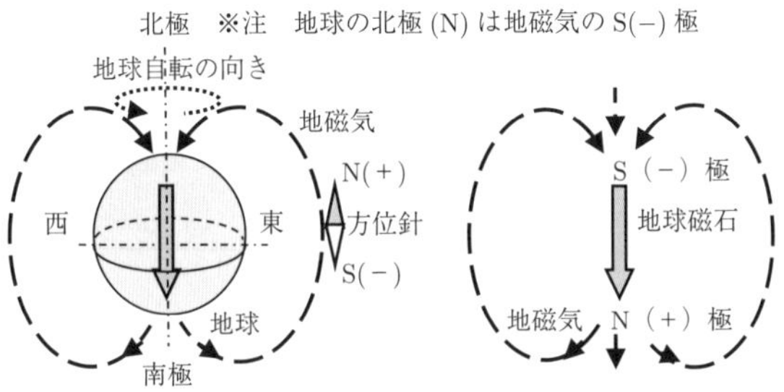

図 9.1　地球磁石の磁気モーメント.

(4) 物質の磁化 I は単位体積当たりに存在する原子・分子の磁気モーメントの大きさ M の総和量として定義される.

$$I = NM \quad (N\text{：単位体積当たりに存在する磁性原子・分子の数})$$

(5) 物質の磁化 I と作用磁場は比例関係（$I = \chi H$）にある. ただし, χ は物質の磁化率（もしくは磁気的感受率）とよばれる磁性体定数（強磁性 $1 \ll \chi$ ； 常磁性と反強磁性 $0 < \chi < 1$ ； 反磁性 $\chi < 0$）.

(6) 物質の磁化率は温度によって変化し, 磁気変態を起こす. この磁気変態点は, 強磁性体の場合はキュリー温度 T_C, 反磁性体の場合はネール温度 T_N とよばれ, 変態点以上で常磁性体となる.

9.1 物質の磁化特性

キーワード ●磁化率 ●磁気モーメント ●スピン

物質の磁化特性について，はじめに現象論的に考察を行い，その後，論理的に検討する．

一般に物質に磁場を作用すると物質の表面に磁極 (N(+), S(−)) が現れる．この現象を磁化といい，作用磁場の強さを H とすると，物質の磁化の大きさ I は

$$I = \chi H \tag{9.1}$$

で定義される．上式の右辺の係数 χ は物質の磁性を特徴づける定数で磁化率（もしくは磁気的感受率）である．また，真空中の透磁率 μ_0 を使って χ/μ_0 を比磁化率 $\bar{\chi}$ という．実際，さまざまな物質の磁化測定を行うと図 9.2 に示すような結果が得られる．例えば，Fe に磁場 H を作用して強さを増していくと式 (9.1) に従って磁化するが，磁化 I はやがて飽和状態に達し，H を大きくしても I の値は変わらなくなる．このような磁化特性を示す物質を強磁性体という．一旦，飽和磁化に達した強磁性体は，磁場を反転させても同じ経路を戻らない不可逆過程（ヒステリシス・ループ）をとる特有の性質がある．しかし，銅などの常磁性体は式 (9.1) に従って磁化しても，通常の実験装置の磁場の強さの範囲内では飽和磁化は現れない．また，反磁性体は $\chi < 0$ であるので，磁場の作用方向に対してわずかに逆向き（負の向き）に磁化する．

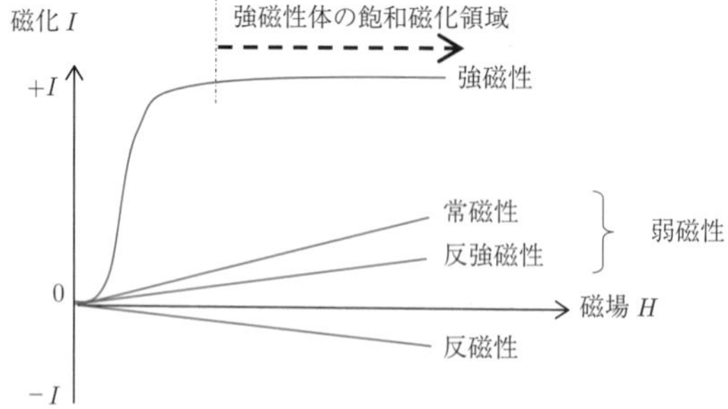

図 9.2 式 (9.1) による物質の磁化現象の概念図．

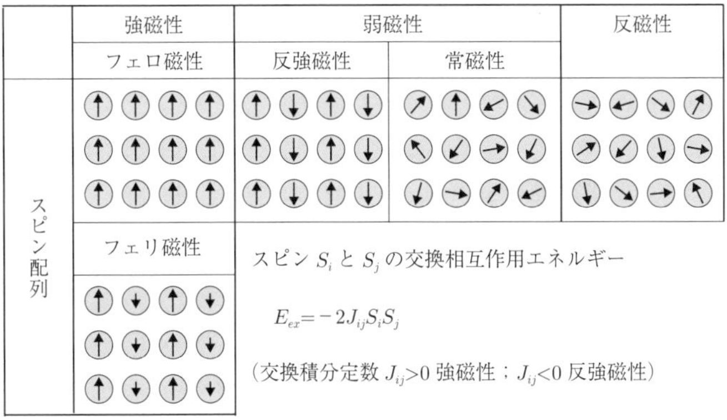

強磁性
弱磁性
反磁性
フェロ磁性
反強磁性
常磁性
スピン配列
フェリ磁性
スピン S_i と S_j の交換相互作用エネルギー
$E_{ex} = -2J_{ij}S_iS_j$
(交換積分定数 $J_{ij}>0$ 強磁性；$J_{ij}<0$ 反強磁性)

図 9.3　温度 $T = 0\,[\mathrm{K}]$ での各種磁性スピン配列の模式図.

NOTE 9.1
スピンと磁性

一般に物質の磁性の発現には自転および回転運動が必要である.

電子の自転運動のもつ角運動量（ベクトル量）を電子スピンといい，特に，原子の最外殻にある不対電子のスピン磁気モーメントは物質の磁性に強く関与する．磁性体物質を構成している原子一つひとつの磁気モーメントは，原子のもつ不対電子スピンの総和で与えられ，微視的な原子サイズの（仮想）磁石とみなす（付録 B 参照）.

磁化現象を微視的観点から考察してみよう．図 9.3 は温度 0 [K] で物質の各原子からのスピン配列に基づいて磁性体を模式的に分類したものである．強磁性体および反強磁性体のスピンは 0 [K] では規則的に秩序配列をしている．しかし，温度が上昇して磁気転移点（もしくは磁気変態点）以上に達すると，スピン配列は無秩序となり常磁性に転移する．常磁性体と反磁性体のスピン配列は温度に関係なく無秩序であり，また式 (9.1) に従うがスピンの秩序配列は起こらない.

次に物質の磁化について考察してみる．磁性物質を構成する 1 原子当たりの有効磁気モーメント（ベクトル）を $\boldsymbol{M}$ とし，単位体積当たりの磁性原子の数を N とすると，磁化 $\boldsymbol{I}$ は

$$\boldsymbol{I} = N\,\boldsymbol{M} \tag{9.2}$$

である．このことから磁化は単位体積当たりの磁気モーメントの大きさと定義する．式 (9.2) の磁気モーメントは不対電子の角運動量によって与えられる．もし，電子対（閉殻）状態を形成していれば，磁気モーメントは（↑，↓）状態となり，互いに打ち消しあって磁化しない．したがって，物質の磁性を担っているのは，主として不対電子である．この知見をもとに図 9.3 に示した各磁性について検討する．

NOTE 9.2

円電流の誘導磁場と磁気モーメント

図 9.4(a) に示す 1 本の円形導線（円の半径 r，円の面積 $S = \pi r^2$）に反時計回りの電流 J_e を流すと，ビオ－サバールの法則により電流による磁場を生じる．この磁場は円の中心に磁気モーメント M_j の磁石を置いたことと等価である（図 9.4(b)）．

$$M \Leftrightarrow M_j = SJ_e \tag{9.3}$$

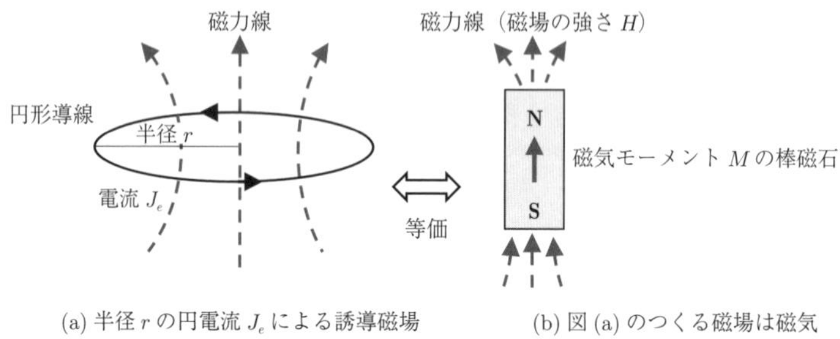

図 9.4 円電流による誘導磁場とその磁気モーメントの概念図.

9.2 反磁性体

キーワード ●ランジュバン反磁性理論 ●反磁場係数 ●電子軌道

磁場の作用に対して逆向き（負の向き）に磁化するものを反磁性体という．このことは磁化の定義式 (9.1) により，磁化率 χ が磁場の作用方向に対して負の値を示すことを意味している．この反磁性磁化率 $\chi < 0$ の起源は，ランジュバ

ンの反磁性理論によると電子の軌道運動に由来するものであり，形式的に次式で表される．

$$\chi \ \Rightarrow \ \chi_d = -\frac{\mu_0 N Z e^2}{4m_e} r^2 \tag{9.4}$$

ここで，m_e は電子の質量，r は電子軌道を円軌道とみなした場合の平均半径（約 $\sim 10^{-10}$ [m]）である．μ_0 は真空中の透磁率，N は単位体積当たりの原子数，Z は 1 原子当たりの電子数，e は電子の電荷量（負の値）である．ここで電子軌道が閉殻状態であれば，球形の軌道半径を η で表すと，球の対称性により $r^2 = 2\eta^2/3$ である．式 (9.4) の右辺の円軌道に対して球形の軌道半径 η の 2 乗平均値 $\langle \eta^2 \rangle$ を適用すると

$$\chi_d = -\frac{\mu_0 N Z e^2}{6m_e} \langle \eta^2 \rangle \tag{9.5}$$

となる．これはランジュバンの反磁性磁化率という．このことについて以下に考察する．

ランジュバンは原子内の 1 個の自由電子の運動によって生じる磁場の効果について，アンペール，ウェーバおよびレンツの円電流による誘導磁場の手法を用いて検討した．NOTE 9.2 に示した古典的な電磁誘導により，閉じた 1 本の円電流によって発生する磁気モーメント M_j は円の面積を S とすると

$$M_j = J_e S \tag{9.6}$$

である．この考えは原子内の円軌道上を運動している電子に応用できる．1 個の自由電子の円軌道に対応づけて電子の軌道周期を τ，電子の円軌道の半径を r とし，軌道上の電子の運動速度を v とすると，$S = \pi r^2$，$\tau = 2\pi r/v$ および電流（軌道の電子流）は $J_e = e/\tau$ であるから，式 (9.6) は

$$M_j = \frac{e\,r\,v}{2} \tag{9.7}$$

となる．これは電子の円軌道による磁気モーメントを示している．ただし，電子軌道において偶数個の電子を有する場合，磁気モーメントは互いに打ち消し合って 0 である．しかし，偶数個の電子の場合でも運動速度の変化や軌道の摂動があると，電荷の揺らぎをもたらし，そのため電子軌道のまわりに磁束の変化を起こすので，軌道に誘導起電力 V_e が生じる．電子軌道の長さは $L = 2\pi\,r$ であるから，軌道平面内の電場 E_e は，軌道平面を貫く磁束を Φ（$= BS, B$ は磁束密度）とすると

$$E_e = \frac{V_e}{2\pi r} = \frac{V_e}{L} = -\left(\frac{1}{L}\right)\frac{d\Phi}{dt} = -\left(\frac{S}{L}\right)\frac{dB}{dt} = -\frac{r}{2}\frac{dB}{dt} \tag{9.8}$$

と表せる．また，誘導電場により電子は力 $F = eE_e$ を受けて加速度 a を得る．

$$a = \frac{dv}{dt} = \frac{eE_e}{m_e} \tag{9.9}$$

上式に式 (9.8) を適用して，加速度と磁場の変化の関係を導くと

$$\frac{dv}{dt} = \frac{eE_e}{m_e} = -\left(\frac{eS}{m_e L}\right)\frac{dB}{dt} = -\left(\frac{er\mu_0}{2m_e}\right)\frac{dH}{dt} \tag{9.10}$$

と得られる．そこで電子の運動速度の変化（速度ゆらぎ）$v_1 < v < v_2$ に対して，磁場の変化を $0 < H' < H$ として式 (9.10) を積分する．

$$\int_{v_1}^{v_2} dv = -\left(\frac{er\mu_0}{2m_e}\right)\int_0^H dH' \tag{9.11}$$

$$\Delta v = v_2 - v_1 = -\left(\frac{er\mu_0}{2m_e}\right)H \tag{9.12}$$

この結果，磁気モーメントの変化分 ΔM_0 は式 (9.7) より

$$\begin{aligned}\Delta M_j &= \frac{er}{2}\Delta v \\ &= -\frac{e^2 r^2 \mu_o}{4m_e}H\end{aligned} \tag{9.13}$$

となる．ただし，磁場は電子軌道面に垂直方向である．

式 (9.13) は電子軌道上，1 個の電子についての磁気モーメントである．一般に 1 原子当たり電子数を Z（原子番号）すると，原子の磁気モーメントは

$$M = Z\Delta M_j = -\frac{Ze^2 r^2 \mu_0}{4m_e}H \tag{9.14}$$

と得られる．したがって，磁化の定義式 (9.2) へ式 (9.14) を適用すると，

$$I = NM = -\frac{NZe^2 r^2 \mu_0}{4m_e}H \tag{9.15}$$

である．上式を物質の磁化の定義式 (9.1) と係数比較することにより，磁化率は

$$\chi_d = -\frac{NZe^2 r^2 \mu_0}{4m_e} \tag{9.16}$$

と与えられる．上式で磁化率は負の値を示していることから，磁場の作用方向に対して逆向きに磁化することを意味している．

ここで，原子の電子軌道が球対称であるとすると，球形原子半径 η の 2 乗平

均値

$$r^2 = \frac{2}{3}\langle \eta^2 \rangle \tag{9.17}$$

の関係式を用いて，磁化率は

$$\chi_d = -\frac{NZe^2\mu_0}{6m_e}\langle \eta^2 \rangle \tag{9.18}$$

と得られ，式 (9.5) のランジュバンの反磁性磁化率が導出された．

例題 9.1

Ag の反磁性磁化率 χ_d 求めよ．

ただし，アボガドロ数 $N_0 = 6.02 \times 10^{23}$ [1/mol]，密度 $\rho = 10.5 \times 10^3$ [kg/m^3]，1 原子当たりの電子数 $Z = 47$，原子量 $m_A = 107.87$ [g]，原子半径の 2 乗平均値 $\langle \eta^2 \rangle = (1.26 \times 10^{-10})^2$ [m^2]，電子の電荷素量 $e = -1.6 \times 10^{-19}$ [C]，真空中の透磁率 $\mu_0 = 4\pi \times 10^{-7}$ [H/m]，電子質量 $m_e = 9.1 \times 10^{-31}$ [kg]，とする．

解説

一般に単位体積当たりの原子数 N は

$$N = \frac{N_0\rho}{m_A} \tag{9.19}$$

で与えられる．式 (9.16) を用いて

$$\begin{aligned}\chi_d &= -\frac{NZe^2\mu_0}{6m_e}\langle \eta^2 \rangle = -\frac{N_0\rho}{m_A}\frac{Ze^2\mu_0}{6m_e}\langle \eta^2 \rangle \\ &= -\frac{(6.02 \times 10^{23})(10.5 \times 10^3)(47)(-1.6 \times 10^{-19})^2(4\pi \times 10^{-7})(1.26 \times 10^{-10})^2}{(107.87 \times 10^{-3})(6)(9.1 \times 10^{-31})} \\ &= -1.7 \times 10^{-4}\end{aligned}$$

を得る．

9.3 常磁性体

キーワード　● キュリー法則　● 有効磁気モーメント　● ランジュバン常磁性

9.3.1 キュリー法則

常磁性体に磁場を作用すると，式 (9.1) に従ってわずかだが磁場の作用方向

へ磁化する．これは常磁性体のスピン（磁気モーメント）間の相互作用が原子やイオンの熱振動エネルギー k_BT に比べて弱いため，スピンは磁場を作用しても磁場の作用方向に揃って向き難いからである．このことは磁化率が温度に依存することを意味している．ここで便宜上，常磁性磁化率を χ_p と表記すると式 (9.1)，式 (9.2) より

$$\chi_p = \frac{NM}{H} = \frac{C}{T} \tag{9.20}$$

の関係で与えられ，式 (9.20) はキュリー法則といわれる．ただし，C は

$$C = \frac{NM_{\text{eff}}^2}{3k_B} \tag{9.21}$$

の形式で与えられるキュリー定数である．以下にキュリー法則についてランジュバン常磁性模型と量子力学の観点から検討する．

9.3.2 ランジュバン常磁性理論

[I] 統計力学による方法

ランジュバン常磁性模型は統計力学に基づくもので，その基本は磁場の作用下にあって，物質全体の磁気モーメントが無秩序な向きをとり，平均化した状態で僅かに磁場の作用方向に磁化する．この無秩序な向きの磁気モーメントの分布を統計力学の方法で検討するものである．磁気モーメント M が磁場 H の作用方向に磁化するのに要するエネルギー E は，図 9.5 に示すように 1 個の磁気モーメントに対し

$$E = -MH\cos\theta \tag{9.22}$$

で与えられる．上式の右辺の負符号は，磁気モーメントを磁場の作用方向に向けてポテンシャルを下げて安定することを意味する．

常磁性の場合，磁気モーメントは磁場の作用下でさまざまな方向を向いてい

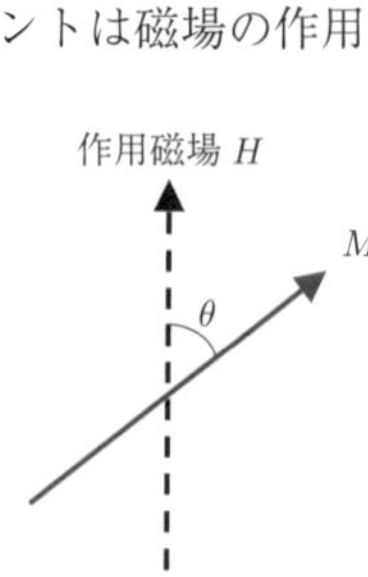

図 9.5 磁場による磁気モーメントの磁化の概略図．

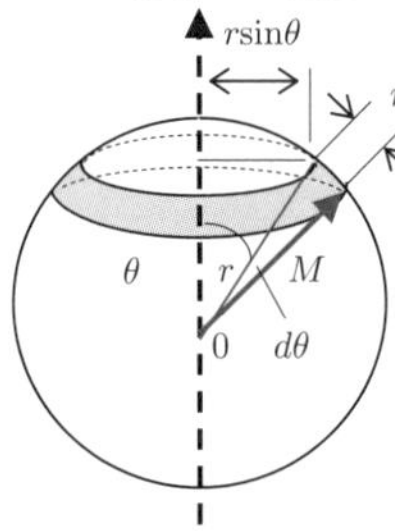

図 9.6 半径 r の球形に分布する常磁性磁気モーメントと角度 θ をのぞむ立体角．

る．そのため磁化 I は空間に分布しているとみなして，単位体積当たりの全磁気モーメント m_v を磁場の作用方向に平均化した量 $\langle I\rangle$

$$I_p = \langle I\rangle = \langle N\,M\rangle = \frac{m_v}{Z_B} \tag{9.23}$$

として観測される．ただし，Z_B はボルツマン分布の分配関数である．ランジュバン常磁性理論は式 (9.23) を考察するものである．

図 9.6 に示す半径 r の球形物質について，単位体積当たり N 個の常磁性磁気モーメントが分布しているものとする．常磁性磁気モーメントは図 9.6 の全空間の全方位に不規則に向いている．そこで，モーメントの空間分布状態を調べることからはじめる．図 9.6 における磁場 H の作用方向を z 軸とし，磁化の測定軸も同じ z 軸に選ぶ．この作用磁場のもとで，温度 T の熱平衡状態にある常磁性磁気モーメントは，ボルツマン分布関数 $f(E)$ により

$$f(E) = \frac{1}{1+\exp\left(\dfrac{E}{k_BT}\right)} \cong \exp\left(-\frac{E}{k_BT}\right) \qquad (k_BT < E) \tag{9.24}$$

で表される．エネルギー状態の分配を表す分配関数 Z_B は

$$Z_B = \sum_i \exp\left(\frac{E_i}{k_BT}\right) \tag{9.25}$$

で与えられる．上式の総和は個々の磁気モーメントの磁化エネルギー E_i の総和を意味する．磁気モーメントの分布と磁化は以下の手順にしたがって導くことができる．

図の z 軸に対して角度 θ をのぞむ立体角（図中の帯状部分の面積）を $d\Omega$ とすると

$$d\Omega = (2\pi r\sin\theta)(rd\theta) = 2\pi r^2\sin\theta d\theta \tag{9.26}$$

である．上式を用いて帯面積内に分布している有効磁気モーメント数は

$$dn(\theta) = N\exp\left(-\frac{E}{k_BT}\right)d\Omega = 2\pi r^2 N\exp\left(-\frac{E}{k_BT}\right)\sin\theta\,d\theta \quad (9.27)$$

と書ける．この帯面領域内に分布している磁気モーメントの作用磁場方向，すなわち磁化観測軸方向への成分を M_z とすると

$$M_z(\theta) = M\cos\theta \quad (9.28)$$

であるから，帯面領域における磁気モーメント $M_z(\theta)$ の総計 $m_v(\theta)$ は次のように表される．

$$\begin{aligned} m_v(\theta) &= M_z(\theta)dn(\theta) \\ &= (M\cos\theta)(2\pi r^2 N\exp\left(-\frac{E}{k_BT}\right)\sin\theta\,d\theta \\ &= 2\pi r^2 N\,M\sin\theta\cos\theta\exp\left(\frac{MH\cos\theta}{k_BT}\right)d\theta \end{aligned} \quad (9.29)$$

物質の原子は均質で一様に分布しているとして，単位体積当たりの有効磁気モーメント m_v は，式 (9.29) の θ について $0 \le \theta \le \pi$ の範囲で積分すればよい．

$$m_v = \sum m_v(\theta) = 2\pi r^2 N\,M\int_0^{\pi}\sin\theta\cos\theta\exp\left(\frac{MH\cos\theta}{k_BT}\right)d\theta \quad (9.30)$$

ここで球空間全体に含まれる有効磁気モーメントの分配関数は

$$Z_B = \int_0^{\pi} d\,f(\theta) = 2\pi r^2 N\,M\int_0^{\pi}\exp\left(\frac{MH\cos\theta}{k_BT}\right)\sin\theta\,d\theta \quad (9.31)$$

である．磁化は式 (9.23) で与えられるから，式 (9.30) および式 (9.31) を用いると

$$\begin{aligned} \langle I\rangle &= \langle N\,M\rangle = \frac{m_v}{Z_B} \\ &= \frac{2\pi r^2 N\,M\displaystyle\int_0^{\pi}\sin\theta\cos\theta\exp\left(\frac{MH\cos\theta}{k_BT}\right)d\theta}{2\pi r^2\displaystyle\int_0^{\pi}\exp\left(\frac{MH\cos\theta}{k_BT}\right)\sin\theta\,d\theta} \\ &= \frac{N\,M\displaystyle\int_0^{\pi}\sin\theta\cos\theta\exp\left(\frac{MH\cos\theta}{k_BT}\right)d\theta}{\displaystyle\int_0^{\pi}\exp\left(\frac{MH\cos\theta}{k_BT}\right)\sin\theta\,d\theta} \end{aligned} \quad (9.32)$$

と表される．式 (9.32) の計算を進めるため，便宜的に $\cos\theta = x(-1 \le x \le 1)$ とし，$-\sin\theta d\theta = dx$，$M\,H/k_BT = a$ とおくと

$$\langle I\rangle = \frac{N\,M\left(-\int_{-1}^{1} xe^{a\,x}dx\right)}{\left(-\int_{-1}^{1} e^{a\,x}dx\right)} = N\,M\frac{\frac{1}{a}\left[xe^{a\,x}\right]_{-1}^{1} - \frac{1}{a^2}\left[e^{a\,x}\right]_{-1}^{1}}{\frac{1}{a}(e^a - e^{-a})}$$
$$= N\,M\frac{(e^a + e^{-a}) - \frac{1}{a}(e^a - e^{-a})}{(e^a - e^{-a})} = N\,M\left(\frac{e^a + e^{-a}}{e^a - e^{-a}} - \frac{1}{a}\right)$$
$$= N\,M\left(\coth a - \frac{1}{a}\right) \tag{9.33}$$

となる．ここで $a < 1$，すなわち $N\,M < k_BT$ の常磁性状態を考慮すると，上式は近似的に次のように書ける．

$$I_p = \langle I\rangle = N\,M\left(\frac{1}{a} + \frac{a}{3} - \frac{1}{a}\right) = \frac{N\,M^2}{3k_BT}H \tag{9.34}$$

これは常磁性磁化の温度依存性を示す一般形式である．便宜上，常磁性有効磁気モーメントを $M = M_{eff}$ で表記し磁化の定義式に当てはめると，

$$\chi_p = \frac{N\,M_{eff}^2}{3k_BT} = \frac{C}{T}\ ;\quad C = \frac{NM_{eff}}{3k_B} \tag{9.35}$$

のようにキュリー法則の常磁性磁化率およびキュリー定数が導かれた．

以上は統計力学の方法で議論したが，量子力学の方法によっても同じ結果が得られる．量子力学で扱うためにはスピンや電子軌道などの角運動量量子数，磁気量子数などについて準備が必要である．

[II] 量子力学による方法

孤立原子に属する 1 個の電子に着目する．電子スピン（電子の自転運動量を力学量としてみる）演算子を $\tilde{s}$ で表す．図 9.7 のように z 軸を観測軸（量子化軸）に設定し，電子スピン s の運動は直交座標の原点を支点に z 軸の周りを運動しているものとする．一般にスピンはヒルベルト空間において成り立たなければならないので，図 9.7 の直交座標表示を数平面（複素平面）で表したものを図 9.8 に示す（ヒルベルト空間については付録 B に示す）．

図 9.6 および第 5 章で示したように，古典力学の任意の角運動量（ベクトル）を $\boldsymbol{A}$ とすると，この量子力学表示は，それに対応する演算子 $\tilde{A}$ を意味し，演算子 $\tilde{A}^2$ の固有値は $A(A+1)$ である．すなわち任意の角運動量演算子 $\tilde{A}$ の固有値は $\sqrt{A(A+1)}$ で定義される．この定義により 1 個の孤立原子が保有する

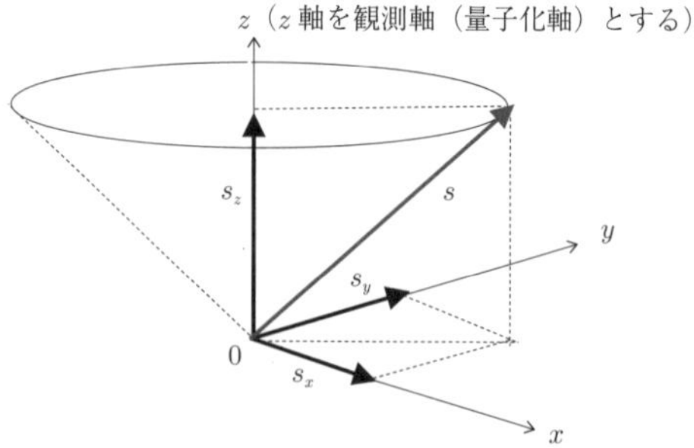

図 9.7　直交座標系における電子スピン表示.

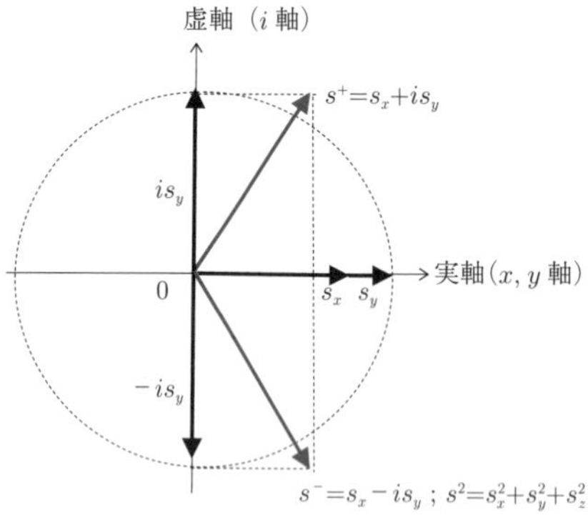

スピン		
演算子	⇒	固有値
$\tilde{s}^2$	⇒	$s(s+1)$
$\tilde{s}$	⇒	$\sqrt{s(s+1)}$

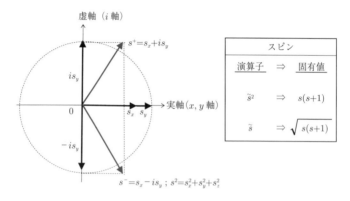

図 9.8　数平面における電子スピン表示.

不対の自由電子（$i = 1, 2, \cdots$）の総和を取ると，以下の関係が与えられる（付録 B 参照）.

$$
\begin{array}{llll}
\underline{\text{角運動量}} & & \underline{\text{演算子}} & \qquad \underline{\text{固有値}} \\
\cdot\ \text{全電子スピン角運動量} & : & \tilde{S} = \sum_i \tilde{s}_i & \Rightarrow \sqrt{S(S+1)} \\
\cdot\ \text{全軌道角運動量} & : & \tilde{L} = \sum_i \tilde{l}_i & \Rightarrow \sqrt{L(L+1)} \\
\cdot\ \text{全角運動量} & : & \tilde{J} = \sum_i \tilde{j}_i & \Rightarrow \sqrt{J(J+1)}
\end{array}
\tag{9.36}
$$

$J = |L \mp S|$ フントの規則に順ずる．1 個の電子スピンの固有値は $s = 1/2$

量子力学では上述の孤立原子の電子軌道のエネルギー準位の概念が要請される．すでに第 1 章で述べたが，電子軌道は原子核に近い，すなわちエネルギー準位の低い方から軌道名 s^2, p^6, d^{10}, f^{14}, $\cdots$, を付記し，各文字の肩数字はスピ

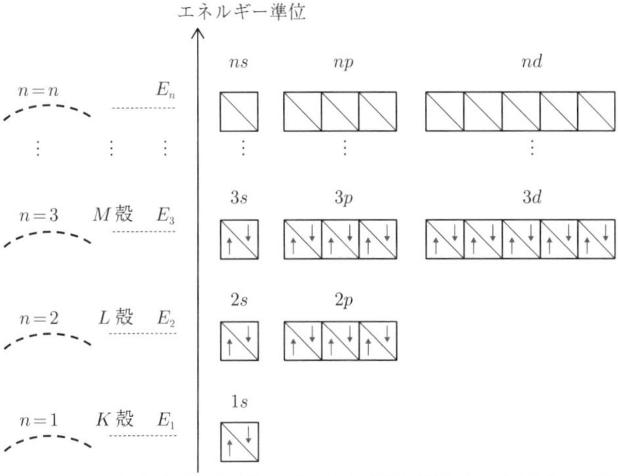

核

電子軌道	s^2	p^6			d^{10}					⋯
軌道量子数 l	0	1			2					⋯
磁気量子数 m_z	0	−1	0	1	−2	−1	0	1	2	⋯

$m_z=l, l-1, \cdots, -l$

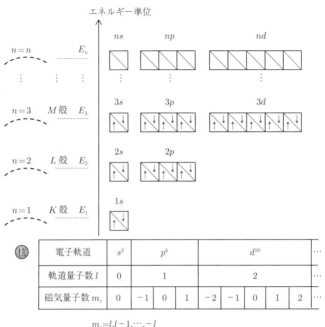

図 9.9 孤立原子の電子状態と量子数表示の模式図.

ンの向きを考慮に入れて，電子軌道に収容しうる電子数を示している．また，各電子軌道の角運動量もしくは軌道の方位を示す軌道量子数を $l = 0, 1, 2, 3, \cdots$ で表し，それぞれ電子軌道 $s, p, d, f, \cdots$ に対応している．

電子殻 $K(1s), L(2s, 2p), M(3s, 3p, 3d), N(4s, 4p, 4d, 4f), \cdots$ に対しては，量子数とよばれるエネルギー準位番号 $n = 1, 2, 3, 4, \cdots$ を用いて E_1, $E_2, \cdots, E_n$ と表示する．これら各軌道は，安定エネルギー状態を得るため縮退している場合がある．この縮退状態に磁場を作用して軌道分離する効果がゼーマンによって見出され，ゼーマン効果とよばれる．ゼーマン効果によりエネルギー準位は縮退状態よりも低いエネルギー状態を実現できる．この分裂した軌道状態は磁気量子数 m_z で表示し，m_z のとりうる値は $m_z = l, l-1, l-2, \cdots, -l$ ($2l+1$ 個の値）である．ここで l は上述の軌道量子数（方位量子数）である．これら電子状態と軌道量子数および磁気量子数の関係を，図 9.9 に示した．

以上のことを理解するために Fe($3d^6$) イオンを例に挙げて説明する．Fe($3d^6$) は $3d$ 軌道 ($l = 2$) に電子が 6 個詰まっており，そのため 4 個の不対電子をもっ

ている．電子スピンは $s = 1/2$ であるので，全電子スピン S は

$$S = \sum_i s_i = \frac{1}{2} \times 4 = 2$$

である．電子軌道の全軌道量子数 L はフントの規則を考慮して，エネルギー準位の高い方から低い方へ向けて電子を詰めていく

$$L = \left|\sum m_z\right| = |1 + 0 - 1 - 2| = 2$$

となる．全角運度量量子数は $J = |L \mp S|$ で与えられ，フントの規則に基づいて計算される．実際に不完全電子準位の電子占有状態が準位の半分以下のときは $|L - S|$ をとり，半分以上の場合には $|L + S|$ の値をとる．Fe($3d^6$) の電子状態は $3d^6$ であり，半分以上を占有しているので

$$J = |L + S| = 2 + 2 = 4$$

である．したがって，Fe の電子状態は Fe($3d^6$; $S = 2, L = 2, J = 4$) と表される．このことは磁性イオンを扱うのに重要である．

以上の量子力学の知見をもとに，ランジュバン常磁性について検討する．

量子力学によると原子内部の電子は図 9.7 および図 9.8，図 9.9 で示したように自転を伴いながら固有の軌道上を運動するので，有効磁気モーメント M_{eff} は固有の値を示す．本章の Key point で定義したように [磁気モーメント] = [定数] × [角運動量] で与えられることから，常磁性原子（イオン）の全角運動量 J を用いて，形式的に

$$\begin{aligned} M_{eff} &= g\mu_B\sqrt{J(J+1)} \\ &= p_B\mu_B \end{aligned} \tag{9.37}$$

と表せる．ここで μ_B は電子の運動による原子（イオン）の磁化の大きさを示す定数でボーア磁子とよばれる ($\mu_B = e\hbar/2m_e = 9.27 \times 10^{-24}$ [J/T])．p_B は常磁性磁気モーメントのボーア磁子数とよばれ，1 個の原子（イオン）内に存在するボーア磁子 μ_B の数を意味するもので次式により定義される．

$$p_B = g\sqrt{J(J+1)} \quad (J\ 全角運動量量子数) \tag{9.38}$$

ただし，g はランデの g 因子とよばれ

$$g = \frac{3}{2} + \frac{S(S+1) - L(L+1)}{2J(J+1)} \tag{9.39}$$

である．g 因子は原子のエネルギー状態（微細構造）を表示する因子である．

ここで，常磁性体の磁化の温度依存性について調べる．いま，N 個の原子がすべて $2J+1$ 個のエネルギー準位にばらまかれたとする．そこで温度 T における m_z の準位を占める原子の数 N_i は，ポテンシャル・エネルギー $E=-MH$ を用いて

$$N_i = N_{0i}\exp\left(-\frac{E_i}{k_BT}\right) = N_{0i}\exp\left(+\frac{m_z g\mu_B H}{k_BT}\right), \quad (i=1,2,\cdots) \tag{9.40}$$

と表せる．これより，全原子数 N は N_i について総和をとると次のように書ける．

$$N = \sum_i N_i = \sum_{-J}^{J} N_{0i}\exp\left(\frac{m_z g\mu_B H}{k_BH}\right) \tag{9.41}$$

ボルツマン統計において，エネルギー準位 E_i に対して 1 個の粒子を分配する割合は 1 粒子分配関数とよばれ，次式で定義される．

$$Z = \sum_z \exp\left(-\frac{E_i}{k_BT}\right) \tag{9.42}$$

磁気量子数 m_z で特徴づけられている軌道の常磁性有効磁気モーメント M_{eff} は

$$M_{eff} = g\mu_B m_z \quad (m_z = J, J-1, \cdots, -J) \tag{9.43}$$

で与えられる．例えば，$m_z = J$ であれば $M_{eff} = g\mu_B J$ である．常磁性磁化 I_p は，式 (9.40) の右辺に式 (9.41) と式 (9.43) を適用することにより与えられる．

$$\begin{aligned} I_p = NM_{eff} &= \left(\sum_{m_z=-J}^{J} N_{oz}\exp\left(\frac{m_z g\mu_B H}{k_BT}\right)\right)(g\mu_B m_z) \\ &\leq \left(\sum_{z=-J}^{J} N_{0z}\right)\left(\sum_{m_z=-J}^{J}\exp\left(\frac{m_z g\mu_B H}{k_BT}\right) g\mu_B m_z\right) \end{aligned} \tag{9.44}$$

ここで，近似式を導入する．

$$\begin{aligned} N &= \left(\sum_{z=-J}^{J} N_{oz}\exp\left(\frac{m_z g\mu_B H}{k_BT}\right)\right) \\ &\leq \left(\sum_{z=-J}^{J} N_{0z}\right)\left(\sum_{m_z=-J}^{J}\exp\left(\frac{m_z g\mu_B H}{k_BT}\right)\right) \end{aligned} \tag{9.45}$$

これより

$$N\left(\sum_{m_z=-J}^{J}\exp\left(-\frac{m_z g\mu_B H}{k_B T}\right)\right) \leq \left(\sum_{z=-J}^{J} N_{0z}\right) \tag{9.46}$$

であるから，これを式 (9.44) に適用する．

$$I_p = N\left(\sum_{m_z=-J}^{J}\exp\left(-\frac{m_z g\mu_B H}{k_B T}\right)\right)\left(\sum_{m_z=-J}^{J} g\mu_B m_z \exp\left(\frac{m_z g\mu_B H}{k_B T}\right)\right)$$

$$= \frac{Ng\mu_B \sum_{m_z=-J}^{J} m_z \exp\left(\frac{m_z g\mu_B H}{k_B T}\right)}{\sum_{m_z=-J}^{J}\exp\left(\frac{m_z g\mu_B H}{k_B T}\right)}$$

$$= Ng\mu_B \frac{\sum_{m_z=-J}^{J} m_z e^{m_z x}}{\sum_{m_z=-J}^{J} e^{m_z x}};\quad \left(x = \frac{g\mu_B H}{k_B T}\right) \tag{9.47}$$

ここで，関数微分

$$y = \ln f(x)\ ;\qquad \frac{dy}{dx} = \frac{dy}{df}\frac{df}{dx} = \frac{1}{f}\frac{df}{dx}$$

の関係を用いて，式 (9.47) を次のように書き表す．

$$I_p = Ng\mu_B \frac{d}{dx}\left(\ln \sum_{m_z=-J}^{J} e^{m_z x}\right) = Ng\mu_B \frac{d[\ln Y(x)]}{dx} = Ng\mu_B \frac{1}{S}\frac{dY(x)}{dx}$$

$$Y(x) = \sum_{m_z} e^{m_z x} \tag{9.48}$$

ここで，上式の $Y(x)$ について具体的に計算を行う．

$$Y(x) = \sum_{m_z=-J}^{J} e^{m_z x} = e^{-Jx} + e^{-(J-1)x} + \quad \cdots \quad + e^{Jx} \tag{9.49}$$

上式の両辺に e^x を乗じると

$$Y(x)e^x = e^{-(J-1)x} + e^{-(J-2)x} + \quad \cdots \quad + e^{(J+1)x} \tag{9.50}$$

である．式 (9.49) と式 (9.50) を辺々引き算すると，

$$Y(x) = \frac{e^{-Jx} - e^{(J+1)x}}{1 - e^x} \tag{9.51}$$

と表せる．さらに，式 (9.51) を以下のような手続きに従って双曲線関数形式で整理する．式 (9.51) の右辺の分母分子に $\exp(-x/2)$ を乗じると

$$Y(x) = \frac{e^{\left(J+\frac{1}{2}\right)x} - e^{-\left(J+\frac{1}{2}\right)x}}{e^{\frac{x}{2}} - e^{-\frac{x}{2}}} \tag{9.52}$$

となる．公式

$$\sinh B = \frac{e^{B} - e^{-B}}{2}$$

を用いて，式 (9.52) を書き直すと，

$$Y(x) = \frac{\sinh\left(J+\frac{1}{2}\right)x}{\sinh\left(\frac{x}{2}\right)} \equiv \sum_{m_z=-J}^{J} e^{m_z x} \tag{9.53}$$

となる．したがって，式 (9.49) は式 (9.53) の双曲腺関数形式で表すことができた．この形式を利用して，式 (9.48) の磁化を形式化する．そのための手続きとして，式 (9.48) の右辺の微分項を求める．

$$\frac{dY(x)}{dx} = \frac{\left(J+\frac{1}{2}\right)\cosh\left(J+\frac{1}{2}\right)x\sinh\left(\frac{x}{2}\right) - \frac{1}{2}\cosh\left(\frac{x}{2}\right)\sinh\left(J+\frac{1}{2}\right)x}{\left(\sinh\left(\frac{x}{2}\right)\right)^2}$$

および

$$\begin{aligned}
\frac{1}{Y}\frac{dY(x)}{dx} &= \frac{\sinh\left(\frac{x}{2}\right)}{\sinh\left(J+\frac{1}{2}\right)x}\left[\left\{\frac{\left(J+\frac{1}{2}\right)\cosh\left(J+\frac{1}{2}\right)x\sinh\left(\frac{x}{2}\right)}{\left(\sinh\left(\frac{x}{2}\right)\right)^2}\right\}\right. \\
&\qquad \left. -\left\{\frac{\frac{1}{2}\cosh\left(\frac{x}{2}\right)\sinh\left(J+\frac{1}{2}\right)x}{\left(\sinh\left(\frac{x}{2}\right)\right)^2}\right\}\right] \\
&= \frac{\left(J+\frac{1}{2}\right)\cosh\left(J+\frac{1}{2}\right)x}{\sinh\left(J+\frac{1}{2}\right)x} - \frac{1}{2}\frac{\cosh\left(\frac{x}{2}\right)}{\sinh\left(\frac{x}{2}\right)} \\
&= \left(J+\frac{1}{2}\right)\coth\left(J+\frac{1}{2}\right)x - \frac{1}{2}\coth\left(\frac{x}{2}\right)
\end{aligned} \tag{9.54}$$

式 (9.54) の右辺の分母分子に J を乗じ，分子を J の括弧で括る．

$$\frac{1}{Y}\frac{dY}{dx} = J\left[\frac{1}{J}\left(J+\frac{1}{2}\right)\coth\left(J+\frac{1}{2}\right)x - \frac{1}{2J}\coth\left(\frac{x}{2}\right)\right]$$

ここで変数を $a = Jx = J(g\mu_B H/k_B T)$ とおくと，

$$\begin{aligned}\frac{1}{Y}\frac{dY}{dx} &= J\left[\frac{2J+1}{2J}\coth\left(\frac{2J+1}{2J}a\right) - \frac{1}{2J}\coth\left(\frac{a}{2J}\right)\right] \\ &= J\left[B_J(a)\right]\end{aligned} \tag{9.55}$$

を得る．ただし，上式の右辺の括弧内はブリュアン関数とよばれる．

$$\begin{aligned}&[B_J(a)] = \left[\frac{2J+1}{2J}\coth\left(\frac{2J+1}{2J}a\right) - \frac{1}{2J}\coth\left(\frac{a}{2J}\right)\right] \\ &\quad (a = Jx = J\frac{g\mu_B H}{k_B T})\end{aligned} \tag{9.56}$$

式 (9.55) を式 (9.48) に適用すると，常磁性磁化は

$$I_p = Ng\mu_B J \cdot B_J(a) \equiv I_0 \cdot B_J(a) \tag{9.57}$$

と導かれた．ただし，

$$I_0 = Ng\mu_B J \tag{9.58}$$

である．これは $T = 0\,[\mathrm{K}]$ のときの磁化の大きさであり，強磁性体の場合の自発磁化に対応するものである．常磁性磁化は，式 (9.56) 右辺のブリュアン関数の内容によって与えられる．そこで次に，ブリュアン関数について検討する．

[i] ブリュアン関数とランジュバン関数

磁気モーメントの向きうる方向は，量子論では $2J+1$ 通りに限定される．しかし，常磁性磁気モーメントの向きは任意であるので，このことは全角運動量 J のとりうる値は無限にあることを意味しており，その向きは無限通りあると解釈される．

そこで，式 (9.56) の $J \to \infty$ をとる．

$$[B_J(a)]_{J\to\infty} = \left[\frac{2J+1}{2J}\coth\left(\frac{2J+1}{2J}\cdot a\right) - \frac{1}{2J}\frac{\cosh\left(\frac{a}{2J}\right)}{\sinh\left(\frac{a}{2J}\right)}\right]_{J\to\infty} \tag{9.59}$$

常磁性の場合，磁気モーメントの向きはランダムであり，実験室での磁場の強さは常磁性体を飽和磁化の状態にすることは困難であり現実不可能である．そのため，変数 a は $0 < a < 1$ であるとみなせる．そこで指数関数の展開近似式

を導入する.

$$0 < a < 1 \quad ; \quad e^a = 1 + a + \frac{1}{2\,!}a^2 + \cdots \cong 1 + a$$
$$e^{-a} \cong \frac{1}{1+a} \cong 1 - a$$

および，$J \to \infty$ を取りうることから，

$$\frac{2J+1}{2J} \to 1$$

これらの関係を式 (9.59) に適用すると，

$$[B_J(a)]_{J\to\infty} = 1 \cdot \coth a - \frac{\dfrac{1}{2J}\cdot 1}{\dfrac{1}{2J}\cdot a} = \coth a - \frac{1}{a} \equiv L(a) \quad ; \tag{9.60}$$
$$a = Jx \ = J\frac{g\mu_B H}{k_B T}$$

を得る．この関数 $L(a)$ はランジュバン関数とよばれる．

[ii] 常磁性磁化とキュリー法則

実験室での磁場の強さは有限であり，常磁性体を飽和磁化の状態にすることはできないので，先述のように $0 < a < 1$ の条件を式 (9.56) のブリュアン関数に適用すると

$$\begin{aligned} B_J(a) &\cong \frac{J+1}{3J}a - \frac{J-1}{3J}\frac{2J^2+2J+1}{3J^2}a^3 + \cdots \\ &\cong \frac{J+1}{3J}a \end{aligned} \tag{9.61}$$

と表せる．式 (9.61) を常磁性磁化の式 (9.57) に適用すると，以下の関係式が得られる．

$$\left.\begin{aligned} I_p &= \frac{Ng^2\mu_B^2 J(J+1)}{3k_BT}\cdot H = \chi_p H \ ; \ \chi_p = \frac{Ng^2\mu_B^2 J(J+1)}{3k_BT} = \frac{C}{T} \\ C &= \frac{NM_{e\!f\!f}^2}{3k_B} \quad ; \quad M_{e\!f\!f} = g\mu_B\sqrt{J(J+1)} = p_B\mu_B \end{aligned}\right\} \tag{9.62}$$

ここで，C はキュリー定数，$M_{e\!f\!f}$ は磁化の有効磁気モーメント，p_B は常磁性有効ボーア磁子数である．以上，ランジュバン常磁性理論である．

[iii] 3d 遷移金属イオンの常磁性

ここで代表的な周期表の第 4 周期にある 3d 遷移金属イオンの常磁性磁気モー

表 9.1　$3d$ 遷移金属イオン常磁性．（ボーア磁子 $\mu_B = 1.165 \times 10^{-29}$ [Wb·m]）．

イオン $(3d^n)$	$Mn^{2+}(3d^5)$	$Fe^{2+}(3d^6)$	$Co^{2+}(3d^7)$	$Ni^{2+}(3d^8)$	$Cu^{2+}(3d^9)$
スピン配列					
m_z					
2	↑	↑↓	↑↓	↑↓	↑↓
1	↑	↑	↑↓	↑↓	↑↓
0	↑	↑	↑	↑↓	↑↓
-1	↑	↑	↑	↑	↑↓
-2	↑	↑	↑	↑	↑
$S = \sum_i s_i$	$\frac{1}{2} \times 5 = \frac{5}{2}$	$\frac{1}{2} \times 4 = 2$	$\frac{1}{2} \times 3 = \frac{3}{2}$	$\frac{1}{2} \times 2 = 1$	$\frac{1}{2} \times 1 = \frac{1}{2}$
p_B	5.9	4.9	3.9	2.8	1.7
$M_{eff} = p_B \mu_B$	$5.9\mu_B$	$4.9\mu_B$	$3.9\mu_B$	$2.8\mu_B$	$1.7\mu_B$

メントについて示す．$3d$ 遷移金属の最外殻の $3d$ 電子軌道は不対電子状態にある．この $3d$ 不対電子は電子軌道を離れて物質内を動きまわり，もはや所属の電子軌道をもたない軌道消失（クエンチング）を起こし，その結果，軌道角運動量量子数は $L = 0$ となる．したがって，全角運動量量子数 $J(= |S \mp L|)$ はスピン角運動量量子数 S に等しく，ランデの g 因子の値は 2 となる．このことから，$3d$ 遷移金属イオンの常磁性のボーア磁子数 p_B は $2\sqrt{S(S+1)}$ で与えられる．表 9.1 は $3d$ 遷移金属イオンの常磁性を例示したものである．

[iv] 希土類イオンの常磁性

周期表の第 7 周期にある希土類元素は，最外殻に $5s^2$ の閉殻状態をもち，その内側の $4f$ 準位に不完全状態をつくっている．そのため $4f$ 電子は外側の $5s$ 電子によって覆われ，強く束縛され局在化している．通常，希土類物質の物性はこの局在化されている $4f$ 電子状態によると考えられる．

このことから希土類イオンの磁気モーメントは，電子スピンと軌道との合成角運動量量子数 J に起因する．したがって，有効磁気モーメントをもとめるには，式 (9.61) の M_{eff} を正確に計算しなければならない．その場合，注意しなければならないのは，スピンの詰め方はフントの規則に従う．また，全角運動量量子数 J はスピン配置が，$4f$ 軌道準位の左半分（↑スピン）だけの場合 $J = |L - S|$ を選び．左半分が満たされ右半分（↓スピン）に達した場合には $J = |L + S|$ を選ぶ．例えば，$Tb^{3+}(4f^8)$ のボーア磁子数 p_B を求めてみる．この物質は $4f$ 軌道に 8 個の電子を占めており，そのため 6 個の不対電子状態

にある．すなわち，模式的にみると

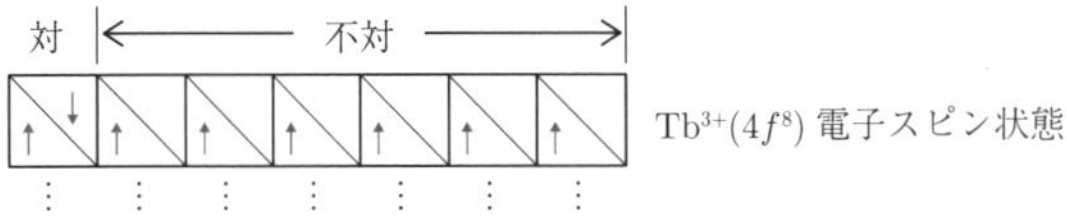

$$m_z = \quad 3 \quad 2 \quad 1 \quad 0 \quad -1 \quad -2 \quad -3$$

$$S = \sum s_i = \frac{1}{2} \times 6 = 3; L = \sum l_i = |2+1+0-1-2-3| = 3;$$

$$J = |L+S| = |3+3| = 6$$

$$g = \frac{3}{2} + \frac{S(S+1) - L(L+1)}{2J(J+1)} = \frac{3}{2} + \frac{3(3+1) - 3(3+1)}{2 \times 6(6+1)} = 1.5$$

である．したがって，ボーア磁子数 p_B および有効磁気モーメント M_{eff} は

$$p_B = g\sqrt{J(J+1)} = 1.5\sqrt{6(6+1)} = 9.72$$

$$M_{eff} = 9.72\mu_B$$

と得られる．

9.4 強磁性体

キーワード
● ワイス理論　● キュリー－ワイス法則　● 自発磁化
● ハイゼンベルグ強磁性　● 磁区　● 磁壁
● スピン交換相互作用

9.4.1 磁化特性

強磁性体の特徴はフェロ磁性とフェリ磁性があり，$T = 0\,[\mathrm{K}]$ 近傍で磁場の作用がなくても磁気モーメントの向きが自発的に揃い，完全に磁化した状態が出現する．この状態は自発磁化とよばれる．自発磁化はその大きさを I_0 とすると，式 (9.2) により

$$I_0 = NM \quad （温度\ T = 0\,[\mathrm{K}]\ のとき） \tag{9.63}$$

で与えられる．$T = 0\,[\mathrm{K}]$ で自発磁化の状態から，温度を上昇させていくと図 9.10 に示すように強磁性が消失 $(I = 0)$ する点に達する．この温度はキュリー温度 T_C とよばれ，強磁性相から常磁性相へ磁気相転移（磁気変態）を起こす．

また，室温で強磁性体に磁場を作用した場合，磁化は式 (9.1) により

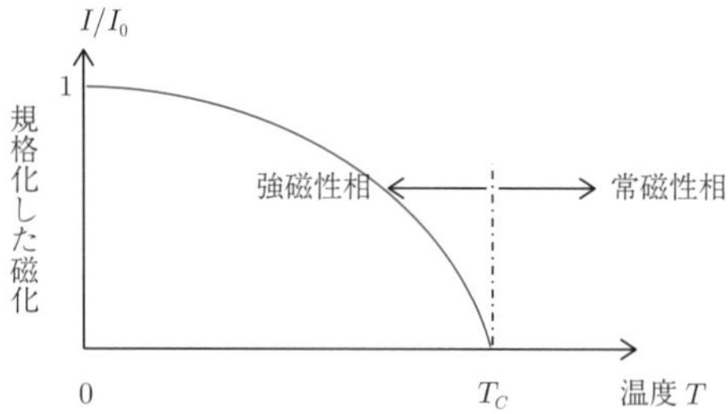

図 9.10 フェロ磁性体の自発磁化の温度依存性．規格化した磁化 I/I_0 とキュリー温度 T_C の関係．

$$I = \chi H \ \Rightarrow \ I_s = \chi H_s \tag{9.64}$$

で表され，磁場の強さが $H = H_s$ に達したとき飽和磁化 I_s の状態となる．強磁性体の磁場による磁化過程は，一定の温度の状態で，磁場の変化に対して不可逆でありヒステリシス・ループ（履歴曲線）を示す．実際，図 9.11 に示すように，初期状態において磁場 0 のとき磁化は 0 である．磁場の強さを増加すると，初期磁化曲線に従って飽和磁化に達する．飽和磁化に達した後，さらに磁場を強めても磁化は変化しなくなる．原点から初期磁化曲線への接線の勾配は，低い方を初透磁率 μ_i とよび，高い方を最大初透磁率 $\mu_{\max}$ という．初期磁化曲線に従って飽和磁化に達した後，磁場の強さを減少させて 0 にしても同じ経路は通らずに，磁化は I_r だけ残ってしまう．この残った磁化 I_r を残留磁化とよぶ．永久磁石はこの残留磁化の性質を利用している．残留磁化を打ち消すには，I_r に対抗した逆磁場（負方向の磁場）を作用する．具体的には，磁化が 0 となる負の磁場 $(-H_c)$ を作用すると I_r は 0 となる．この I_r に抗して磁化を 0 にするのに要する磁場の強さ H_c は保磁力（もしくは抗磁力）とよばれる．ただし，保磁力と抗磁力は厳密には異なるが，通常は同じ意味で考えてよい．

9.4.2 磁区と磁壁

強磁性体は，通常は図 9.12 に示すように磁区とよばれる局部的にスピンの規則配列した領域をたくさんつくることによって，全体として磁気モーメントを 0 にして，エネルギー的に安定状態を保っている．

磁区と磁区の間には磁壁とよばれる境界があって，磁場を作用して磁化するとき，磁場の作用方向へ移動して磁化し易いようにはたらく．磁壁は図 9.12 の挿入図にあるように何個かの原子が連なっていて，磁場を作用するとその方向へスピンを少しずつ回転させ，最小のエネルギーで磁壁移動を進める．これは

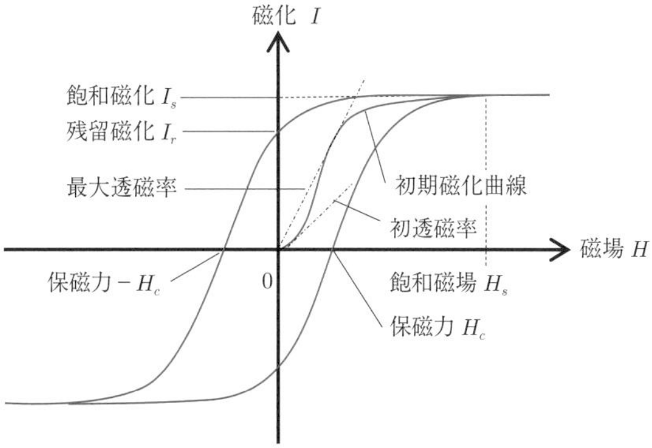

図 9.11 強磁性体の磁化特性．ヒステリシス・ループとその各部の名称．

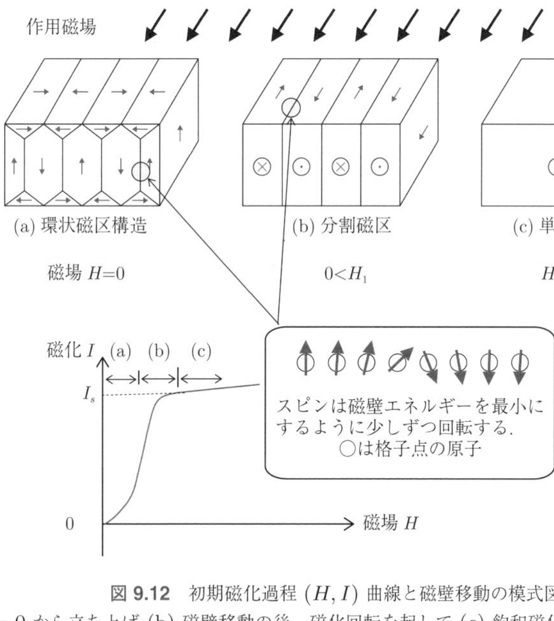

図 9.12 初期磁化過程 (H, I) 曲線と磁壁移動の模式図．
(a)$H = 0$ から立ち上げ (b) 磁壁移動の後，磁化回転を起して (c) 飽和磁化に達すると磁区は単磁区構造になる．初期磁化過程の曲線は磁区（(a) (b) (c)）の対応を示す．

ネジのピッチが小さいほど小さな力（トルク）で駆動させることに似ている．磁化過程は最初に磁壁移動した後，磁化回転し飽和磁化に達して完了する．特に，磁場を作用せずに低温で自発磁化させると，飽和磁化と同じ単磁区状態になる．自発磁化の場合，磁気モーメントは磁化エネルギーを最小にする向きに揃って配列する．このエネルギーを最小とする向きを磁化容易（軸）方向という．強磁性体は磁場を作用して磁化する場合，磁化容易軸と困難軸が顕著に現れる．この性質は磁気異方性とよばれ，初期磁化曲線の立ち上がり方，残留磁化および保磁力は軸方向によって異なる値を示すが，飽和磁化の値は一致する．磁気異方性は結晶構造，形状および原子間距離の差異によって誘起される．

9.4.3 強磁性発現機構

[I] ハイゼンベルグ強磁性理論

上述の磁区形成について，フェロ磁性物質中，互いに最隣接する電子スピン配列とそれらの間の相互作用に着目する．そこで，隣接する磁性原子間の有する電子の直接交換相互作用を調べてみる．議論を簡明にするため，磁性原子はすべて同じ原子であり，各原子は外殻軌道に 1 個の不対電子を有するものとする．ここで，隣接原子間の電子の直接交換相互作用はパウリの排他原理に基づいてなされる．図 9.13(a) は，電子スピン s_i と s_j の交換相互作用を想定したものである．図 9.13(b) の場合，スピン s_i に着目すると，s_i は隣接スピン s_h および s_j と直接交換相互作用がなされ，各スピンは等価であることから，スピン交換相互作用は $(s_h \cdot s_i)$ と $(s_i \cdot s_j)$ は等価である．また，それらの交換積分定数 J_{hi} および J_{ij} は同種の原子に共通して等しく

$$J_{hi} = J_{ij} = J_{ex} \ (> 0) \tag{9.65}$$

としてよい．したがって交換相互作用エネルギー E_{ex} は

$$E_{ex} = E_{hi}^{ex} + E_{ij}^{ex} = -[J_{hi}(s_h \cdot s_i) + J_{ij}(s_i \cdot s_j)] = -2J_{ex}\, s_i \cdot s_j \tag{9.66}$$

この考えはフェロ磁性体全域に拡張しうることから，直接スピン交換エネルギーは

$$E_{ex} = -2J_{ex} \sum_i s_i \sum_j s_j = -2J_{ex} S_i \cdot S_j \quad (J_{ex} > 0) \tag{9.67}$$

と書ける．これはハイゼンベルグの強磁性模型とよばれる．式 (9.67) のスピン交換エネルギーが最小となるためには，右辺のスピン配列を直視すると $(s_i(\uparrow); s_j(\uparrow))$ もしくは $(s_i(\downarrow); s_j(\downarrow))$ のときに限定される．ここで，交換積分定数 $J(> 0)$ について調べる．フェロ磁性の場合，図 9.13(c) で示した $J_{ex} > 0$ であることが要請される．このことは磁性原子の原子間距離，実際には平均電子間距離 r_s がスピン交換相互作用と深く関わっている．強磁性状態が

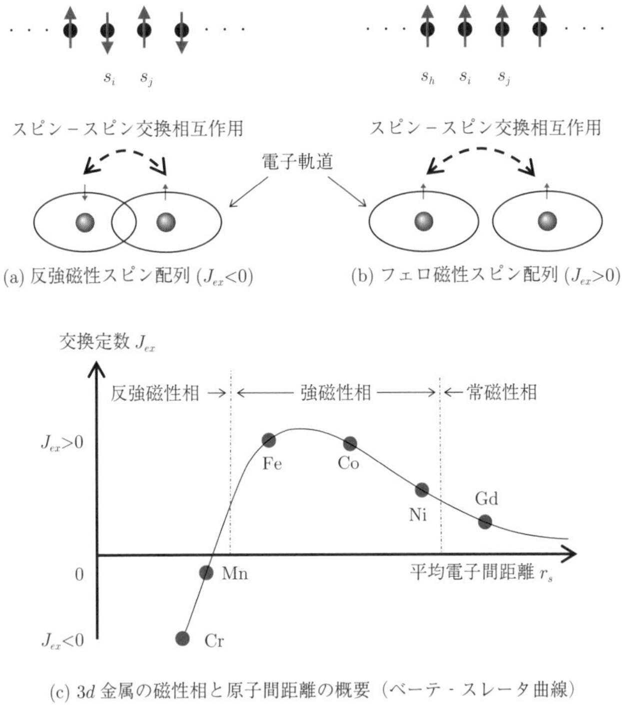

図 9.13 直接スピン交換相互作用によるハイゼンベルグのフェロ磁性模型.

常磁性状態よりも安定であるためには，物質の常磁性相と強磁性相の状態エネルギー E_{par}，E_{ferr} のエネルギー差が

$$E_{ferr} - E_{par} = \Delta E < 0 \tag{9.68}$$

でなければならない．このことはエネルギー状態で見ると，強磁性状態の方が常磁性状態よりも低く，強磁性相が安定していることを示唆している．実際，量子力学を用いて計算すると次の関係が導かれる．計算の詳細は省略するが，考え方としてフェロ磁性相と常磁性相において，各原子の磁性発現に関与する電子の運動エネルギー E_k^{ferr}, E_k^{par} と交換エネルギー $E_{ex}^{ferr}, E_{ex}^{par}$ のそれぞれの差の低い方が安定相となる．

$$\begin{aligned}\Delta E &= [E_k^{ferr} + E_{ex}^{ferr}] - [E_k^{par} + E_{ex}^{par}] \\ &= \frac{3N}{5}\frac{\hbar^2 k_F^2}{2m}(2^{\frac{2}{3}} - 1) - \frac{3Ne^2}{4\pi}k_F(2^{\frac{1}{2}} - 1)\end{aligned}$$

$$= \frac{(2.21)(0.588)}{r_s^2} - \frac{(0.911)(0.26)}{r_s} \quad [\mathrm{Ry}]$$
$$= \left[\frac{(2.21)(0.588)}{r_s^2} - \frac{(0.911)(0.26)}{r_s}\right] \times 13.6 \quad [\mathrm{eV}] \tag{9.69}$$

これより系が強磁性条件 $E_{ferr} - E_{par} = \Delta E < 0$ を実現するには平均電子間距離 r_s が $r_s > 5.46\,a_B = 2.75 \times 10^{-10}$ [m] でなければならない．ただし，r_s はボーア原子半径（$a_B = 0.53 \times 10^{-10}$ [m]）を単位にして求めた値である．図 9.13(c) に r_s をパラメータとする $3d$ 遷移金属の強磁性発現のベーテ - スレータ曲線の概略を例示した．

[II] ワイスの局所場理論

一様な磁気モーメントによって張られている磁区の形成は，磁性原子の磁気モーメントによって発生する局所磁場 H_m が，着目する磁気モーメント M_s に作用することに由来する．この考え方はワイスの局所場（分子場）理論とよばれている．局所磁場は次のように定義される．

$$H_m = wI_s \tag{9.70}$$

ただし，w はワイスの分子場係数であり，導出すべき定数である．図 9.14 に示すように着目している原子の飽和磁化 I_s は周囲の磁性原子の磁気モーメント $\langle M\rangle$ により

$$I_s = N\langle M\rangle = N\langle n_B\mu_B\rangle \tag{9.71}$$

で与えられる．ただし，N は着目している原子のまわりの単位体積当たりの磁性原子の数，$\langle M\rangle$ は N 個の磁性原子の平均化した磁気モーメントである．磁気モーメント M は 1 原子当たりのボーア磁子数 n_B とボーア磁子 μ_B の積である．

そこで，式 (9.70) の関係を満たすワイスの分子場係数 w を導出する．図 9.14 および図 9.15 において，着目している磁気モーメント M_s が局所磁場 H_m による磁化エネルギーは，ハイゼンベルグのスピン - スピン交換相互作用の形式に従って，

$$E_{ex} = -2J_{ex}s(z\langle s\rangle) = -2zJ_{ex}s\langle s\rangle \tag{9.72}$$

と書ける．ただし，z は着目しているスピン s を有する原子の最隣接原子数，$\langle s\rangle$ は最隣接原子の平均化されたスピンである．式 (9.72) より式 (9.67) のスピン交換相互作用エネルギーは，着目する磁気モーメントが局所磁場によって磁化

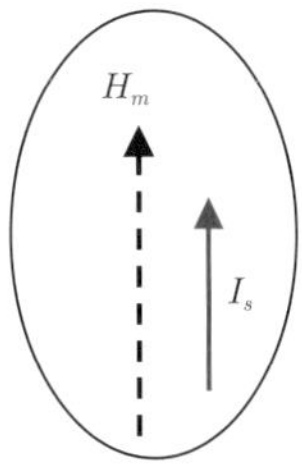

図 9.14 誘起した局所磁場が磁性原子を磁化している．

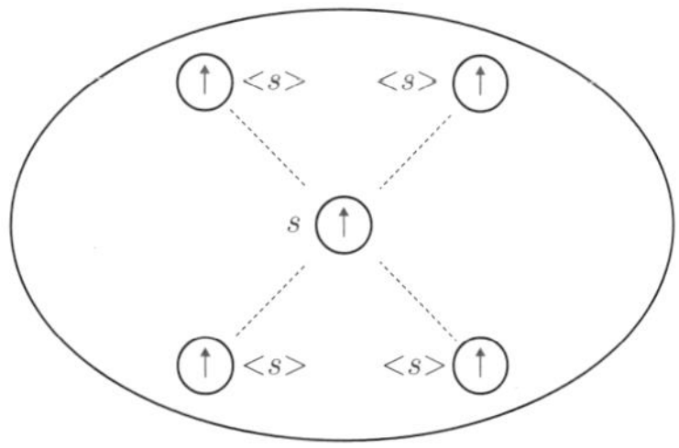

図 9.15 着目しているスピン s と近接原子の平均化されたスピン $\langle s\rangle$ との相互作用の模式図．

されるエネルギー E_{Weiss} に等しい．すなわち磁化エネルギーの定義式 (9.22) により

$$
\begin{aligned}
E_{Weiss} &= -M_s H_m \cos\theta|_{\theta=0} \\
&= -(n_B\mu_B)\cdot H_m \\
&= -(g\, s\mu_B)(wI_s) \\
&= -(g\, s\mu_B)(wN\langle M\rangle) \\
&= -(g\, s\mu_B)(wN\langle n_B\mu_B\rangle) \\
&= -(g\, s\mu_B)(wN\langle g\, s\mu_B\rangle) \\
&= -N\, g^2\mu_B^2 s\langle s\rangle w
\end{aligned}
\tag{9.73}
$$

ただし，磁気モーメントは

$$
M = n_B\mu_B \tag{9.74}
$$

である．ここで n_B は強磁性原子のボーア磁子数，μ_B はボーア磁子，$g(=2)$ はスピン分裂因子である．したがって，式 (9.72) と式 (9.73) より，ワイスの分子場係数 w は

$$
w = \frac{2zJ_{ex}}{N(g_e\mu_B)^2} \tag{9.75}
$$

と得られる．

以上のことから，ワイスの局所磁場 H_m は自発磁化 I_0 を誘起させるための磁場とみることができる．しかし，具体的に Fe の場合について H_m の数値計算を行うと，1.7×10^9 [A/m] と現実離れした値となる．

例題 9.2

Feの飽和磁化 I_s は $2.2\,[\mathrm{T}]$ $(1\,[\mathrm{T}] = 1\,[\mathrm{Wb/m^2}])$ である．Feの原子量 $5.6 \times 10^{-2}\,[\mathrm{kg}]$，密度 $8 \times 10^3\,[\mathrm{kg/m^3}]$，ボーア磁子 $\mu_B = 1 \times 10^{-29}\,[\mathrm{Wb \cdot m}]$ として，

(1) Feの磁気モーメントを求めよ．

(2) ボーア磁子数を求めよ．

解説

単位体積当たりのFe原子数 N は

$$N = N_A \frac{\rho}{m} = (6 \times 10^{23}) \frac{(8 \times 10^3\,[\mathrm{kg/m^3}])}{(5.6 \times 10^{-2}\,[\mathrm{kg}])} = 8.6 \times 10^{28}\,[\mathrm{m^{-3}}]$$

である．

(1) 式(9.63)よりFe磁気モーメントは

$$M = \frac{I_0}{N} = \frac{2.2\,[\mathrm{Wb/m^2}]}{8.6 \times 10^{28}\,[\mathrm{m^{-3}}]} = 2.6 \times 10^{-29}\,[\mathrm{Wb \cdot m}]$$

(2) 式(9.74)よりボーア磁子数 n_B は

$$n_B = \frac{M}{\mu_B} = \frac{2.6 \times 10^{-29}\,[\mathrm{Wb \cdot m}]}{1.17 \times 10^{-29}\,[\mathrm{Wb \cdot m}]} = 2.22$$

である．

9.4.4　金属合金の磁気モーメント

[I]　金属

Fe，Co，Niの各金属は室温で強磁性（フェロ磁性）を示す．このことはこれらの金属の $3d$ と $4s$ バンドの電子状態による．実際，周期表に示されている孤立原子状態と金属状態（金属原子の組織的集合体）では，電子配置が異なる．電子配置は孤立原子では周期表にあるようにフントの規則に従ってエネルギー準位を占めるが，金属状態では成り立たない．例えば，Fe，Co，Ni金属について，表9.2および図9.16に示すように，バンドの電子数は必ずしも整数ではない．このことは，孤立原子の場合，量子力学での電子配置は電子が存在するかしないかのいずれかであるので0を含む整数で示される．一方，統計力学ではバンド内の電子分布で扱われ，図9.16のようにエネルギー準位を占める割合で決まるので，強磁性体のボーア磁子数 n_B は必ずしも整数にはならない．こ

表 9.2 Fe, Co, Ni の孤立原子と金属での電子配置および金属磁気モーメント.

元 素	Fe	Co	Ni
孤立原子状態	$3d^6 4s^2$	$3d^7 4s^2$	$3d^8 4s^2$
金属状態	$3d^7 4s^1$	$3d^8 4s^1$	$3d^9 4s^1$
バンド理論	$3d(7.4)4s(0.6)$	$3d(8.28)4s(0.72)$	$3d(9.38)4s(0.62)$
ボーア磁子数 n_B	$3d(4.8\text{-}2.6=2.2)$ $4s(0.3\text{-}0.3=0)$ 2.2	$3d(5\text{-}3.28=1.72)$ $4s(0.36\text{-}0.36=0)$ 1.72	$3d(5\text{-}4.38=0.62)$ $4s(0.31\text{-}0.31=0)$ 0.62
磁気モーメント	$2.2\mu_B$	$1.72\mu_B$	$0.62\mu_B$

(μ_B ボーア磁子)

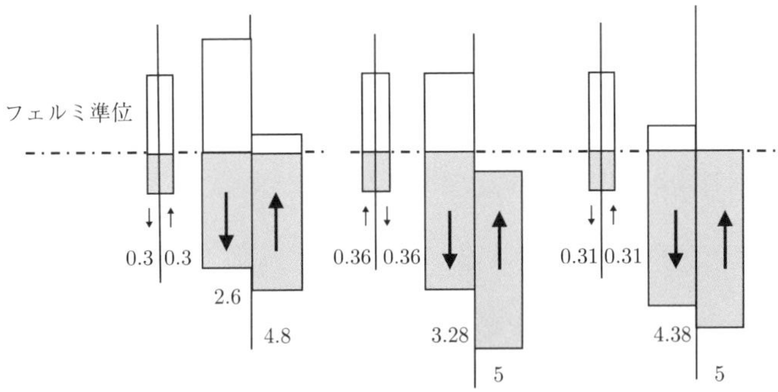

図 9.16 強磁性金属 Fe, Co, Ni の各 ($3d4s$) バンドの電子分布の模式図.

のことは, 先述したワイス理論による Fe の局所磁場が量子力学の観点から極端に大きな値を示す原因となっている.

[II] 合金

合金の磁気モーメントは組成比によって磁気モーメントが変化する. 例えば, 図 9.16 の Co, Ni 金属の $3d$ バンドは↑スピン・バンドが完全に占められ, ↓スピン・バンドが不完全である. このように不完全バンドの金属を母体として, 他の金属を添加すると, 添加物の核の電荷は, フェルミ面における状態密度の大きい d バンドの↓スピンの電子によって遮蔽される. このような合金系において, 母体金属の磁気モーメントを M_m とすると, 添加原子の磁気モーメント M_I は

$$M_I = M_m - Z_{IM}\mu_B \tag{9.76}$$

で与えられる. ただし Z_{IM} は添加金属の原子番号 Z_I と母体金属の原子番号

Z_m の差 $(Z_I - Z_m)$ である．そこで合金系の平均磁気モーメント $\langle M \rangle$ は，添加物の濃度を c とすると

$$\langle M \rangle = M_m - cZ_{IM}\mu_B \tag{9.77}$$

の関係式で表される．これはスレーター - ポーリング則とよばれる．

例えば，Ni 金属を母体にして，Fe を 50[at. %] 添加した合金の平均磁気モーメントを計算してみる．Ni 金属の磁気モーメントは上述のバンド計算から $M_m = 0.62\mu_B$ である．$Fe(Z_I)$ と $Ni(Z_m)$ の原子番号の差は $Z_{IM} = -2$ であるから，この合金中，Fe 原子が有する磁気モーメント M_I の値は

$$M_I = (0.62 - (-2))\mu_B = 2.62\mu_B$$

となる．興味深いのはこの値は Fe 金属単体の値よりも大きいことである．また，この場合，合金の平均磁気モーメント $\langle M \rangle$ は

$$\langle M \rangle = (0.62 - (0.5)(-2))\mu_B = 1.62\mu_B$$

と得られる．

9.4.5 フェライト：フェリ磁性

フェライトは Fe^{3+} イオンを含む酸化物 (Fe_2O_3) を基本とするイオン化合物で，Fe_2O_3 と 2 価もしくは 3 価の陽イオン酸化物と結合し，その構造によって分類される．表 9.3 は強磁性酸化物の代表的なフェリ磁性体の分類である．フェリ磁性は同一結晶中，陽イオンが正の磁気モーメントと負の磁気モーメントの両方をもち，それらの差の大きさが強磁性として現れる．

図 9.17 はスピネル・フェライトの単位格子を模式的に表したものである．基本格子は面心立方格子で，8 個の副格子からなっている．分子式で示せば 8 個の $MO{\cdot}Fe_2O_3$ でつくられており，24 個の金属イオンと 32 個の酸素イオンを含んでいる．スピネル・フェライトは一般的な配位子構造では，（A サイト）[B サイト]O_4 と表し，2 種類の構造がある。

表 9.3 各種フェライト．（M は 2 価もしくは 3 価の金属イオン）

フェライト	分子式	M イオン
スピネル型	$MO{\cdot}Fe_2O_3$	Mn^{2+}，Fe^{2+}，Co^{2+}，Ni^{2+}，Cu^{2+}，Zn^{2+}
マグネトプランバイト型	$MO{\cdot}6Fe_2O_3$	Ba^{2+}，Sr^{2+}
ガーネット型	$3M_2O_3{\cdot}5Fe_2O_3$	Y^{3+}，3 価の希土類イオン

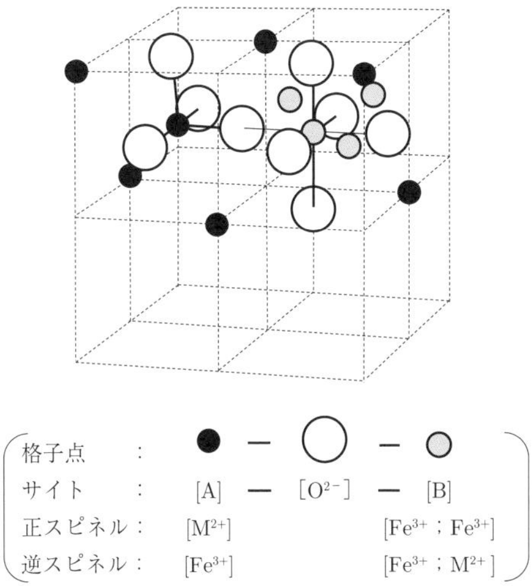

図 9.17　スピネル・フェライトの単位格子の概略図.

	（A サイト）	[B サイト]	O_4
正スピネル型：	(M^{2+})	[$Fe^{3+}Fe^{3+}$]	O_4
逆スピネル型：	(Fe^{3+})	[$Fe^{3+}M^{2+}$]	O_4

例えば, Ni フェライトは逆スピネル型構造をとる．この磁気モーメント $M(=n_B\mu_B(n_B$ ボーア磁子数）) を求めてみる．分子式のスピン配列は $Fe^{3+}(3d^5)$, $Ni^{2+}(3d^8)$ である（注；Fe イオンの電子状態 $Fe^{2+}(3d^6)$, $Fe^{3+}(3d^5)$)．これより Fe^{3+} イオンは 5 個の不対電子をもち, Ni^{2+} イオンは 2 個の不対電子を有するので

	（A サイト Fe^{3+}）	[B サイト Fe^{3+} ；	Ni^{2+}]	
	$\downarrow 5\mu_B$	$\uparrow 5\mu_B$	$\uparrow 2\mu_B$	
$M=n_B\mu_B$;	$-5\mu_B$	$+5\mu_B$	$+2\mu_B$	$=2\mu_B$

と求まる．逆スピネル・フェライトの磁気モーメントは, A サイトの Fe^{3+} イオンと B サイトの Fe^{3+} イオンのスピンは相殺されるので, 残りの B サイトの M^{2+} イオンのスピンによって決まる．実際には, 逆スピネル・フェライトの磁気モーメントは, 電子数の増加とともに正スピネル型が若干混在するため, 半端な数値となる.

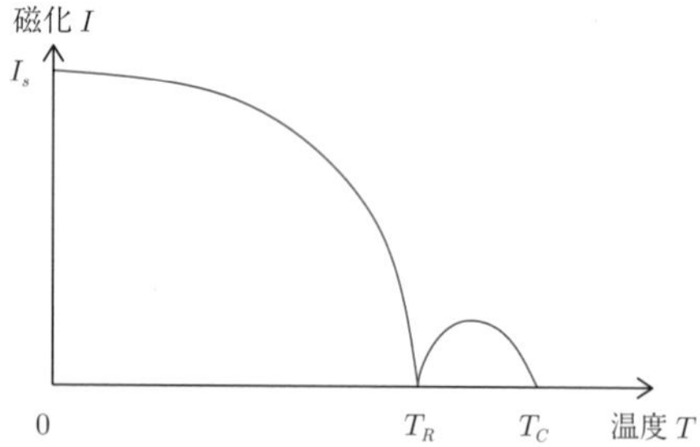

図 9.18　フェリ磁性体の磁化の温度依存性の例．図は N 型温度変化．（T_R 磁化の反転温度）

フェリ磁性体の飽和磁化の温度依存性は，A サイトのスピンと B サイトのスピンによる各磁気モーメントの温度特性を重ね合わせた形式になる．そこで，両サイトの磁気モーメントを M_A, M_B，および両者のキュリー定数を C_A, C_B とすると，平均場近似により

$$\left.\begin{aligned} M_A T &= C_A(B_{ext} - \Lambda M_B) \\ M_B T &= C_B(B_{ext} - \Lambda M_A) \end{aligned}\right\} \tag{9.78}$$

ただし，B_{ext} は外からの作用磁場，Λ は正の定数である．式 (9.78) は作用磁場がない状態で，M_A, M_B について解の存在には

$$\begin{vmatrix} T & \Lambda C_A \\ \Lambda C_B & T \end{vmatrix} = 0 \tag{9.79}$$

の条件を要する．これより，フェリ磁性のキュリー温度は

$$T_C = \Lambda(C_A C_B)^{\frac{1}{2}} \tag{9.80}$$

となる．図 9.18 は一例として，フェライトの磁化の典型的な N 型の温度変化を示したものである．N 型温度特性は磁化が温度 T_R で一度消失する．この現象は磁化が熱振動によって符号を反転するためであり，T_R を磁化の反転温度とよばれる．

9.4.6　磁化機構：磁化エネルギー

強磁性体に磁場 H を作用して磁化するには磁化エネルギーを要し，磁性体は磁場から仕事を受けて内部エネルギーとして蓄える．この内部エネルギーは磁化過程における磁壁移動と磁化回転に費やされる．この内部エネルギーは図 9.11 および図 9.12 で示した初期磁化曲線と磁化軸 I（もしくは B）とに挟まれ

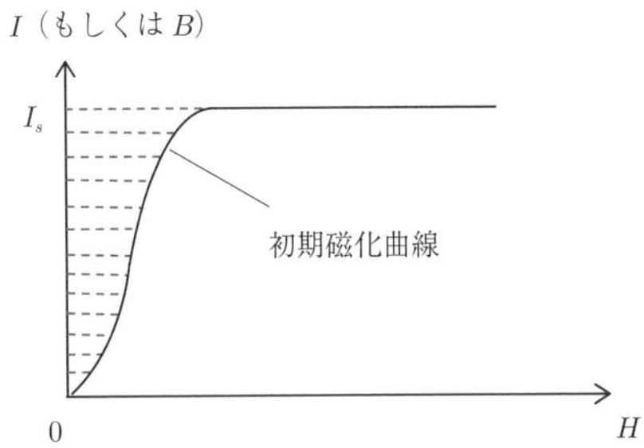

図 9.19　強磁性体の磁化エネルギー（破線領域）の模式図.

た領域，すなわち図 9.19 の破線を施した部分の面積で与えられる．磁化過程の機構は複雑であるが，磁性体の内部エネルギーは次のような要素を含んでいる．

(磁性体の単位体積あたりの全内部エネルギー：E)

= ([I] 磁化の静磁エネルギー：E_0)

+ ([II] 自己静磁エネルギー：E_D)

+ ([III] 磁気異方性エネルギー：E_A)

+ ([IV] スピン－スピン交換相互作用エネルギー：E_{ex})　(9.81)

以下順番にこれらの各項目について議論する．ただし，スピン－スピン交換相互作用は先述のハイゼンベルグ強磁性理論を参照されたい．その他に磁歪エネルギーが含まれるが他の効果に比べて小さいので省略し，磁歪の意味のみを NOTE 9.3(→ p.194) に記す．

[I] 磁化静磁エネルギー

体積 V の磁性体に対して外部磁場 H を作用すると，磁気モーメントが磁場の作用方向へ向こうとするはたらきにより，磁性体のポテンシャル・エネルギーは

$$W_0 = -\int_{(V)} \boldsymbol{I} \cdot \boldsymbol{H} dV \tag{9.82}$$

だけ低くなる．したがって I と H の方向が一定であれば，I と H とのなす角度を θ とすると，磁性体の単位体積当りの磁化の静磁エネルギー E_0 は

$$E_0 = \frac{W_0}{V} = -IH\cos\theta \tag{9.83}$$

で与えられる．上式の右辺の負符号は磁化エネルギーを下げて安定化の傾向を意味する．

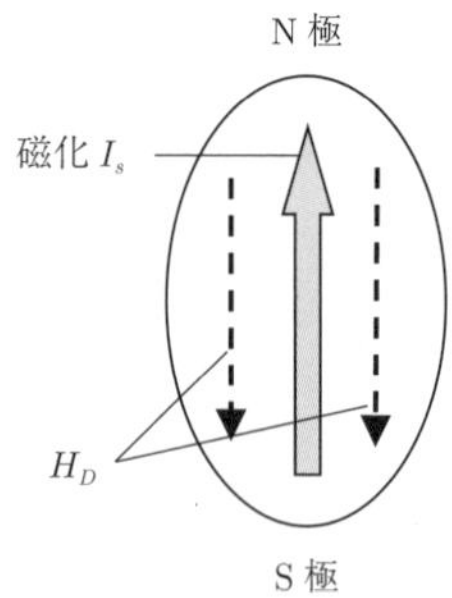

図 9.20 磁極により磁性体内部に生じる反磁場の概念図.

[II] 自己静磁エネルギー：形状磁気異方性エネルギー

磁性体の表面には図 9.20 に示すように磁化にともなって磁極が出現する．その磁極は磁性体の磁化とは反対向きの反磁場 H_D を誘起する．そのため H_D は磁化を妨げる方向にはたらき，H_D と I_s との間に相互作用がはたらく．この相互作用による反磁場エネルギーを自己静磁エネルギー E_D といい，磁性体の形状によって特徴づけられることから，形状磁気異方性エネルギーに対応している．反磁場 H_D は反磁場係数を D，真空中の透磁率を μ_0 とすると，

$$H_D = -\frac{D}{\mu_0} I_s \tag{9.84}$$

で与えられる．そこで磁性体の自己静磁エネルギー W_D は

$$\begin{aligned} W_D &= \frac{1}{2}\int_{(V)} \rho_m \phi_m dV = -\frac{1}{2}\int_{(V)} \boldsymbol{I_s} \cdot \boldsymbol{H_D} dV = -\left(\frac{1}{2}\boldsymbol{I_s} \cdot \boldsymbol{H_D}\right) V \\ &= \frac{D}{2\mu_0} I_s^2 V \end{aligned} \tag{9.85}$$

と表せる．ここで ρ_m は磁極の体積密度，ϕ_m は磁気ポテンシャル・エネルギー，V は磁性体の体積である．したがって磁性体が単一磁区であれば，単位体積当りの自己静磁エネルギー E_D は

$$E_D = \frac{W_D}{V} = -\left(\frac{I_s \cdot H_D}{2} \cos\theta_D\right) = \frac{D}{2\mu_0} I_s^2 \tag{9.86}$$

となる．ただし θ_D は飽和磁化 I_s と反磁場 H_D とのなす角度であり，通常は $0 \leq \theta_D < 1$ である．また，上式の反磁場係数 D は磁性体の形状により特徴づけられ，x, y, z 各成分の反磁場係数を D_x, D_y, D_z とすると，次の関係式で与えられる．

$$D_x + D_y + D_z = 1 \tag{9.87}$$

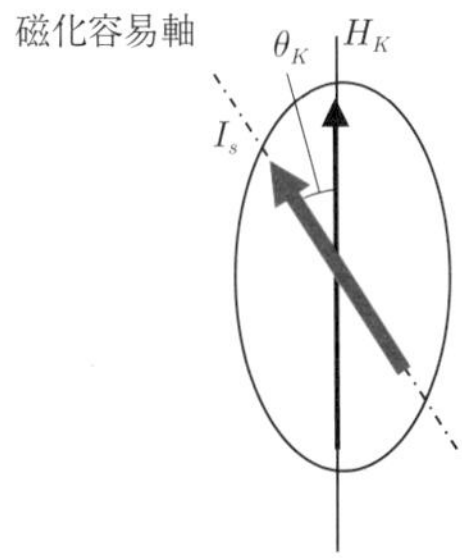

図 9.21 磁化容易方向に仮想の磁場 H_K が誘起する.

この反磁場による自己静磁エネルギーの詳細は, 以下の形状磁気異方性で論じる.

[III] 磁気異方性エネルギー

磁性体を絶対温度 0 [K] の状態に置くと, 磁場の作用がなくても磁気モーメントを磁化容易方向に配向配列する自発磁化 I_0 が出現する. 自発磁化 I_0 と飽和磁化 I_s は物理的意味が異なるが, 両者の値の大きさは同じ ($I_0 = I_s$) である. このことは図 9.21 に示すように, 磁性体内おいて磁化容易方向に磁性を担う磁気モーメントが配向配列することにより, 仮想の磁場 H_K を誘起するという考えに基づくものである. この磁化に要する仕事を磁気異方性エネルギーという. 図 9.21 の仮想磁場 H_K の作用方向への磁化エネルギー, すなわち磁気異方性エネルギー E_A は

$$E_A = -I_s H_K \cos\theta_K \tag{9.88}$$

で与えられる. ここで磁化 I_s が H_K に接近して $\theta_K < 1$ であれば式 (9.88) は

$$E_A \cong -I_s H_K \tag{9.89}$$

と書ける. この磁気異方性は下記の分類要素が考えられるが, ここでは最も基本的で重要な結晶磁気異方性と形状磁気異方性に着目する.

- 磁気異方性
  - [i] 結晶磁気異方性
    - (a) 立方結晶磁気異方性
    - (b) 一軸結晶磁気異方性
  - [ii] 誘導磁気異方性
    - 形状磁気異方性
    - 圧延磁気異方性
    - 磁場中冷却効果

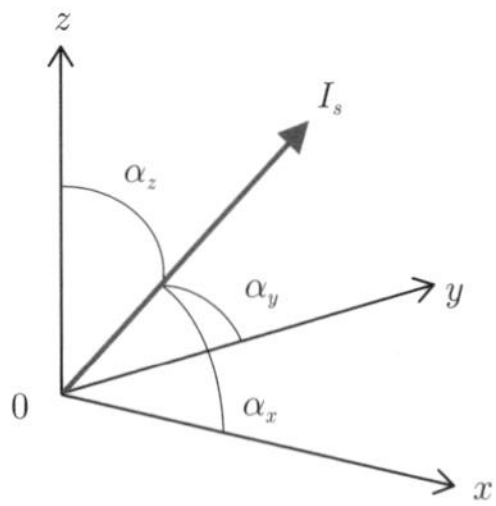

図 9.22　磁化 I_s の方向余弦.

[i] 結晶磁気異方性

(a) 立方結晶磁気異方性

Fe, Ni などの立方結晶磁気異方性エネルギー E_K は球面境界値問題のルジャンドル多項式に基づいて次式で与えられる（付録 E 参照).

$$E_K = K_1(\alpha_1^2\alpha_2^2 + \alpha_2^2\alpha_3^2 + \alpha_3^2\alpha_1^2) + K_2\alpha_1^2\alpha_2^2\alpha_3^2 \tag{9.90}$$

ただし α_i $(i = 1, 2, 3)$ は図 9.22 に示す方向余弦

$$\alpha_1 = \cos\alpha_x \quad \alpha_2 = \cos\alpha_y \quad \alpha_3 = \cos\alpha_z \tag{9.91}$$

であり,

$$\alpha_1^2 + \alpha_2^2 + \alpha_3^2 = 1 \tag{9.92}$$

の関係にある. K_1, K_2 は立方結晶の磁気異方性定数であり, 立方結晶磁気異方性エネルギーは基本格子軸に対して $E_K(100) < E_K(110) < E_K(111)$ の関係をもつ. 以下にこのことについて例示する.

① I_s の (100) 軸方向への立方結晶磁気異方性の場合：

(100) 軸方向への方向余弦は図 9.23 に示すように $\alpha_1 = 1$, $\alpha_2 = \alpha_3 = 0$ である. したがって磁化 $I(100)$ の立方結晶異方性エネルギー $E_K(100)$ は, 式 (9.90) にこの方向余弦を適用すると

$$E_K(100) = K_1 \times (0) + K_2 \times 0 = 0 \tag{9.93}$$

と得られる.

② I_s の (110) 軸方向への立方結晶磁気異方性の場合：

結晶軸 (110) に対する方向余弦は図 9.24 に示すように $\alpha_1 = \alpha_2 = 1/\sqrt{2}$, $\alpha_3 = 0$ である. したがって式 (9.90) により

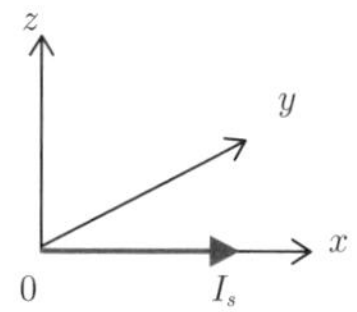

図 9.23　$I_s(100)$ の方向余弦.

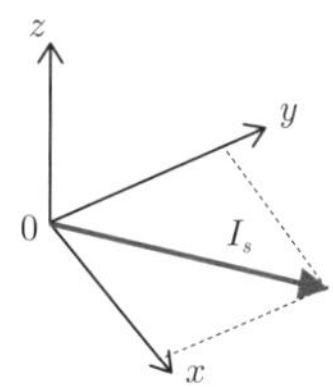

図 9.24　$I_s(110)$ の方向余弦.

表 9.4　Fe, Ni 立方結晶の磁化容易軸と磁気異方性.

	磁化容易軸	K_1 [J/m^3]	K_2 [J/m^3]	格子定数 [nm]
Fe(bcc)：	(100); $K_1 > 0$	4.1×10^5	-1.0×10^5	0.28664
Ni(fcc)：	(111); $K_1 < 0$	-4.5×10^4	-2.3×10^4	0.35238

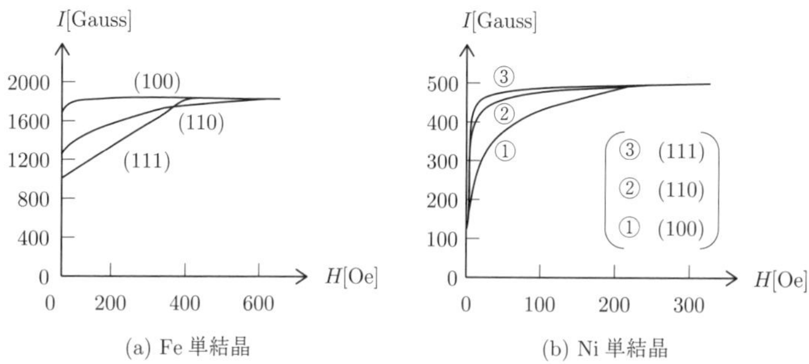

図 9.25　立方結晶磁気異方性の初期磁化曲線.

$$E_K(110) = K_1\left(\frac{1}{2}\cdot\frac{1}{2}+0+0\right)+K_2(0)=\frac{1}{4}K_1 \tag{9.94}$$

③ I_s の (111) 軸方向への立方結晶磁気異方性の場合：

同様に結晶軸 (111) に対する方向余弦は図 9.22 により，$\alpha_1 = \alpha_2 = \alpha_3 = 1/\sqrt{3}$ である．したがって上記と同様に

$$\begin{aligned} E_K(111) &= K_1\left(\frac{1}{3}\cdot\frac{1}{3}+\frac{1}{3}\cdot\frac{1}{3}+\frac{1}{3}\cdot\frac{1}{3}\right)+K_2\left(\frac{1}{3}\cdot\frac{1}{3}\cdot\frac{1}{3}\right) \\ &= \frac{1}{3}K_1+\frac{1}{27}K_2 \cong \frac{1}{3}K_1 \end{aligned} \tag{9.95}$$

と得られる.

立方結晶の Fe と Ni の磁化容易軸と異方性定数を表 9.4 に例示する．また，図 9.25 は Fe と Ni の単結晶の 3 軸方向への初期磁化曲線を示したものである.

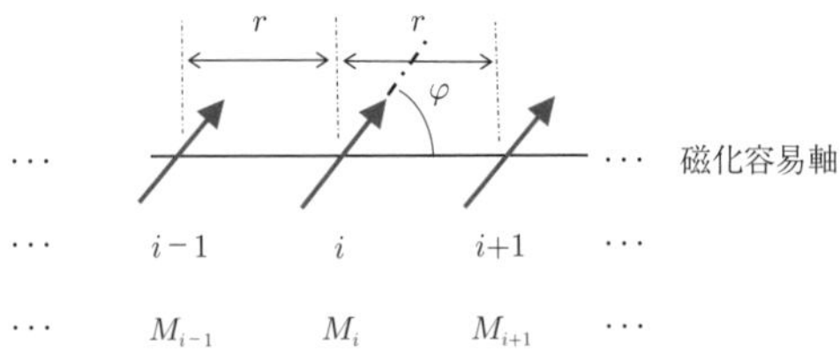

図 9.26　1 軸結晶磁気異方性の磁気モーメントの配向配列の模式図.

Fe は (100) 軸，Ni は (111) 軸方向がそれぞれ磁化容易方向となっている.

(b) 一軸結晶磁気異方性

一軸結晶磁気異方性は磁気モーメント間の相互作用によって誘起する．例えば，Co（六方晶；$a = 0.2507$ [nm], $c = 0.4069$ [nm]）は c 軸（長軸）を磁化容易軸とする一軸結晶磁気異方性を有する．そこで図 9.26 のように磁化容易軸方向に配向配列した磁気モーメント M_i $(i = 1, 2, 3, \cdots)$ を考える.

Co 金属の磁気モーメントはすべて同じであるので，$\cdots, M_{i-1} = M_i = M_{i+1} = \cdots = M$ とすると，磁気モーメント間の相互作用エネルギーは，

$$E_u = \frac{1}{4\pi\mu_0}\left[\boldsymbol{M}_1\boldsymbol{M}_2 - 3\frac{(\boldsymbol{M}_1\boldsymbol{r})(\boldsymbol{M}_2\boldsymbol{r})}{r^2}\right] = \frac{1}{4\pi\mu_0}\left(M^2 - \frac{3}{r^2}(M\,r\cos\varphi)^2\right) \tag{9.96}$$

と表せる．ただし，φ は磁化容易軸と磁気モーメントとのなす角度である．このことにより相互作用領域を拡張すると，一軸結晶磁気異方性エネルギー E_u は次式で与えられる.

$$E_u = K_{u1}\sin^2\varphi + K_{u2}\sin^4\varphi + \cdots \tag{9.97}$$

ここで K_{u1}, K_{u2} は異方性定数である．$\varphi < 1$ であれば，式 (9.97) は右辺の第 1 項で近似し，$K_{u1} = K_u$ とすると

$$E_u = K_u\sin^2\varphi = K_u\left(\varphi - \frac{1}{3}\varphi^3 + \cdots\right)^2 \cong K_u\varphi^2 \tag{9.98}$$

と書ける．図 9.27 は，Co 単結晶の磁化容易軸 (0001) と困難軸 $(10\bar{1}0)$ の初期磁化曲線を測定したものである.

[ii] 誘導磁気異方性

磁性体を形成している磁性結晶粒の形状が，針状結晶粒，柱状結晶粒，回転楕円結晶粒などの場合，長手方向に配向配列していると，その配向方向を磁化

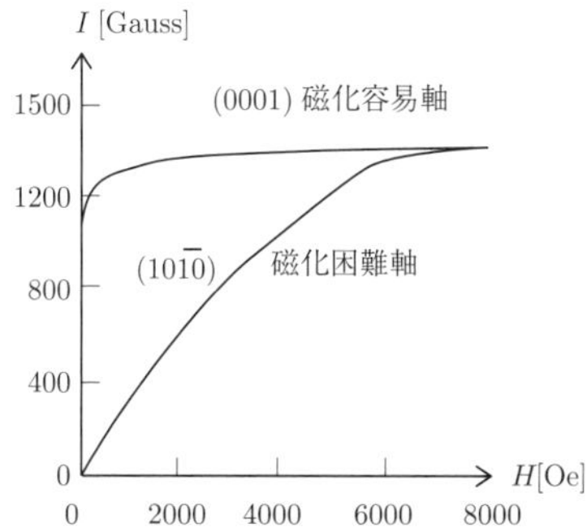

図 9.27 Co 単結晶の 1 軸結晶磁気異方性の初期磁化曲線.

容易方向とする磁気異方性が誘起する．このように，結晶粒の形状効果により誘起する磁気異方性を形状磁気異方性という．この磁気異方性は先の自己静磁エネルギー（反磁場エネルギー）に起因する．

磁化 I_s と磁化容易方向とのなす角度を φ，形状磁気異方性定数を K_D とすると，形状磁気異方性エネルギー E_D は次式で表される．

$$E_D = K_D \cos^2 \varphi, \quad もしくは \quad K_D \sin^2 \varphi \tag{9.99}$$

形状効果による誘導磁気異方性の出現は以下のように考えられる．巨視的に磁性体（もしくは微視的には結晶粒）の形状が球対称でない場合，形状の方向によって反磁場係数 D が異なるため，磁化容易および困難方向を反映して磁気異方性が生じる．いま i $(i = x, y, z)$ 軸方向の反磁場係数を D_i $(i = x, y, z)$ とすると，i 軸方向の反磁場 H_{Di} $(i = x, y, z)$ は式 (9.84) により

$$H_{Di} = -\frac{D_i}{\mu_0} I_{si} = -\frac{D_i}{\mu_0} I_s \cos \theta_{Di} \tag{9.100}$$

上式の θ_{Di} $(i = x, y, z)$ は飽和磁化 I_s と H_{Di} のなす角度，$I_{si} (i = x, y, z)$ はその成分 $(I_s \cos \theta_{Dx}, I_s \cos \theta_{Dy}, I_s \cos \theta_{Dz})$ であり I_s の方向余弦である．このことは H_{Di} と I_s が磁性体の形状によって平行になるとは限らない．

式 (9.85) により自己静磁エネルギー，すなわち I_s の i $(i = x, y, z)$ 軸方向への反磁場エネルギー W_{Di} は

$$W_{Di} = -\left(\frac{1}{2} I_s \cdot H_{Di} \cos \theta_{Di}\right) = \frac{D_i}{2\mu_0} I_s^2 \cos^2 \theta_{Di} \quad (i = x, y, z) \tag{9.101}$$

したがって単位体積当りの反磁場エネルギー E_D は式 (9.86) に応じて

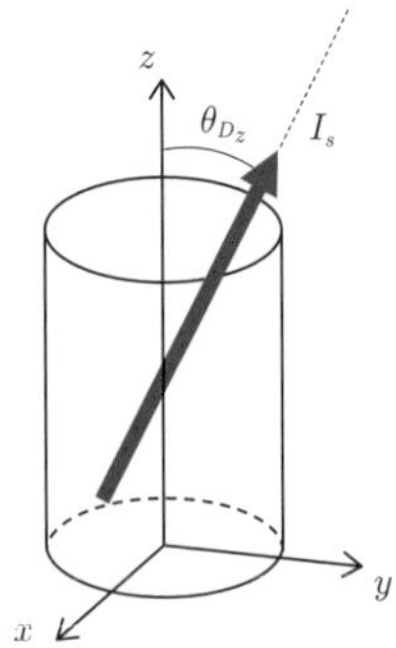

図 9.28　柱状結晶粒模型.

$$E_D = \boldsymbol{I}_s \boldsymbol{H}_D = \sum_i E_{Di} = \sum_i \frac{D_i}{2\mu_0} I_s^2 \cos^2\theta_{Di} \tag{9.102}$$

で与えられる．ただし

$$D_x + D_y + D_z = 1;\ \cos^2\theta_{Dx} + \cos^2\theta_{Dy} + \cos^2\theta_{Dz} = 1 \tag{9.103}$$

である．

ここで磁気記録媒体などの材料に用いられる代表的な柱状結晶粒の形状磁気異方性エネルギーを例示する．図 9.28 のように柱状粒は，柱断面を x, y 軸に，面に垂直な長軸方向を z 軸にとると，反磁場係数は $D_x = D_y = \frac{1}{2}$, $D_z = 0$ で与えられる．式 (9.102) により，形状磁気異方性エネルギーは

$$\begin{aligned} E_D &= \sum_i E_{Di} = \sum_i \frac{D_i}{2\mu_0} I_s^2 \cos^2\theta_{Di} \\ &= \frac{I_s^2}{2\mu_0}\left(\frac{1}{2}\cos^2\theta_{Dx} + \frac{1}{2}\cos^2\theta_{Dy} + 0\right) = \frac{I_s^2}{4\mu_0}(1 - \cos^2\theta_{Dz}) \\ &= \frac{I_s^2}{4\mu_0}\sin^2\theta_{Dz} \end{aligned} \tag{9.104}$$

式 (9.104) において θ_{Dz} が 0 もしくは $-\pi$ のとき，反磁場エネルギー E_D は最小となるから，z 軸方向を磁化容易軸方向とする一軸形状磁気異方性が誘起する．このことは，針状結晶粒の場合も同様に長軸方向を磁化容易軸とする一軸形状磁気異方性が誘起する．

例題 9.3

球形の Fe 試料に外部磁場 $H_0 = 10\,[\mathrm{kOe}] = 8 \times 10^5\,[\mathrm{A/m}]$ を作用して飽和磁化させた．この Fe 球の反磁場 H_D および磁化の有効磁場 H_{eff} を求めよ．ただし Fe の飽和磁化 I_s は $2.2\,[\mathrm{Wb/m^2}] = 22\,[\mathrm{kG}]$ とする．($1\,[\mathrm{Oe}] = (1/4\pi) \times 10^3\,[\mathrm{A/m}]$)

解説

式 (9.87) の反磁場係数の関係式を満たすのは

$$D_x = D_y = D_z \equiv D = \frac{1}{3}$$

である．磁化の大きさは $I_0 = I_s$ であるから，反磁場は式 (9.84) により

$$\begin{aligned} H_D &= -\frac{D}{\mu_0} I_s = -\frac{1}{4\pi \times 10^{-7}} \left(\frac{1}{3}\right)(2.2) \\ &\approx -5.7 \times 10^5\,[\mathrm{A/m}] = -7\,[\mathrm{kOe}] \end{aligned}$$

である．したがって磁化に寄与する有効磁場は，H_D が負の値であることに注意して，

$$H_{eff} = H_0 + H_D = (8 - 5.7) \times 10^5\,[\mathrm{A/m}] = 2.3 \times 10^5\,[\mathrm{A/m}] = 3\,[\mathrm{kOe}]$$

と得られる．

9.5 反強磁性体

キーワード ●超交換相互作用

図 9.3 でみたように，磁場の作用下で磁気モーメントが磁場と平行と反平行に分かれ，全体として磁場の作用方向の磁気モーメントがわずかに優勢となることから，弱磁性を示す．反磁性体の代表的な物質に MnO が挙げられる．この物質は NaCl 型の結晶構造を形成し，負の交換定数 $J_{ex} < 0$ をもって図 9.29 のように Mn^{2+} イオンのスピンが互いに反平行に規則配列している．このことは磁気構造が超交換相互作用により成り立っていることによる．図 9.30 は MnO の超交換相互作用の模式図を示したものである．超交換相互作用は図 9.30 で説明しているように O^{2-} イオンを真ん中に，その両側に金属イオンを置き，金

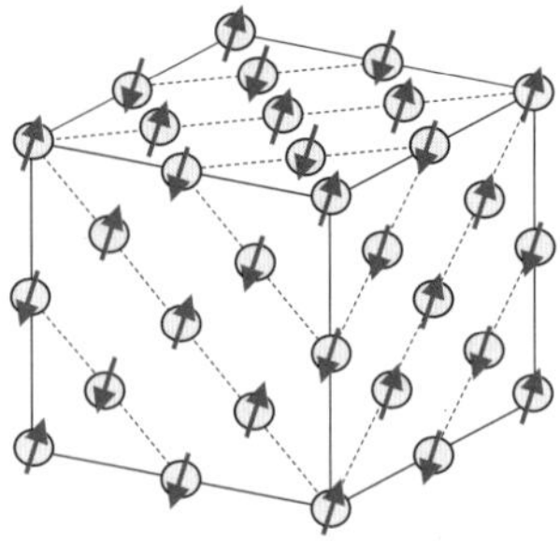

図 9.29 MnO（NaCl 型）における Mn^{2+} イオンのスピン配列は (110) 軸に沿って配列している．図中 O^{2-} イオンは省略してある．

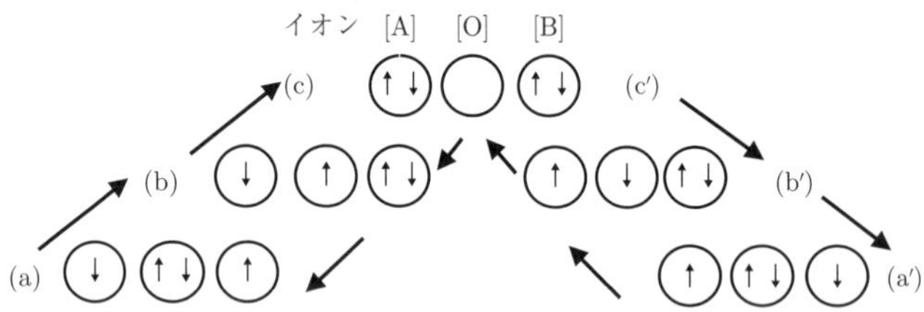

図 9.30 超交換相互作用の模式図．2 つの金属原子イオン [A]，[B] の電子（スピン）が真ん中の酸素原子を介して間接的に交換相互作用行い，全体として，常に反強磁性的なスピン配列を維持する．交換相互作用の進行過程：(a) → (b)→ (c=c′)→ (b′)→ (a′) ここで反転．

属イオン間で直接電子交換をするのではなく，O^{2-} イオンを介してなされる．このように，非磁性原子イオンを介した間接的な交換相互作用は超交換相互作用とよばれる．

9.6 スピンエレクトロニクス

キーワード　● 電流磁気効果　● 巨大磁気抵抗効果　● スピン・トンネル磁気抵抗効果

磁性体中の伝導電子スピンは，磁性体の磁気モーメントとの間に相関関係がはたらく．この相関関係は電流磁気効果とよばれる．電流磁気効果には，磁気抵抗効果およびスピンが関与する巨大磁気抵抗効果などが挙げられる．磁気抵抗効果には，正常磁気抵抗効果と異常磁気抵抗効果がある．巨大磁気抵抗効果には，スピン・トンネル磁気抵抗効果が象徴的である．特に後者の場合, 伝導スピンと磁性体スピンとの間には特質的なスピン - スピン相関がはたらく．この相互作用を解明してエレクトロニクスと融合させ，機能設計を構築する量子物理がスピンエレクトロニクスである．

9.6.1　磁気抵抗効果（MR 効果）

電気伝導に寄与する伝導キャリア（電子および正孔）に磁場を作用すると，第 7 章で議論したローレンツ力がはたらいて電場を発生し，その結果キャリアが平衡状態に達したとき電位差を生じる．このように電流の磁場への効果を電流磁気効果といい，物質固有の電気抵抗率が磁場によって変化する現象を磁気抵抗効果という．

ある物質に対して磁束密度 $B = \mu_0 H + I$ の磁場を作用した場合，物質が非強磁性体であれば磁束密度 B の影響は，磁化 I と磁場 H を比べると $I < \mu_0 H$ であるので，$B \cong \mu_0 H$ に依存する．一方，物質が強磁性体であれば作用磁場が小さくても $I > \mu_0 H$ であるので，主として $B \cong I$ に依存する．この効果は前者を正常磁気抵抗効果，後者を異常磁気抵抗効果とよぶ．ここでは後者の強磁性体を対象に議論する．磁気抵抗効果は試料に供給する一定電流の方向の抵抗率の変化量について，作用磁場の強さを変数にとり，電流と作用磁場とのなす角度 θ をパラメータとして測定する．抵抗率の変化量は形式的に

$$\left(\frac{\Delta\rho}{\rho_{\perp}}\right)_{\theta} = \left(\frac{\rho_{//} - \rho_{\perp}}{\rho_{\perp}}\right)\cos^2\theta \tag{9.105}$$

で与えられる．$\rho_{//}$ は試料への供給電流密度 j に対して平行に磁場 H を印加したときの抵抗率であり，$\rho_{\perp}$ は $j \perp H$ のときの抵抗率である．図 9.31 は Ni 多結

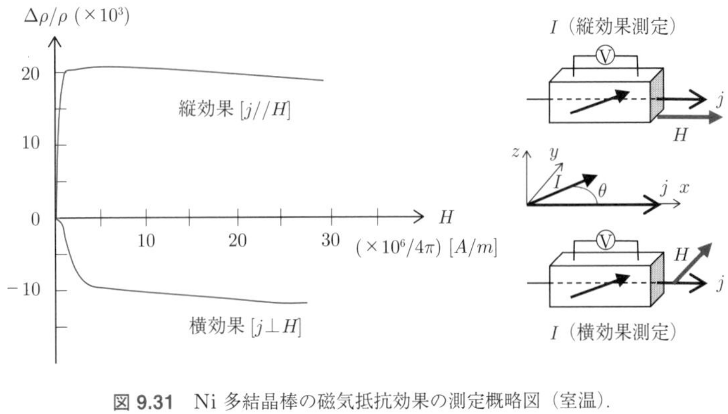

図 9.31　Ni 多結晶棒の磁気抵抗効果の測定概略図（室温）．

晶棒の磁気抵抗効果を室温で測定した結果の概要を示したものである．磁場の強さが低いところで抵抗率の急伸な変化は，磁壁移動と磁化の回転によるものと考えられる．磁化が飽和状態に達した後，抵抗は減少傾向を示している．これは磁気モーメントの強制配向により伝導キャリアの（スピン）散乱が低下したためと考えられる．式 (9.105) の形式は，磁性薄膜試料についても適用することができる．この場合，磁化容易方向が薄膜面内方向にあるので，測定は膜面内について行われる．

9.6.2 巨大磁気抵抗効果（GMR 効果）

人工格子による強磁性膜と反強磁性膜の 1 対の積層膜を単位とする多層膜は，巨大な磁気抵抗効果を示す．この巨大磁気抵抗（GMR）効果の抵抗率は反強磁性層の厚さを変数として周期性を示し，厚みの増大とともに減衰することが知られている．このことについて，以下に考察する．

図 9.32 は Fe ／ Cr 人工格子多層膜とその GMR 測定原理を示したものである．図 9.32(a) は Fe 層を 0.3 ～ 0.6 [nm] とし，Cr 層を 0.09～6 [nm] の範囲で変数として Fe 強磁性層を分離したものである．層数は 20 層とし，最上端面と最下端面に電極を設けている．磁場の作用がない状態では，各磁性層の相関を最小になるように，磁化は反強磁性的な配向配列をしている．図 9.32(b) は試料への供給電流を電流密度 j だけを通した状態にして，次に膜面内で電流（電流密度 j）に対して磁場を直交するように作用した場合（磁場 $H_{\perp}$）と，平行に作用した場合（磁場 $H_{//}$）の飽和磁化の配向配列の模式図である．ここで GMR 効果の抵抗率は

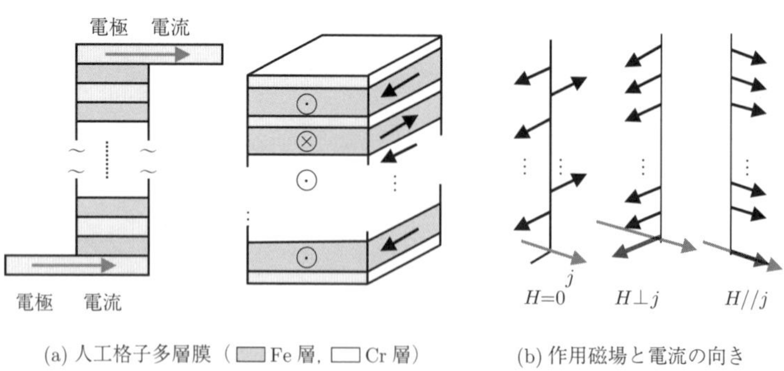

図 9.32　Fe/Cr 人工格子多層膜の磁化配向と GMR 測定の磁場と電流の関係．

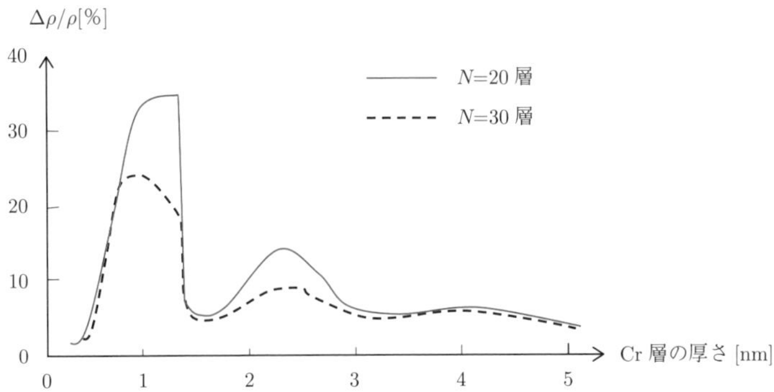

図 9.33 Fe/Cr 人工格子多層膜の GMR 率と Cr 層厚みの関係（測定温度 4.2 [K]）．GMR は反強磁性 Cr 層の厚みをパラメータとする減衰振動をする．

$$\left(\frac{\Delta\rho}{\rho}\right)_{GMR} = \frac{\rho_{\uparrow\downarrow} - \rho_{\uparrow\uparrow}}{\rho_{\uparrow\uparrow}} \tag{9.106}$$

で定義する．ただし，$\rho_{\uparrow\downarrow}$ は磁場 $H = 0$ のときの試料の抵抗値，$\rho_{\uparrow\uparrow}$ は磁場を作用して飽和磁化に達したときの抵抗値である．GMR の作用磁場への依存性は，磁性層間の磁化のなす角度 θ によるものであり，形式として

$$\left(\frac{\Delta\rho}{\rho}\right) = \left(\frac{\Delta\rho}{\rho}\right)_{GMR} \sin^2\theta \tag{9.107}$$

で表される．角度 θ は，磁化困難軸について異方性磁場を H_A とすると，

$$\frac{I}{I_s} = \cos\theta = \frac{H}{H_A} \tag{9.108}$$

の関係式で与えられる．この関係式により式 (9.107) は

$$\left(\frac{\Delta\rho}{\rho}\right) = \left(\frac{\Delta\rho}{\rho}\right)_{GMR} \left[1 - \left(\frac{H}{H_A}\right)^2\right] \tag{9.109}$$

このように磁場を変数とする関数形式で表せる．図 9.33 は Fe／Cr 人工格子多層膜の GMR 率について，式 (9.106) により Cr 層の厚みを変数とし，温度 4.2 [K] で測定したものである．上述したように興味深いのは，GMR 率が反強磁性 Cr 層の厚みの関数として，周期的に極大値を示し減衰振動する特異な現象が観測される．この現象は GMR 効果の発現機構，および伝導に寄与する電子スピンと磁性層 Fe および Cr 層でのスピン・バンド状態との相関関係によると考えられる．

9.6.3　スピン・トンネル磁気抵抗効果（TMR 効果）

スピン・トンネル磁気抵抗効果は，2 枚の強磁性層を薄い非磁性絶縁体層で隔てられた，強磁性金属膜 A（電極）／絶縁体薄膜／強磁性金属膜 B（電極）の 3 層構造からなる強磁性トンネル接合デバイスにおいて，観測される巨大磁気抵抗率のことである．強磁性金属膜は電極もかねており，スピン・トンネル伝導現象は強磁性層の電子状態密度とそのスピン状態により支配される．図 9.34 は 3 層構造のトンネル磁気抵抗デバイスの測定原理図 (a) と，スピン・トンネル伝導機構の模式図 (b)，(c) を示したものである．

図 9.34(b) では強磁性金属膜 A と B のスピン・バンドが反強磁性的であり，A からの伝導スピンは B に受け入れられず散乱する．図 9.34(c) の場合，強磁性金属膜 A と B のスピン・バンドは同じ向きの配列をしているので，A からの伝導電子（スピン）は障壁を透過し B のスピン・バンドの空所に受け入れられる．この場合，スピン・トンネル効果はパウリの排他原理に矛盾しない．こ

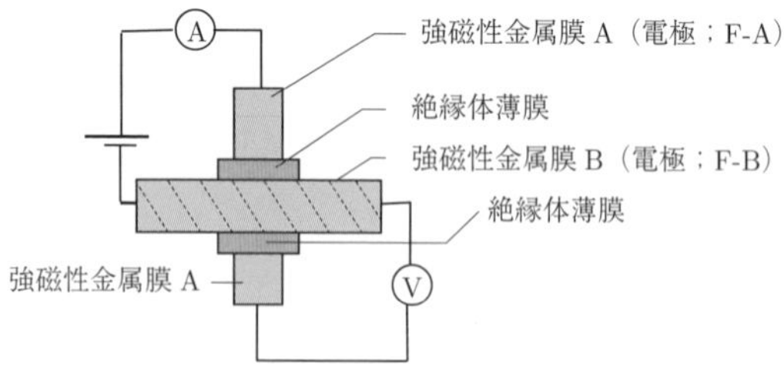

(a) 強磁性金属膜（F-A 電極）／絶縁体薄膜／強磁性金属膜（F-B 電極）
3 層構造の強磁性トンネル接合デバイスの模式図

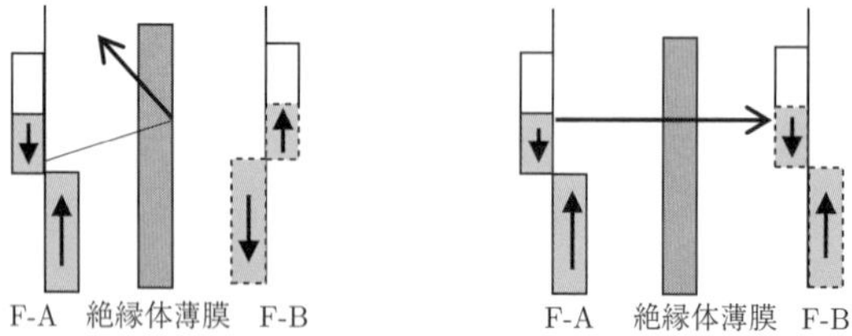

(b) スピン反対称配列
伝導スピンは散乱される．

(c) スピン対称配列
伝導スピンはトンネル効果を促進する．

図 9.34　トンネル磁気抵抗デバイスと測定方法の概念図．

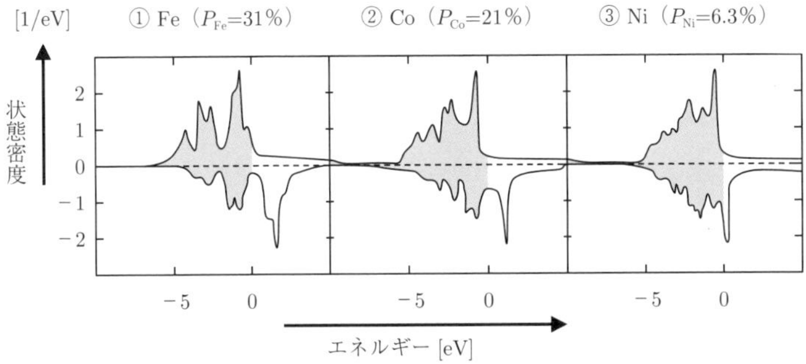

図 9.35 Fe，Co，Ni の電子状態密度および 3d バンドのスピン分極率 (%).

のときのトンネル磁気抵抗 (TMR) は式 (9.106) で扱ったのと同じく，磁化が反強磁性状態のとき抵抗率を ρ_{AF}，強磁性状態のとき ρ_F とすると

$$\left(\frac{\Delta\rho}{\rho}\right)_{TMR} = \frac{\rho_{AF}-\rho_F}{\rho_F} \tag{9.110}$$

で与えられる．これをバンドのスピン分極率 P で示すと，F-A と F-B の分極率を P_A および P_B とすると，式 (9.110) は

$$\left(\frac{\Delta\rho}{\rho}\right)_{TMR} = \frac{2P_AP_B}{1-P_AP_B} \tag{9.111}$$

と表される．ただし，スピン分極率 P は↑向きおよび↓向きの各スピン・バンドの電子数をそれぞれ $n_\uparrow$, $n_\downarrow$ とすると

$$P = \frac{n_\uparrow - n_\downarrow}{n_\uparrow + n_\downarrow} \tag{9.112}$$

と定義する．例として，計算で求めた 3d 強磁性金属 Fe，Co，Ni の状態密度と 3d バンドの分極率（単位 %）を図 9.35 に示す．図中，縦軸は状態密度を表し，0 より上側が↑スピン・バンド，下側が↓スピン・バンドである．横軸はエネルギー準位を表し，0 の値をフェルミ準位とする．

NOTE 9.3

磁歪

強磁性体が磁化していない（消磁）状態から，磁場を作用していくと磁化とともに，その外形が変形する現象を磁歪という．

例として，細い Fe の棒を仮定する．磁場 $H = 0$ のとき Fe の棒の長さを $l(0)$ とし，長さ方向に沿って磁場 H を作用したとき，長さは $l(H)$ に変わったとする．この長さの変化率 λ を磁歪と定義し次式で表す．

$$\lambda = \frac{l(H) - l(0)}{l(0)} \tag{9.113}$$

飽和磁化での Fe の λ 値は 10^{-5} 程度である．

一般に磁場の作用に対して平行方向の磁歪は縦効果，垂直方向の磁歪を横効果とよぶ．磁歪の発現は，結晶格子間における電子軌道の伸縮による．このことによりスピン配向の容易方向の効果（一種の磁気異方性）としてはたらく．しかし，実際にはこの効果は小さく，省略される場合が多い．

第 10 章

超伝導体

Key point　超伝導現象

◇ 超伝導体金属・合金および化合物

(1) 超伝導状態の 3 条件

① 電気抵抗が 0 である（= 永久電流の保持；電荷の衝突なし）

② マイスナー効果の出現（= 完全反磁性）

③ 比熱の不連続性

(2) 超伝導電流は電子対（クーパー対）の移動による.

◇ 第 1 種および第 2 種超伝導体

物質が超伝導状態にあるとき，これに外部磁場を作用して磁場の強さを増大していくと，超伝導状態はやがて磁場によって破壊される．このときの磁場の強さを臨界磁場 H_c という．超伝導状態での磁化（完全反磁性）と磁場の関係により，第 1 種と第 2 種超伝導体に分類される.

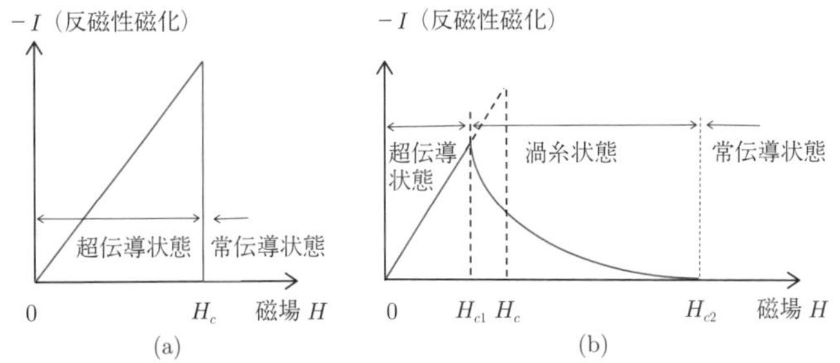

図 10.1　超伝導体の磁化（完全反磁性）と外部作用磁場の関係.
(a) 第 1 種超伝導体（例 Nb），(b) 第 2 種超伝導体（例 $Nb_{0.75}Zr_{0.25}$）．H_{c1} は第 1 臨界磁場，H_{c2} は第 2 臨界磁場.

図 10.1 の第 2 種超伝導体の混合状態は，超伝導状態において第 1 臨界磁場以上で，円筒形の常電導状態の穴が多数出現し，穴の中を磁力線がはしり，その穴周囲に環状の永久電流が流れる．この効果により穴の中の磁力線は保持される．作用磁場が第 2 臨界磁場に達すると渦糸状態は消滅する.

10.1 超伝導現象

キーワード　●電気抵抗　●臨界温度　●臨界磁場　●ゲージ変換

1908年，カマリン・オネス（オランダ）等は，はじめてヘリウム(He)の液化に成功した．続いて1911年，カマリン・オネスは液体He温度(4.2 K)近傍で，高純度化が容易な水銀(Hg)の電気抵抗を測定したところ，図10.2に示すように電気抵抗が消失する現象を見出した．すなわち，超伝導状態の発現にはじめて成功した．

近年では種々の金属，合金，化合物および酸化物で超伝導現象が見出されている．表10.1は，その一例を示したものである．この例の中には高温超伝導体とよばれる酸化物も含まれている．ただし，超伝導の発現機構は，金属，合金および化合物の場合と，酸化物では異なるらしいことから別々に扱われる．

カマリン・オネスの見出した超伝導現象について，量子力学の見地から解明したのはギンツブルグおよびランダウ（1950年，ともに旧ソ連）である．これは超伝導体の熱力学的現象論（G－L理論）とよばれる．超伝導体の熱力学的な自由エネルギーは，ベクトル・ポテンシャルと巨視的波動関数を組み合わせたゲージ変換に対し，あらゆる場合に共通している．このことは超伝導特性を論じるための基礎となる．

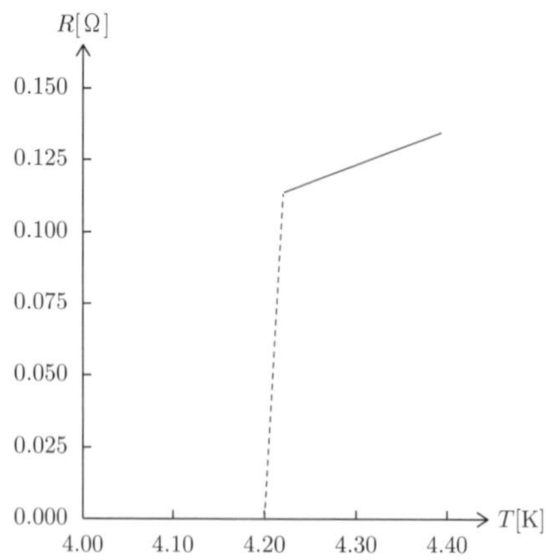

図10.2　液体He温度近傍でのHgの電気抵抗測定の概略．
（カマリン・オネスによる）

表 10.1　超伝導物質の臨界温度と臨界磁場.

(* 1 [Oe] = 79.6 [A/m])

金属			化合物		
物質	臨界温度	臨界磁場	物質	臨界温度	臨界磁場
	T_c [K]	H_c [Oe]*		T_c [K]	H_c [Oe]*
Al	1.196	99	Nb_3Al	18.8	3.2×10^5 [4.2k]
Hg (α)	4.154	411	Nb_3Au	11.5	(?)
Hg (β)	3.949	339	Nb_3Ge	18	(?)
In	3.4035	293	Nb_3Sn	18.3	2.45×10^5
La(α)	4.9	(?)	V_3Ga	16.5	2.08×10^5
La(β)	6.06	1600	V_3Si	17.1	2.35×10^5
Nb	9.23	1980	$NbN_{0.72}C_{0.28}$	17.9	(?)
Pb	7.193	803	$NbN_{0.91}$	15.72	1.8×10^5
Sn	3.722	305.5	HfN	6.2	(?)
Ta	4.39	780	BiNi	4.25	(?)
Tc	7.92	1410	ZrV_2	8.8	(?)
Tl(d)	2.39	171	MoN	12.0	(?)
			$InLa_3$	10.40	(?)
合金			酸化物		
物質	臨界温度	臨界磁場	物質	臨界温度	臨界磁場
	T_c [K]	H_c [Oe]*		T_c [K]	H_c [Oe]*
$Nb_{0.75}Zr_{0.25}$	10.8	9.1×10^4	$HgBa_2Ca_2Cu_3O_y$	153	$\sim 10^6$
$Nb_{0.70}Ta_{0.30}$	6.9	9.5×10^3	$Bi_2(Sr,Ca)_4Cu_3O_x$	110	$\sim 10^6$
$Ti_{0.50}V_{0.50}$	7.4	1.2×10^5	$RBa_2Cu_3O_{7-\delta}$	90〜95	$\sim 10^6$
$Mo_{0.3}Tc_{0.7}$	12.0	(?)	(R=Y,La,Nd,Sm,Eu,Gd,Dy,Ho)		
$Nb_{0.40}Ti_{0.60}$	9.3	$1.2 \times 10^{5\dagger}$			
$Ta_{0.53}Ti_{0.47}$	8.1	$8.8 \times 10^{4\dagger}$			
		(†4.2 [K])			

(『理科年表　令和 3 年』国立天文台編, 2021 年, 丸善出版, p.435 より引用. (?) 印は不明.)

NOTE 10.1

ゲージ変換

電磁場における位置 r と時間 t を独立変数とする任意のスカラー関数 $\phi(r,t)$ を仮定する. すると電磁場 $(\boldsymbol{E}, \boldsymbol{B})$ は任意のベクトル・ポテンシャ

ル $\boldsymbol{A}$ とスカラー・ポテンシャル θ とにより

$$\boldsymbol{E} = -\nabla\theta - \frac{\partial \boldsymbol{A}}{\partial t} \quad ; \quad \boldsymbol{B} = \nabla \times \boldsymbol{A} \tag{10.1}$$

で与えられる．この $\boldsymbol{A}, \theta$ と ϕ の間には変換関係

$$\boldsymbol{A} \ \rightarrow \ A + \nabla\phi \quad ; \quad \theta \ \rightarrow \ \theta - \frac{\partial \phi}{\partial t} \tag{10.2}$$

で結ばれ，式 (10.2) を式 (10.1) に適用しても $\boldsymbol{E}, \boldsymbol{B}$ は変わらない．この変換はゲージ変換といい，ϕ を適当に選びゲージを固定しなければならない．ゲージ変換には，この電磁場の変換の他に量子電磁場の変換がある．

10.2 超伝導機構

キーワード　●電気抵抗率　●クーパー対　●電子対　●フォノン

金属合金などの正常電気抵抗率の温度依存性は

$$\rho(T) = \rho_0 + \gamma T^n \tag{10.3}$$

の形式で与えられ，図 10.3 の破線のような傾向を示す．ただし，γ は定数，n は温度の次数で $1 < n < 5$ の範囲の値をとる．

超伝導体の抵抗率 $\rho(T)$ の温度依存性を調べると，図 10.3 に示した温度 T_c 以下で $\rho(T)$ は消滅してしまう．反対に $T = 0$ [K] から温度を上昇していくと，ある温度で抵抗が突然現れる．この電気抵抗の現れる温度 T_c を超伝導状態の臨

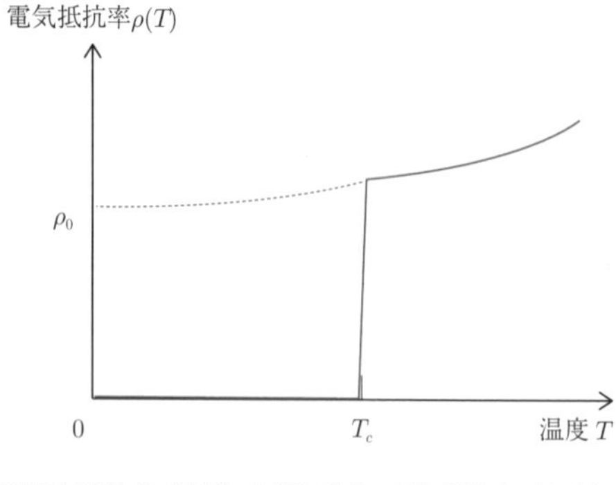

図 10.3　金属などの正常電気抵抗率（破線）と超伝導体の電気抵抗率（実線）の温度依存性の模式図．

界温度という．また，超伝導状態における電気伝導機構はクーパー対とよばれる電子対の移動で説明される．

ここで電子対について考察する．電子対を設定するため，第 4 章の図 4.9 で扱った 2 個の原子が電子スピンを同じ向きにして結合する，いわゆる反結合状態を仮定する．この状態のエネルギーは孤立原子状態にあるよりも高い励起準位にあるが，互いに引き合う相互作用によって電子対をつくる．

超伝導体を 0 [K] にすると，物質中の電子はフェルミ球の内側に詰められるが，フェルミ球の外側に詰め残された電子に着目する．本来，電子は負の電荷をもち，電子間にはクーロン相互作用による斥力がはたらく．ここでの 2 個の電子はフェルミ球の外面へ励起された場合と同じ振る舞いをして，弱いながらも互いに引き合って束縛された電子対をつくる．この電子対は静止しているよりも運動量空間の中を動きまわった方がエネルギー的に低くなる．ただし，この電子対は結晶中を動きまわるとき，その運動エネルギーが電子対の結合エネルギーの大きさに近づくと，電子対は壊れて 2 個の単独電子となる．この結合エネルギーが k_BT_c 程度のとき，電子対の電子間距離はほぼ 10^{-6} [m] である．

ここで電子間を引き付けている担い手について検討する．上述のように，自由電子は電子間にはたらく静電的な斥力によって反発するが，その斥力は他の静電遮蔽効果のため電子間距離が増すと急激に小さくなる．さらに電子は，図 10.4 に示すように，結晶内で陽イオンを自分自身の方へ引き寄せようとする傾向がある．そのため，電子のまわりの正電荷密度が高まり，近くに来る電子を引き寄せる効果をもつ．これらの過程は電子が格子をひずませフォノンを放出し，近傍の電子はそのフォノンを吸収して，電子間の引力相互作用をもたらす．これがクーパー対とよばれる電子対の生成である．超伝導体はこのクーパー対に

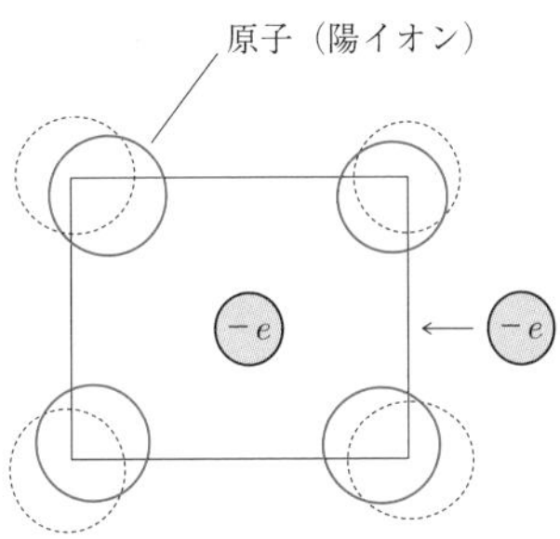

図 10.4 電子と格子ひずみ．

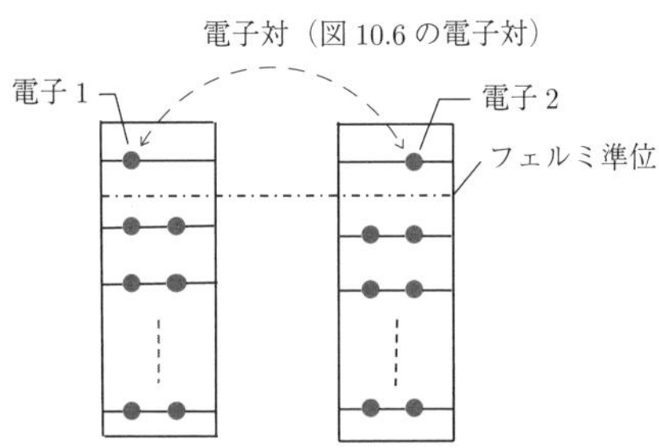

図 10.5 0[K] の超伝導体の電子配列．
（1 原子に 1 個の不対電子の模型）

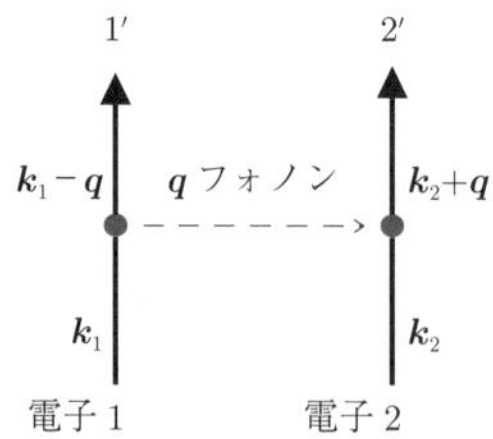

図 10.6　電子 - フォノン相互作用.

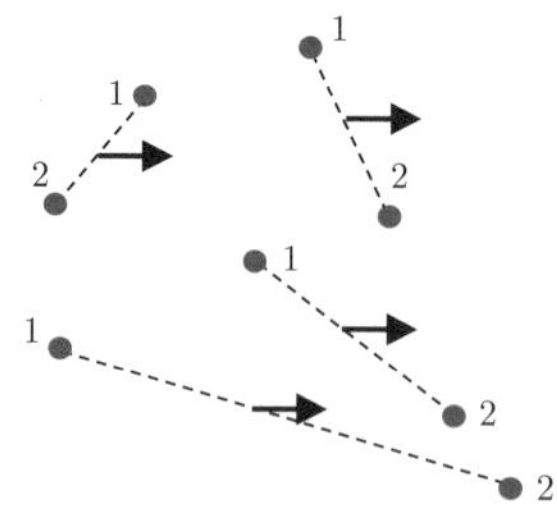

図 10.7　クーパー対．電子対スピンは反平行．波数ベクトル（矢印）はすべて等しい．

よるフォノンの放出と吸収を繰り返し，電子散乱の影響を受けることなく電子対の移動が行われ電気抵抗の消滅，すなわち超伝導状態が実現する．図 10.5 は先述した超伝導状態にある原子の電子配列を示したもので，1 原子当たり 1 個の電子をフェルミ準位の外側（最外殻）にあり，他の電子とクーパー対の形成に関与する．詳細は次の BCS 理論で述べる．

クーパー対をつくる電子 - フォノン相互作用の素過程を図 10.6 に模式的に示す．電子 1 は格子をひずませフォノンを生成して放出し，電子 2 は電子 1 から放出されたフォノンを吸収する．この関係は運動量保存則によって成り立っている．この場合，電子対のスピンは互いに反対向きであるが，図 10.7 に示すようにすべての電子対の波数ベクトルは等しい．運動量は波数 k 表示により，電子 1 について最初の運動量を $\boldsymbol{p}_1(=\hbar\boldsymbol{k}_1)$，フォノン運動量を $\hbar\boldsymbol{q}$ とすると，フォノン放出後の運動量を $\boldsymbol{p}_1'(=\hbar(\boldsymbol{k}_1-\boldsymbol{q}))$ とする．電子 2 について，最初の運動量を $\boldsymbol{p}_2(=\hbar\boldsymbol{k}_2)$，フォノン吸収後の運動量を $\boldsymbol{p}_2'(=\hbar(\boldsymbol{k}_2+\boldsymbol{q}))$ とする．これらの運動量は次の関係式で結ばれる．

$$\left.\begin{aligned} &\boldsymbol{p}_1+\boldsymbol{p}_2=\boldsymbol{p}_1'+\boldsymbol{p}_2' \\ &\hbar\boldsymbol{k}_1+\hbar\boldsymbol{k}_2=\hbar(\boldsymbol{k}_1-\boldsymbol{q})+\hbar(\boldsymbol{k}_2+\boldsymbol{q}) \end{aligned}\right\} \tag{10.4}$$

さらに電子対の移動はフォノンの放出吸収を素過程とする遷移過程の繰り返しによるものである．形式のみを示すと，電子対の全エネルギー Δ は

$$\Delta=2\,w\exp\left(-\frac{2\pi^2\hbar v_F}{|U_s|\,k_F^2}\right) \tag{10.5}$$

がフェルミ準位の下方に位置し，その電子間結合対の生成エネルギーを維持している状態がクーパー対である．ここで，U_s は電子 - フォノン散乱ポテンシャル，k_F はフェルミ面における電子の波数，v_F はフェルミ面での電子の移動速度，w は散乱エネルギーの大きさの基準となるパラメータである．式 (10.5) で

Δ を k_BT_c と見積もると，電子対の間隔は先に述べた $\sim 10^{-6}$ [m] 程度の大きさとなる．

10.3 BCS（バーデン - クーパー - シュリーファー）理論

キーワード ●BCS 理論 ●電子 - フォノン相互作用 ●クーパー対

前述した超伝導機構の基本要素は，電子 - フォノン相互作用によって生成される電子対（クーパー対）である．この電子対は，対の長さに関係なく，波数ベクトル，すなわち運動量がすべての電子対について同じであり，スピンは互いに逆向きをとり，パウリの排他律を満たしている．電子間斥力は第 4 章 4.4 節で論じたようにこの原理によって保障される．このようなクーパー対をつくるには，電子は 0 [K] でフェルミ・エネルギー面の上の準位へ励起されねばならず，この条件を満たすことのできるのはフェルミ面のすぐ下面近傍の電子だけに限定されることになる．

バーデン，クーパー，およびシュリーファーはフェルミ・エネルギー表面層

$$E_F \pm \frac{\hbar\omega_q}{2} \qquad (\omega_q \text{ フォノン周波数})$$

のエネルギー範囲内の電子だけが電子対を生成するとした．ここで $\hbar\omega_q/2$ は近似的に平均化されたフォノンエネルギーである．したがって，全電子数を $N(E)$ とするとフェルミ面近傍の電子数は

$$N(E)\left(\frac{\hbar\omega_q}{2}\right)$$

である．また，これらの電子の占める状態の数は，スピンの自由度 2 を考慮すると，$N(E)\hbar\omega_q$ と与えられ，BCS（バーデン - クーパー - シュリーファー）理論とよばれる．

10.4 マイスナー効果

キーワード ●マイスナー効果 ●侵入距離 ●コヒーレンス長 ●臨界磁場

超伝導状態にある金属は外部から磁場が作用すると，その磁力線を金属の外

へ追い出そうとするはたらきをする．この性質はマイスナー効果とよばれ，超伝導状態における完全反磁性 ($\chi_d = -1$) を示すことを意味している．このことは概念的に以下のように考えられる．超伝導状態の電流は，実際には電子対（電荷量 $2e$）の移動によるものであるが，仮定として電子対の重心点に置かれた $-e$ の仮想電荷の移動を考える．重心点の電荷 $-e$ の移動速度を $\boldsymbol{v}$，電場を $\boldsymbol{E}$ とすると，電流密度 $\boldsymbol{j}$ は

$$\boldsymbol{j} = \sigma \boldsymbol{E} = -en\boldsymbol{v} \tag{10.6}$$

である．ただし，n は電荷の粒子の密度である．電場内において重心点の電荷 $-e$ にはたらく力は，重心点の仮想電荷の質量を m とすると，ローレンツ力の作用により

$$m\frac{d\boldsymbol{v}}{dt} = -e\boldsymbol{E} \tag{10.7}$$

と書ける．ここで，電荷の衝突は超伝導状態では無視している．式 (10.6) と式 (10.7) より

$$E = \frac{m}{ne^2}\frac{d\boldsymbol{j}}{dt} \tag{10.8}$$

である．真空中のマクスウェルの電磁場方程式により，磁束密度を $\boldsymbol{B}$，真空中の透磁率を μ_0 とすると

$$\left.\begin{aligned} &\nabla \times \boldsymbol{B} = \mu_0 \boldsymbol{j} \quad ; \quad \mathrm{div}\boldsymbol{B} = 0 \\ &\nabla \times \boldsymbol{E} = -\frac{d\boldsymbol{B}}{dt} \end{aligned}\right\} \tag{10.9}$$

であるから，式 (10.8) は

$$\boldsymbol{E} = \left(\frac{m}{ne^2\mu_0}\right)\nabla \times \left(\frac{d\boldsymbol{B}}{dt}\right) \tag{10.10}$$

と表せる．式 (10.10) の ∇ の外積（curl もしくは rotation）をとり，式 (10.9) を考慮すると

$$\begin{aligned} \mathrm{curl}\boldsymbol{E} = \nabla \times \boldsymbol{E} &= \left(\frac{m}{n\,e^2\mu_0}\right)\nabla \times \nabla \times \left(\frac{d\boldsymbol{B}}{dt}\right) \\ &= \left(\frac{m}{ne^2\mu_0}\right)\left[\mathrm{grad}\,\mathrm{div}\frac{d\boldsymbol{B}}{dt} - \nabla^2\left(\frac{d\boldsymbol{B}}{dt}\right)\right] \end{aligned}$$

$$-\frac{d\boldsymbol{B}}{dt} = -\left(\frac{m}{ne^2\mu_0}\right)\nabla^2\left(\frac{d\boldsymbol{B}}{dt}\right)$$

もしくは

$$\nabla^2 \left(\frac{d\boldsymbol{B}}{dt}\right) = \left(\frac{ne^2\mu_0}{m}\right)\frac{d\boldsymbol{B}}{dt} = \left(\frac{1}{\lambda_L}\right)^2 \left(\frac{d\boldsymbol{B}}{dt}\right) \tag{10.11}$$

となる．ただし，λ_L はロンドンの侵入距離（もしくは侵入深さ）とよばれる定数であり

$$\frac{1}{\lambda_L} = \left(\frac{ne^2\mu_0}{m}\right)^{\frac{1}{2}} \tag{10.12}$$

で与えられる．ここで，式 (10.11) を 1 次元 z 成分 $\nabla = d/dz$ とおいて $dB(z)/dt$ について解くと

$$\frac{dB(z)}{dt} = C\exp\left(\pm\frac{z}{\lambda_L}\right) \tag{10.13}$$

を得る．ここで超伝導体の表面を $z = 0$ に選び，積分定数を $C = dB(0)/dt$ とする．また，磁力線は超伝導体の外へ追いやられ内部へ侵入しないから，侵入の深さ z の増大に対して磁束密度の収束条件を考慮すると，式 (10.13) の指数部は負符号をとる．したがって式 (10.13) は，

$$\frac{dB(z)}{dt} = \frac{dB(0)}{dt}\exp\left(-\frac{z}{\lambda_L}\right) \tag{10.14}$$

もしくは

$$B(z) = B(0)\exp\left(-\frac{z}{\lambda_L}\right) \tag{10.15}$$

を得る．式 (10.15) は電気抵抗 0 の状態にある超伝導体の表面から内部に向かって，磁力線が侵入しようとしても，その磁束密度は侵入の深さ z に対して指数関数的に減衰し磁力線の侵入を阻止することを示している．図 10.8 は，この効果の模式図である．実際，超伝導状態にある金属に対して，外部からの磁場の強さを大きくすると，どのような振る舞いをするか調べてみる．超伝導状態にある金属に作用磁場の強さを増大して，臨界磁場 H_c に達すると超伝導状態は破壊される．臨界磁場の強さは系の温度に依存し

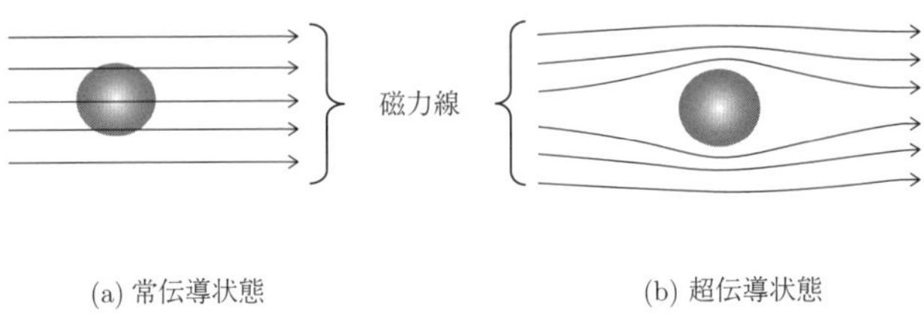

図 10.8 マイスナー効果の概念図．超伝導状態では完全反磁性となり，磁力線の侵入を阻止する．

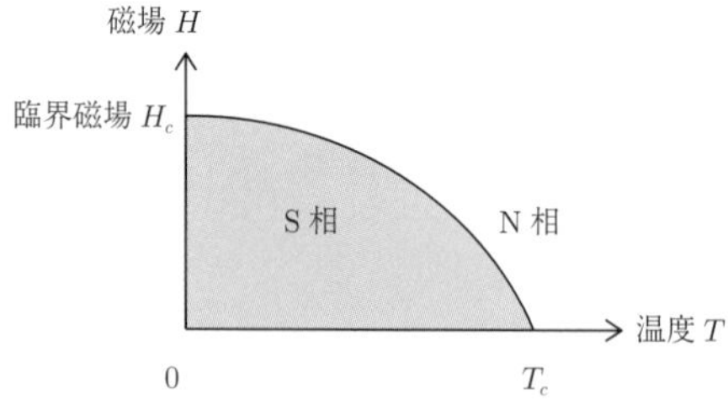

図 10.9　超伝導状態の相図.

$$H_c(T) = H_c(0)\left(1 - \frac{T}{T_c}\right) \tag{10.16}$$

の関係式で与えられる．図 10.9 は式 (10.16) の関係式に従って，超伝導状態の臨界磁場の温度依存性を模式的に示したものである。図中の曲線の内側は超伝導相（S 相），外側は常伝導相（N 相）であり，曲線はその両相の転移線を示している．

NOTE 10.2
ロンドンの侵入距離とコヒーレンス長

式 (10.11) の係数部 $ne^2\mu_0/m$ は $(1/\lambda_L)^2$ とした．λ_L は超伝導状態にある物質に磁場を作用した場合，磁力線がその物質表面からどれだけ内部に侵入するかを表すもので，ロンドンの侵入距離とよばれる．これは超伝導状態にある物質内への外部電磁場の変化を決めるパラメータである．

実際には，λ_L は温度に依存し，$T < T_c$ において

$$\lambda_L(T) = \lambda(0)\left(\frac{T_c}{T_c - T}\right) \tag{10.17}$$

で与えられる．

一方，超伝導状態に寄与する電子を波動として扱うと，波動の位相 ξ は温度 $T < T_c$ の条件下で変化する．

$$\xi(T) = \xi(0)\left(\frac{T_c}{T_c - T}\right) \tag{10.18}$$

この波動の位相 ξ はコヒーレンスの長さとよばれ，超伝導体の特徴を表すパラメータである．

10.5 超伝導の熱力学

キーワード ●相転移 ●潜熱 ●比熱

超伝導状態の維持には作用磁場 H と温度 T が関係することがわかった．S 相（超伝導相）と N 相（常伝導相）の間の相転移は可逆的であり，ここで H と T をパラメータとする熱力学の諸因子について考察をする．

NOTE 10.3

物質の状態変化

物質の状態変化の過程には 1 次相転移と 2 次相転移がある．

1 次相転移は物質の状態が変化するとき潜熱を伴う．例えば，氷が水になる場合や水から水蒸気に変化する場合などである．結晶では，面心立方晶から体心立方晶へ構造変化するとき潜熱を伴う．

2 次相転移は物質の状態が変化するとき潜熱を伴わない．例えば，強磁性相から常磁性相へのスピン状態が変化するとき，潜熱は伴わない．結晶の場合，構造変化を伴わない格子の歪みなどは 2 次相転移である．

10.5.1 熱力学の基本関係式

熱力学における比熱は，系のエントロピー S の温度 T への変化率，もしくは系の自由エネルギー E の温度 T に対する 2 階偏導関数で与えられる．

$$C = T\left(\frac{\partial S}{\partial T}\right) \tag{10.19}$$

自由エネルギー E は

$$E = U - TS \tag{10.20}$$

である．ただし，U は系の内部エネルギーである．系の体積 V が一定の場合，U と S の関係は

$$dU = T\,dS \tag{10.21}$$

である．式 (10.20) の全微分を取り，式 (10.21) を用いて

$$dE = dU - (TdS + SdT)$$
$$= -S\,dT \tag{10.22}$$

である．これよりエントロピーは

$$S = -\frac{dE}{dT} \tag{10.23}$$

と表せる．これを比熱の定義式 (10.19) に適用すると

$$C = -T\left(\frac{\partial^2 E}{\partial T^2}\right) \tag{10.24}$$

と書かれる．この形式は，比熱と自由エネルギーの関係を示す重要な基本式である．これらの形式を用いて，超伝導体の熱力学的性質について述べる．

10.5.2　自由エネルギー

S 相と N 相の単位体積当たりの自由エネルギーを $E_S(H,T)$ と $E_N(H,T)$ とする．図 10.9 において $T < T_c$ で磁場の作用がないとき，超伝導状態では $E_S(0,T) < E_N(0,T)$ である．$T < T_c$ で作用磁場 $H(< H_c)$ がある場合，超伝導体内部への磁場を打ち消すように表面に電流が流されるため，このときの S 相の自由エネルギー $E_S(H,T)$ は $E_S(0,T)$ に比べて磁化エネルギーが $\mu_0 H^2/2$ だけ大きくなる．形式的には

$$E_S(H,T) = E_S(0,T) + \frac{1}{2}\mu_0 H^2 \tag{10.25}$$

である．一方，N 相は磁場の作用には関係しないので

$$E_N(H,T) = E_N(0,T) \tag{10.26}$$

である．臨界磁場 H_c では，2 相のつり合いによって各組の自由エネルギーは等しい．そこで式 (10.25) より

$$E_S(H_c,T) = E_N(H_c,T) \equiv E_N(0,T)$$
$$= E_S(0,T) + \frac{1}{2}\mu_0 H^2 \tag{10.27}$$

である．したがって境界相において次の関係が成り立つ．

$$E_S(0,T) = E_N(H_c,T) - \frac{1}{2}\mu_0 H^2 \tag{10.28}$$

10.5.3　潜熱

潜熱 $W = T\Delta S = T(S_N - S_S)$ について検討する．境界相のエントロピー

は式 (10.23) と式 (10.28) を用いて下記のように表される.

$$
\begin{aligned}
S_S &= -\frac{\partial E_S}{\partial T} \\
&= -\frac{\partial E_F}{\partial T} + \mu_0 H_c \frac{dH_c}{dT} = S_N + \mu_0 H_c \frac{dH_c}{dT}
\end{aligned}
\tag{10.29}
$$

ここで $dH_c/dT < 0$（負の勾配）である．これは図 10.9 で明らかなように温度 T を低下すれば臨界磁場 H_c は高くすることができる．したがって，エントロピーは S 相の方が N 相に比べて低いことがわかる．

臨界磁場 H_c において S 相から N 相への転移を考えてみる．式 (10.29) より $dH_c/dT < 0 \quad (S_S < S_N)$ となることに注意して

$$
S_N - S_S = \mu_0 H_c \frac{dH_c}{dT} \tag{10.30}
$$

したがって，潜熱 W は

$$
W = T(S_N - S_S) = \mu_0 H_c \frac{dH_c}{dT} \neq 0 \tag{10.31}
$$

である．このことは臨界磁場での相転移は $W \neq 0$ なので，潜熱を伴うことを意味しており，1 次相転移であることを示している．

磁場の作用がない $(H = 0)$ 場合，$dH/dT = 0$ であるから

$$
W = T(S_N - S_S) = 0 \tag{10.32}
$$

である．したがって，$H = 0$ では $W = 0$ であるから，この場合は 2 次相転移である．

10.5.4 比熱

ここで S 相と N 相の境界の比熱を検討する．S 相の比熱を C_S，N 相の比熱を C_N として，相転移に伴う比熱の変化を $\Delta C = C_S - C_N$ とする．

$T < T_c, H = H_c$ の境界において，比熱の変化 ΔC は式 (10.30) 用いて，式 (10.19) より

$$
\begin{aligned}
\Delta C &= C_S - C_N \\
&= \mu_0 T \left[H_c \frac{d^2 H_c}{dT^2} + \left(\frac{dH_c}{dT} \right)^2 \right]
\end{aligned}
\tag{10.33}
$$

と表せる．

ここで臨界温度 T_c の点での比熱に着目する．

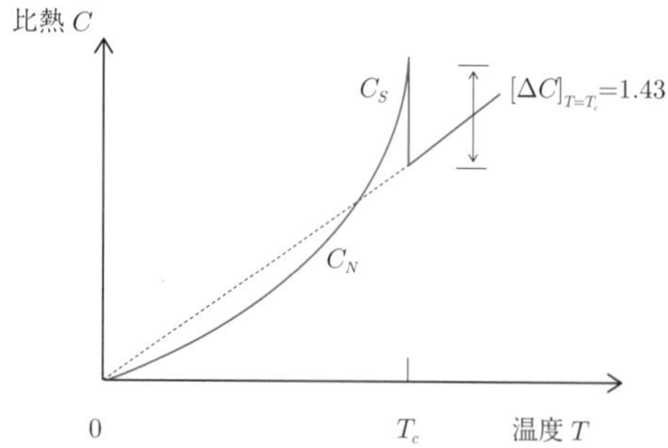

図 10.10　温度条件 $T \le T_c$ での超伝導状態と常伝導状態の比熱 C_N, C_S.
（C_S は臨界温度 T_c で 1.43 だけジャンプする）

$$\left[\frac{dH_c}{dT}\right]_{T=T_c} = 一定 \tag{10.34}$$

であるとすると，$[d^2H_c/dT^2]_{T=T_c} = 0$ であるから，式 (10.33) より

$$\Delta C = \mu_0 T_c \left(\frac{dH_c}{dT}\right)^2 \tag{10.35}$$

の比熱の変化量を得る．特に $H = 0$ の場合，潜熱 $W = 0$ であるので，2 次相転移に伴う比熱の変化は図 10.10 のように不連続となる．しかし実際には $[\Delta C]_{T=T_c} = 1.43$ のジャンプを生じる．

NOTE 10.4
超伝導体の分類

式 (10.17) のロンドン侵入距離 λ と式 (10.18) の波動の位相 ξ との比 $\kappa = \lambda/\xi$ は G - L（ギンツブルグ - ランダウ）パラメータとよばれ，κ の値によって超伝導体を分類する．ただし，温度は磁場 0 で超伝導状態が実現しているものとする．

(1) $\kappa < 1/\sqrt{2}$　第 1 種超伝導体：作用磁場 H が $H < H_c$ のとき，超伝導状態にあり完全反磁性を示し，$H = H_c$ で超伝導状態が破壊される．

(2) $\kappa > 1/\sqrt{2}$　第 2 種超伝導体：作用磁場の磁力線が導体内部への侵入する第 1 臨界磁場 H_{c1} は第 1 種の H_c よりも低い．しかし，超伝導状態は磁場の作用に対して急激に消滅せずに，渦糸状態とよばれる現象により第 2 臨界磁場 H_{c2} まで持続される．この状態は導体内に侵入する磁束が

細い管状をなしており，流体の渦糸に由来する．超伝導電流はその磁束に垂直に環状に流れ，磁場の強さとともに減衰する．

10.6 ジョセフソン効果

キーワード ●トンネル効果 ●ジョセフソン接合

2つの超伝導体を暑さ2[nm]ほどの酸化Snなどの絶縁層で隔ててつくられた接合部において，電場がなくても電子対は通り抜けることができる．このトンネル現象をジョセフソン効果といい，この効果が現れるトンネル接合をジョセフソン接合という．

ジョセフソン効果は量子力学的な波動の位相が直接現れるので，超伝導を調べるのに重要である．図10.11はジョセフソン接合素子の模式図，およびMgO傾斜型基板上に形成したYBCO人工格子のジョセフソン接合素子の透過電子顕微鏡（TEM像）写真である．これに直流電場を作用すると，電子対はトンネル効果によって接合部のエネルギー障壁を通り抜ける．その際，以下のような極めて特徴的な現象を示す．

(1) ジョセフソン接合を通して直流電流が流れる（直流ジョセフソン効果）．

(2) 絶縁層の部分から，高周波の電磁波が放射される（交流ジョセフソン効果）．

このような現象は，電子対のうち片方の電子が優先的に障壁を通り抜けると，

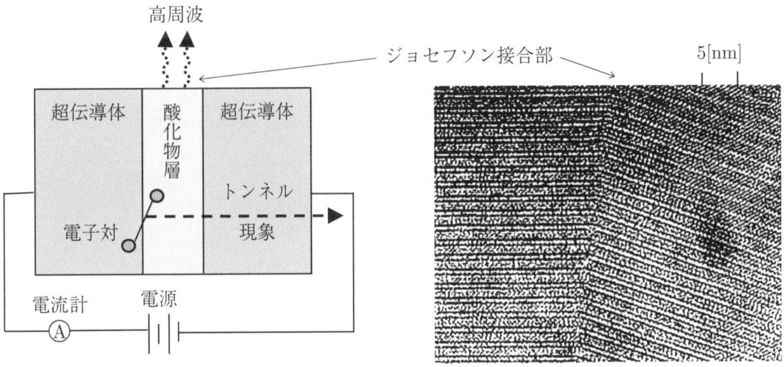

図 10.11 ジョセフソン効果と傾斜型YBCO人工格子ジョセフソン接合素子のTEM像．
（写真は［山口恵一：酸化物高温超電導ジョセフソン・ミクサに関する研究(1996)］より）

もう一方の電子の通り抜けに位相のずれを生じることに起因する．この位相のずれ θ とジョセフソン接合エネルギー E は，以下の関係式で与えられる．

$$E = E_0(1 - \cos\theta) \tag{10.36}$$

ここで E_0 は接合の種類，絶縁層の厚さおよび 2 つの超伝導体のエネルギーギャップなどで決まる接合エネルギーである．また，θ は外からの電流や磁場の作用により変化する．実際，ジョセフソン接合に流れる超伝導電流密度 j_s と位相差 θ とは

$$j_s = j_0 \sin\theta \tag{10.37}$$

の関係で与えられる．ただし j_0 はジョセフソン臨界電流密度

$$j_0 = \frac{2\pi}{\Phi_0} E_0 \tag{10.38}$$

であり，E_0 により決まる．$\Phi_0 (= h/2e = 2.07 \times 10^{-15}\,[\mathrm{Wb}])$ は磁束量子とよばれる定数である．

式 (10.37) において，外からの電流密度 j が $j < j_0$ の条件で，$j = j_0$ に達すると，接合電位差が 0 のまま直流の超伝導電流を生じる．この現象はジョセフソン直流効果（もしくは DC ジョセフソン効果）とよばれている．ジョセフソン接合に電圧 V を与えると，電子対の位相差は時間的に変化し，V と θ との間には

$$\frac{d\theta}{dt} = \frac{2\pi V}{\Phi_0} \tag{10.39}$$

の関係が成り立つ．これはゴルコフ－ジョセフソンの関係式といわれる．このため接合には交流超電流が流れる．この現象はジョセフソン交流効果（もしくは AC ジョセフソン効果）とよばれる．この性質を利用してジョセフソン接合に高周波電場を作用して，接合部から変調波を発信させる周波数変換素子をつくることができる．

NOTE 10.5
高温超電導酸化物 YBCO 磁化特性

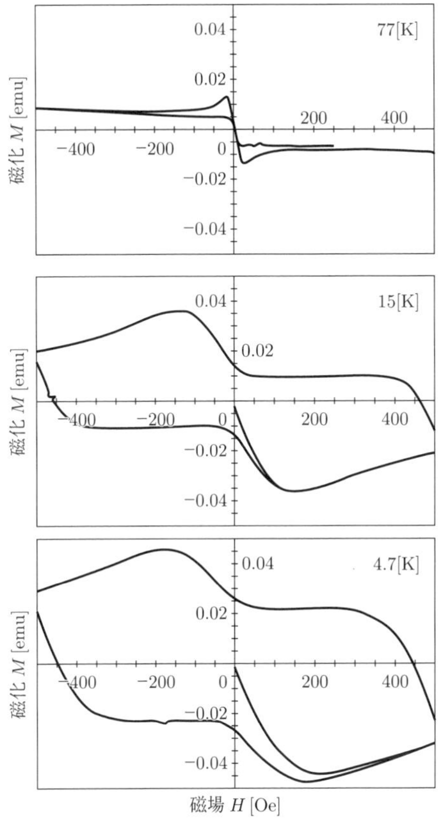

図 10.12 YBCO の磁化ヒステリシス・ループの温度特性.
印加磁場範囲（横軸）$H = \pm 5000$ [Oe]，磁化測定範囲（縦軸）$M = \pm 0.05$ [emu]
（測定の単位系は CGS-emu）

図 10.12 は超電導酸化物 $YBa_2Cu_3O_7$（YBCO）の磁化ヒステリシス・ループの低温域における温度特性を測定したものである．下から上方へ温度 4.7 [K]，15 [K]，77 [K] での測定結果である．図の横軸は作用磁場を，縦軸は磁化を表し，測定はすべて同じスケールで行っている．特に特徴的なのは初期磁化曲線が負性を示し，第 9 章式 (9.1) での磁化率が負の値を

とることを意味している．このことは先のマイスナー効果の発現条件を示唆している．

実験では温度が 77 [K] 以上になると反磁性は急激に低下し常磁性相へ転移する．

YBCO 超伝導はペロブスカイト型結晶内で酸素の p 準位が例外的に高く O(2p) 軌道と Cu(3d) 軌道との混成軌道の形成によると考えられており，dγ 伝導体とよばれる．

第 11 章

誘電体・酸化物

Key point　誘導体・酸化物の特徴と性質

◇ 誘電体の性質

(1) 誘電体は絶縁体である．

(2) 絶縁体に電場を作用した場合，その物質が誘電分極（電気分極）を起して電荷を蓄積するものを誘電体という．物質の誘電性の発現は電場の作用による電気的双極子の配向，イオンの変位および原子や分子の分極効果などに起因する．

(3) 強誘電体の分極は作用電場の強さに応じてヒステリシス・ループを描く．

(4) 誘電体に対して外部から電場 $\boldsymbol{E}_0$ を作用すると分極し，その表面に分極電荷が発生する．この分極電荷面密度が分極の大きさ $\boldsymbol{P}$ である．誘電体内部の電場 $\boldsymbol{E}$ は $\varepsilon \boldsymbol{E} = \varepsilon_0 \boldsymbol{E}_0$ の関係にあり，電気力線の連続性とよばれる．ただし，ε と ε_0 は誘電体と真空中の誘電率である．

◇ 酸化物の性質

(1) 酸化物は一般的には絶縁体であるが，一部伝導性酸化物が存在する．

(2) 多結晶の伝導性酸化物の電気伝導は，結晶粒と結晶粒界の電気伝導度の和で表される．

(3) 酸化物結晶の格子歪みは電子を局在化状態にするため，バンドギャップを形成する．このバンドギャップが酸化物の電気伝導性に半導体的な性質を生じさせる．酸化物の電気伝導の温度特性は，伝導性の臨界温度以下で負の温度係数を示し，臨界温度以上では金属的となる．最も基本的な伝導形式には n 型と p 型があり，母体に対するキャリア（電子 $q_e = -e$，正孔 $q_h = +e$）の注入の仕方による．

$$\text{n 型}\quad M^{3+} + q_e \Leftrightarrow M^{2+} \qquad (\text{例 } Fe^{3+} + q_e \Leftrightarrow Fe^{2+})$$

$$\text{p 型}\quad M^{2+} + q_h \Leftrightarrow M^{3+} \qquad (\text{例 } Ni^{2+} + q_h \Leftrightarrow Ni^{3+})$$

(4) n 型と p 型の電気伝導度はそれぞれ負性温度係数 (NTC) と正性温度係数 (PTC) を示す．

11.1　誘電分極

キーワード　●誘電率　●分極　●電気的双極子モーメント

誘電体物質の電気的性質を知ることは，物性を調べる上で重要である．図 11.1 に示すように，ある誘電体物質に外部から電場 $\boldsymbol{E}_0$（もしくは電束密度 $\boldsymbol{D}_0$）を作用した場合，誘電体に生じる分極ついて検討する．誘電体中にはたらく電場を $\boldsymbol{E}$（電束密度 $\boldsymbol{D}$），分極を $\boldsymbol{P}$ とすると，これらの各因子は図中の矢印で示す電気力線の連続性により，次の関係式で結ばれる（図 11.1(a)）．

$$\boldsymbol{D}_0 = \boldsymbol{D} \tag{11.1}$$

$$\boldsymbol{D}_0 = \varepsilon_0 \boldsymbol{E}_0 \quad ; \quad \boldsymbol{D} = \varepsilon \boldsymbol{E} = \varepsilon_0 \boldsymbol{E} + \boldsymbol{P} \quad ; \quad \boldsymbol{P} = \chi_e \boldsymbol{E} = \varepsilon_0(\bar{\varepsilon} - 1)\boldsymbol{E} \tag{11.2}$$

ただし，ε は物質の誘電率，ε_0 は真空中の誘電率，$\bar{\varepsilon}$ は比誘電率（$\varepsilon/\varepsilon_0$）である．$\chi_e$ は電気的感受率（もしくは分極率）とよばれ，誘電体が作用電場からの電気力線をどれだけ受容するかを表す物質定数である．

分極 $\boldsymbol{P}$ は物理的には単位体積当たりの電気的双極子モーメント $\boldsymbol{p}$ の総和量として次式で定義される（図 11.1(b)）．

$$\boldsymbol{P} = \sum \boldsymbol{p} = N\boldsymbol{p} \tag{11.3}$$

ただし，N は物質の単位体積当たりに含まれる誘電体物質の原子および分子の数である．個々の $\boldsymbol{p}$ は分子（原子）の原子核と電子の正負電荷の相対的なずれによって発生する．分極率は式 (11.2) より

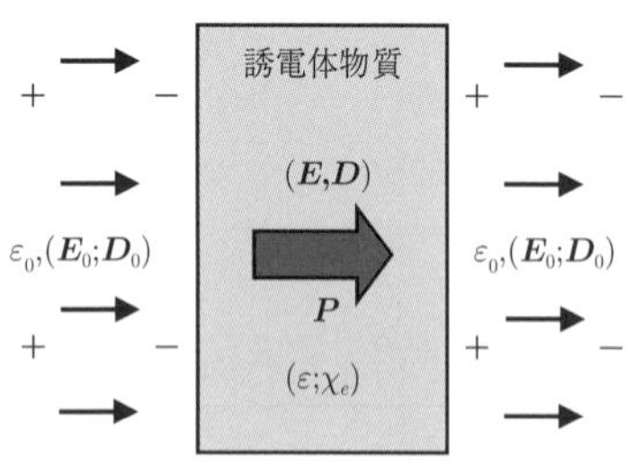

(a) 式 (11.2) の説明図
矢印（⟶）は電気力線

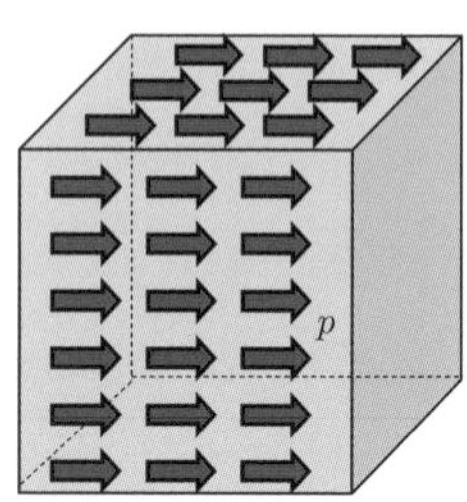

(b) 式 (11.3) の説明図
単位体積当たり N 個の電気的双極子（⇨）を含む

図 11.1　誘電分極の概念図.

表 11.1　誘電分極の所在と発生機構.

分極の所在	発生機構
配向分極	分子の永久電気的双極子モーメントが電場の作用方向に揃って配列する現象
イオン分極	電気的に中性を保っているイオン化合物（誘電体）が電場の作用によって正負イオンのシフトを起こす
電子の偏り分極	電場の作用によって，イオンの電子（$-e$）と原子核の電荷（$+ze$；z は原子番号）の相対的シフト

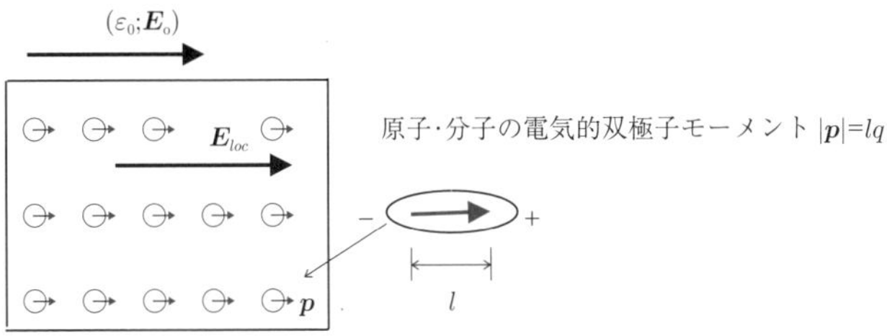

図 11.2　誘電体内の局所電場 $\boldsymbol{E}_{loc}$ と電気的双極子モーメント $\boldsymbol{p}$ の模式図.

$$\chi_e = \varepsilon_0(\bar{\varepsilon} - 1) \tag{11.4}$$

もしくは，比誘電率

$$\bar{\varepsilon} = \frac{\varepsilon}{\varepsilon_0} = 1 + \frac{1}{\varepsilon_0}\chi_e \tag{11.5}$$

の関係で結ばれる．また，誘電分極の所在と機構は表 11.1 のように整理できる．

このように誘電体物質に電場を作用すると，分極（配向分極，イオン分極，電子の偏り分極）して電気的双極子モーメント $\boldsymbol{p}$ を生じる．ここで誘電分極の概要を示したので，その事象について調べる．図 11.2 はその分極機構によって生じた電気的双極子モーメント $|\boldsymbol{p}| = lq$ を模式的に示したものである（ただし l は双極子の大きさ，q は電荷）．図に示すように，誘電体に電場を作用すると，分子（原子）の電荷の相対的なずれによる局所的な電場 $\boldsymbol{E}_{loc}$ が発生する．さらに局所電場 $\boldsymbol{E}_{loc}$ は誘電体内の粒子（原子・分子）に作用し，式 (11.2) で示したように粒子を分極して

$$\boldsymbol{p} = \chi_e \boldsymbol{E}_{loc} \tag{11.6}$$

の電気的双極子モーメント $\boldsymbol{p}$ が生じる．

例として，球形誘電体を仮定すると，局所電場は

$$\boldsymbol{E}_{loc} = \boldsymbol{E}_0 + \left(\frac{1}{3\varepsilon_0}\right)\boldsymbol{P} \tag{11.7}$$

で与えられる．上式は誘電体内の電場が外部からの作用電場と分極のつくる電場との合成によることを意味している．ただし，式 (11.7) の右辺の係数 1/3 は球形粒子の分極電場係数である．

NOTE 11.1

電場 $\boldsymbol{E}$，電束密度 $\boldsymbol{D}$ および分極 $\boldsymbol{P}$（$\boldsymbol{E}, \boldsymbol{D}, \boldsymbol{P}$ はベクトル）

誘電体物質は電場 $\boldsymbol{E}$ により分極を起して誘電体の表面に分極電荷をもたらす．このとき電場は電極および誘電体表面の電荷から垂直方向に放射（もしくは入射）される電気力線が張る空間である．電気力線は電場内で連続であり，単位断面積当たり貫く電気力線の数（電気力線の面積密度）を電束密度 $\boldsymbol{D}$ といい，式 (11.1) と式 (11.2) で定義する（図 11.3）.

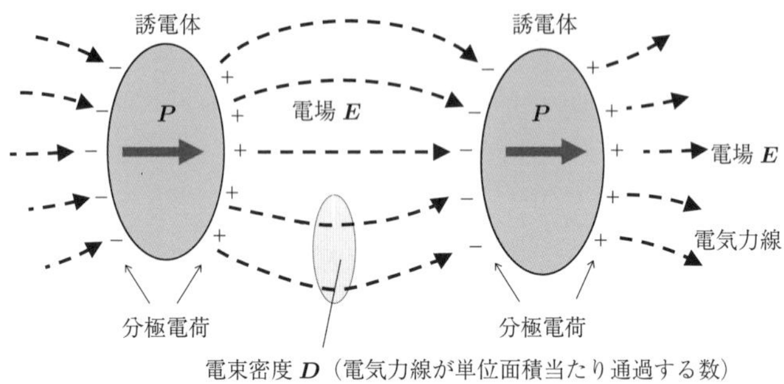

図 11.3　電場と分極の関係 ($\boldsymbol{D} = \varepsilon\boldsymbol{E} = \varepsilon_0\boldsymbol{E} + \boldsymbol{P}$) の概念図.

例題 11.1

球形誘電体の誘電体定数の関係式を考える．誘電体の組成原子 j に着目し，原子 j の濃度を N_j，分極率を χ_{ej}，比誘電率を $\bar{\varepsilon}$ および真空中の誘電率を ε_0 とすると，次の関係式が成り立つことを示せ．

$$\frac{\bar{\varepsilon} - 1}{\bar{\varepsilon} + 2} = \frac{1}{3\varepsilon_0}\sum_j N_j \chi_{ej} \tag{11.8}$$

解説

式 (11.3)，式 (11.6) より原子 j の集合による分極は

$$\boldsymbol{P} = \sum_j N_j \boldsymbol{p}_j = \sum_j N_j \chi_{ej} \boldsymbol{E}_{jloc} \tag{11.9}$$

である．これを式 (11.7) に適用すると，

$$\begin{aligned}\boldsymbol{P} &= \sum_j N_j \chi_{ej} \left(\boldsymbol{E} + \frac{1}{3\varepsilon_0} \boldsymbol{P} \right) \\ &= \boldsymbol{E} \sum_j N_j \chi_{ej} + \frac{1}{3\varepsilon_0} \boldsymbol{P} \sum_j N_j \chi_{ej}\end{aligned} \tag{11.10}$$

である．これを $\boldsymbol{P}$ について整理して

$$\boldsymbol{P} \left(1 - \frac{1}{3\varepsilon_0} \sum_j N_j \chi_{ej} \right) = \boldsymbol{E} \sum_j N_j \chi_{ej}$$

これより

$$\frac{\boldsymbol{P}}{\boldsymbol{E}} = \frac{\displaystyle\sum_j N_j \chi_{ej}}{1 - \displaystyle\frac{1}{3\varepsilon_0} \sum_j N_j \chi_{ej}} \tag{11.11}$$

である．上式の左辺は式 (11.2) より χ_e であるから

$$\begin{aligned}\chi_e \left(1 - \frac{1}{3\varepsilon_0} \sum_j N_j \chi_{ej} \right) &= \sum_j N_j \chi_{ej} \\ \chi_e = \left(\frac{\chi_e}{3\varepsilon_0} + 1 \right) \sum_j N_j \chi_{ej}\end{aligned} \tag{11.12}$$

となる．上式に式 (11.5) を適用して整理すると先に示した式 (11.8)

$$\frac{\bar{\varepsilon} - 1}{\bar{\varepsilon} + 2} = \frac{1}{3\varepsilon_0} \sum_j N_j \chi_{ej}$$

が得られる．式 (11.8) はクラジウス－モソティの式とよばれ，複合誘電体の場合にも成り立つ．

11.2 誘電分散と損失

キーワード　●誘電率　●周波数特性　●誘電分散　●誘電損失

誘電体の誘電率 ε は，外部作用電場が振動する場合，その周波数と関数関係をもつ．このことは電気分極の要因に対しても周波数依存性のあることを意味する．

分極の周波数依存性と特性を表 11.2 に整理した．このように誘電率は分極によって特徴づけられることを示している．誘電分極は作用電場の周波数が高くなると，分極現象が周波数に追従できなくなるため，図 11.4 のように周波数に対応した分散が起きる．すなわち，マイクロ波領域（$\sim 10^{10}$ [Hz]）における緩和分散，および赤外・紫外線領域（$\sim 10^{13} \sim 10^{16}$ [Hz]）での共鳴分散など，これらの分散現象を総称して誘電分散といい，誘電分極のエネルギー損失となる．

表 11.2　誘電体の分極要因と誘電率の周波数特性．

分 極	分極の要因	誘電率の周波数特性
配向分極	粒子（原子分子）の永久双極子モーメントの回転による．モーメントの回転は周波数が高くなると粒子の重みで追従できなくなる．	誘電率はマイクロ波領域で減少傾向を示し，緩和型分散を起こす．
イオン分極	イオンのシフトに起因し，高周波領域で応答可能．	誘電率は赤外線領域で共鳴分散を起こし極大値をとる．
電子の偏り分極	電子と原子核の電荷のシフトによるもので，周波数応答は非常に速い．	誘電率は紫外線領域で共鳴分散を起こし極大値をとる．

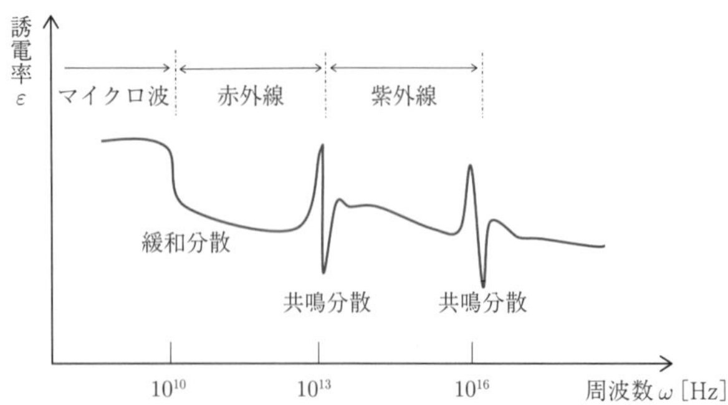

図 11.4　誘電率の周波数特性．

ここで電場と電束密度の位相のずれについて考察する．誘電体に外部から強さ E の振動電場

$$\boldsymbol{E} = \boldsymbol{E}_0 e^{i\omega t}$$

を作用したとする．ただし，$\boldsymbol{E}_0$ は一定の振幅であり，$\omega\,(= 2\pi f\ ;\ f =$ 周波数）は角周波数である．誘電体内の電束密度は，作用電場の周波数が低い場合には電場の周波数に追従するが，周波数が高くなると追従できず，電場の位相に δ だけ遅れを生じる．すなわち，誘電体の電束密度 $\boldsymbol{D}$ は形式的に

$$\boldsymbol{D} = \boldsymbol{D}_0 e^{i(\omega t - \delta)} \tag{11.13}$$

と表せる．$\boldsymbol{D}_0$ は電束密度の振幅である．$\boldsymbol{E}$ と $\boldsymbol{D}$ は $\boldsymbol{D} = \varepsilon \boldsymbol{E}$ であるから，式 (11.12)，式 (11.13) より

$$\boldsymbol{D}_0 e^{-i\delta} = \varepsilon \boldsymbol{E}_0 \quad \text{もしくは} \quad \varepsilon_0 \boldsymbol{E}_0 e^{-i\delta} = \varepsilon \boldsymbol{E}_0$$

であるから比誘電率

$$\begin{aligned} \frac{\varepsilon}{\varepsilon_0} &= \bar{\varepsilon} = e^{-i\delta} \\ &= \cos\delta - i\sin\delta = \bar{\varepsilon}_R - i\bar{\varepsilon}_I \end{aligned} \tag{11.14}$$

と書ける．このように誘電率が複素誘電率の形式で表せる．ここで $\bar{\varepsilon}_R$ と $\bar{\varepsilon}_I$ は実数部と虚数部の誘電率である．一般にこの両者の比

$$\frac{\bar{\varepsilon}_I}{\bar{\varepsilon}_R} = \tan\delta \tag{11.15}$$

は誘電損失を表す．式 (11.15) において，$\delta = 0$ であれば誘電体内部に生じる静電エネルギーは 0 であり，もし $\delta \neq 0$ ならば静電エネルギーは蓄積され，熱エネルギーとなって損失することになる．この誘電損失による消費（損失）エネルギー w は，単位体積当たり 1 サイクルにつき，静電エネルギーの関係式により

$$w = \frac{1}{2}\boldsymbol{D}\boldsymbol{E}\tan\delta = \frac{1}{2}\varepsilon \boldsymbol{E}^2 \tan\delta \tag{11.16}$$

である．したがって，単位時間当たりのサイクル数は ω であるから，消費エネルギー $\boldsymbol{W}$ は

$$\boldsymbol{W} = \omega w = \frac{1}{2}\omega\varepsilon \boldsymbol{E}^2 \tan\delta \tag{11.17}$$

と表せる．

例題 11.2

長さと幅がそれぞれ 1 [cm] で厚さ 100 [μm] の絶縁体ポリエチレンシートがある．シートの厚み方向に交流電圧 $E = 1 \cdot \sin(2 \times 10^9 t)$ [V] を 10 [min] 作用した．次の問いに答えよ．ただし，ポリエチレンの密度 0.98 [g/cm^3]，比熱 $C = 1.8$ [J/g·K]，損失 $\bar{\varepsilon} \tan\delta = 1 \times 10^{-3}$，および真空中の誘電率 $\varepsilon_0 = 8.85 \times 10^{-12}$ [F/m] とする．

(1) 消費エネルギーの値を求めよ．

(2) 消費エネルギーはすべて熱になったものとして，温度の上昇はいくらか．

解説

(1) 消費エネルギーは式 (11.17) により

$$
\begin{aligned}
W &= \omega w = \frac{1}{2}\omega\varepsilon_0\bar{\varepsilon}E^2\tan\delta \\
&= \frac{1}{2}\left(2 \times 10^9\,[s^{-1}]\right)\left(\frac{1\,[\mathrm{V}]}{100 \times 10^{-6}\,[\mathrm{m}]}\right)^2\left(8.85 \times 10^{-12}\,[\mathrm{F/m}]\right) \\
&\quad \times \left(1 \times 10^{-3}\right) \\
&= 885\,[\mathrm{W/m^3}]
\end{aligned}
$$

である．

(2) 熱量 Q について計算すると

$$
\begin{aligned}
Q &= W\,V\,t \\
&= (885\,[\mathrm{W/m^3}])\left((1 \times 10^{-2})(1 \times 10^{-2})(1 \times 10^{-4})\,[\mathrm{m^3}]\right)\left(\frac{10}{60}\,[\mathrm{hr}]\right) \\
&= 1.48 \times 10^{-6}\,[\mathrm{W \cdot hr}] \\
&= 1.27 \times 10^{-3}\,[\mathrm{cal}]
\end{aligned}
$$

である．ただし換算 1 [cal] $= 4.2$ [J] $= 1.16 \times 10^{-3}$ [W · hr] である．温度上昇 ΔT は，質量を m とすると，

$$
\begin{aligned}
\Delta T &= \frac{\mathrm{Q}}{\mathrm{C} \cdot m} \\
&= \frac{1.27 \times 10^{-3}\,[\mathrm{cal}]}{\left(\dfrac{1.8\,[\mathrm{J/g \cdot K}]}{4.2[\mathrm{J}]}\right) \times (0.98 \times 10^{-2}\,[\mathrm{g}])} = 0.33\,[\mathrm{K}]
\end{aligned}
$$

と得られる．

11.3 強誘電体

キーワード ●自発分極 ●極性結晶 ●転移温度 ●ヒステリシス ●圧電効果

11.3.1 強誘電体の性質

通常の誘電体（常誘電体）は外部から電場を作用すると，電気的双極子モーメントが電場の作用方向に揃い分極する．強誘電体は外部から電場の作用がなくても自発的に分極する．この現象は自発分極といい，自発分極を有する結晶は極性結晶とよばれる．この結晶の自発分極は電場の作用によって方向を変えることができる．また，強誘電体相は温度によって変化し，ある温度以上で常誘電体相へ転移する．この転移温度はキュリー温度 T_C とよばれる．

例えば，強誘電体の代表的な $BaTiO_3$ 単結晶の誘電率は結晶軸によって異なり，いわゆる異方性を示す．図 11.5 は $BaTiO_3$ 単結晶の a 軸と c 軸の各誘電率 ε_a と ε_c の温度依存性を示したものである．それらの温度特性は $T_C = 393\,[\mathrm{K}]$ に状態相の転移点をもち，それ以下の領域では強誘電体相であり，それ以上で常誘電体相となる．

$BaTiO_3$ 単結晶は，室温で作用電場の強さを変化させて，分極の大きさを測定すると図 11.6 のようなヒステリシス・ループを描く．飽和分極に達した後，電場を 0 にしても分極状態は残留分極として保たれる．この残留分極を打ち消

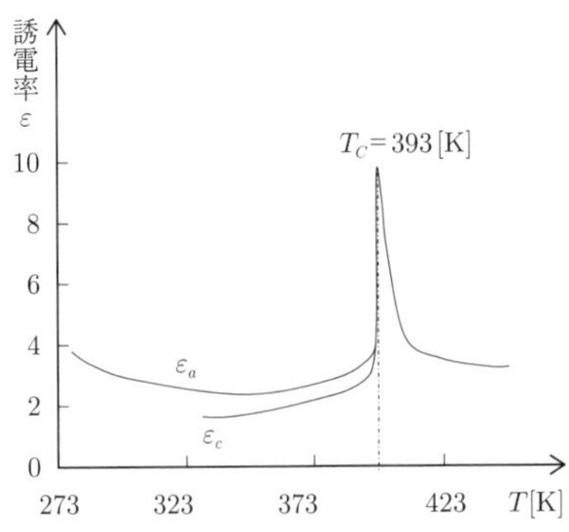

図 11.5 $BaTiO_3$ 単結晶の誘電率の異方性と温度特性．

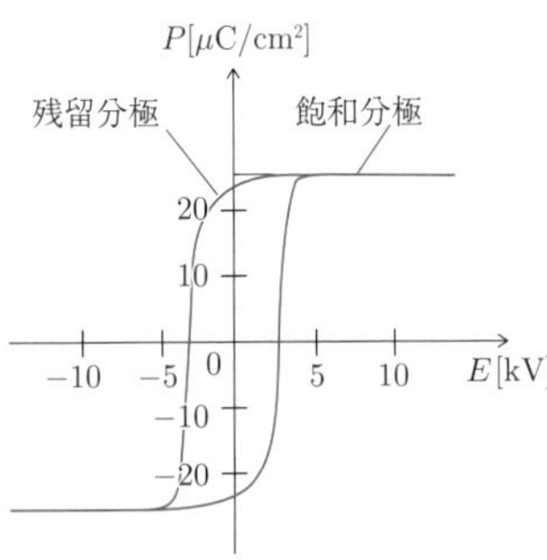

図 11.6 $BaTiO_3$ 単結晶の分極の電場特性（ヒステリシス・ループ）．

すには逆向きの電場を与える必要がある．

強誘電体のもう１つの重要な性質に圧電効果がある．この現象は強誘電体に強さ G の応力を加えると大きさ P の分極が現れ，逆に強さ E の電場を作用すると歪み λ を生じる．これらは次の関係式で結ばれる．

$$\left.\begin{aligned} P &= \varepsilon E + gG \\ \lambda &= gE + sG \end{aligned}\right\} \tag{11.18}$$

ただし，g は圧電定数，s は弾性追従定数である．

例題 11.3

圧電性セラミクスのジルコン酸チタン酸鉛（$PbZr_xTi_{1-x}O_3$；PZT）は $g = 2.50 \times 10^{-10}$ [C/N], $s = 2.0 \times 10^{-11}$ [m^2/N], $\bar{\varepsilon} = 3.4 \times 10^3$ である．このPZT単結晶は異方性をもたない等方的媒質とし，$G = 4 \times 10^7$[N/m^2] の応力を加えた．以下の各値を求めよ．

(1) 結晶の分極の大きさ P

(2) 発生電場の強さ E

(3) 歪みの大きさ λ

解説

(1) 式 (11.18) により，電場の作用はないので $E = 0$ であるから

$$\begin{aligned} P &= gG \\ &= (2.50 \times 10^{-10}\,[\mathrm{C}/N])(4 \times 10^7\,[\mathrm{N/m^2}]) = 1.0 \times 10^{-2}\,[\mathrm{C/m^2}] \end{aligned}$$

(2) 分極によって発生する電場は，問 (1) の逆の場合であるので式 (11.18) により，$G = 0$ とすると，$P = \varepsilon E = \varepsilon_0 \bar{\varepsilon} E$ であるから

$$\begin{aligned} E &= \frac{P}{\varepsilon_0 \bar{\varepsilon}} \\ &= \frac{1.0 \times 10^{-2}\,[\mathrm{C/m^2}]}{(8.85 \times 10^{-5}\,[\mathrm{F/m^2}])(3.4 \times 10^3)} = 3.3 \times 10^5\,[\mathrm{V/m^2}] \end{aligned}$$

(3) 式 (11.18) により

$$\begin{aligned} \lambda &= gE + sG \\ &= (2.5 \times 10^{-10}\,[\mathrm{C/N}])(3.3 \times 10^5\,[\mathrm{V/m}]) \\ &\quad + (2.0 \times 10^{-11}\,[\mathrm{m^2/N}])(4 \times 10^7[\mathrm{N/m^2}]) \end{aligned}$$

$$= 0.8 \times 10^{-4} + 8.0 \times 10^{-4}$$
$$= 8.8 \times 10^{-4}$$

と得られる．

11.3.2　強誘電体の構造転移

強誘電体は温度変化によって結晶構造の転移（変態）を起こす．これは各温度領域でそれぞれ結晶の対称性を下げて，エネルギー的に低い安定した構造をとるためである．図 11.7 は $BaTiO_3$ 単結晶の転移温度と構造転移，およびそれに伴う自発分極 P_s の方位方向を模式的に示したものである．この結晶は高温側から低温側へそれぞれ立方晶，正方晶，直方晶（斜方晶），菱面体晶の 4 つの結晶相をもち，3 つの移転点が存在する．強誘電体は，通常，構造転移により格子点のイオンが変位して自発分極を生じる．このことは，図 11.8 の模式図に示すように，格子点の変位に伴う電荷のずれ（電気双極子モーメント $p = q \cdot r$）に由来する．

また，強誘電体の誘電率は，図 11.9 のように構造転移点近傍で温度変化に伴ってヒステリシス・ループが現れる．この場合，a 軸方向と c 軸方向を比較

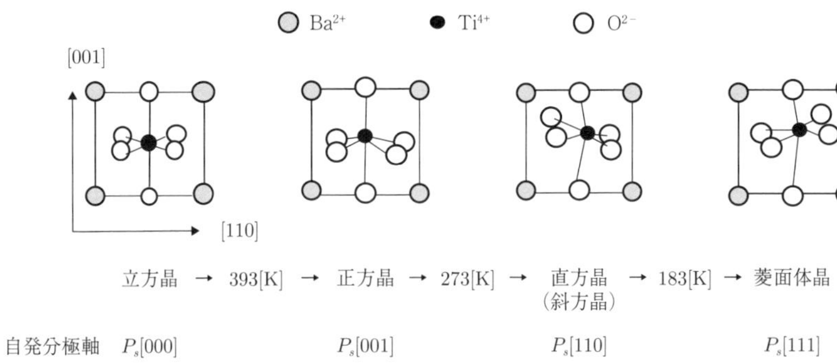

図 11.7　$BaTiO_3$ 単結晶の温度変化による構造転移と自発分極の配向軸．

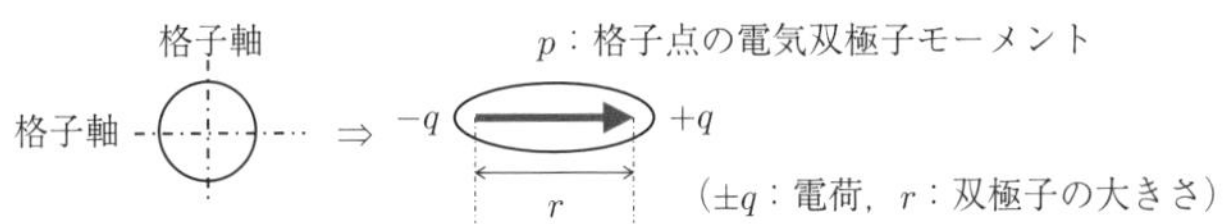

図 11.8　格子点の変位に伴って発生する電気双極子モーメント．

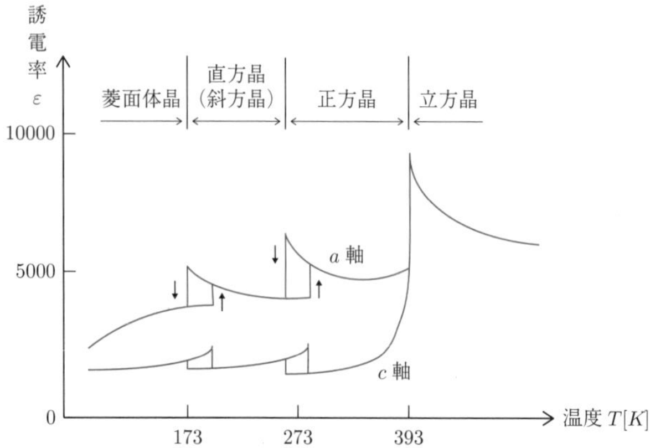

図 11.9　$BaTiO_3$ 単結晶の誘電率の温度特性.

すると，結晶の対称性を反映して異方性を示すことがわかる.

例題 11.4

$BaTiO_3$ は高温から室温へ温度変化すると，立方晶から正方晶へ構造転移し，格子点のイオン変位を起こして自発分極 P_s を発生する．各格子点のイオン変位 r_x は $r_{\rm Ba} = 0.061 \times 10^{-10}$[m], $r_{\rm Ti} = 0.12 \times 10^{-10}$ [m], $r_{\rm O} = -0.036 \times 10^{-10}$ [m] であり，正方晶の格子定数は $a = b = 0.3992$ [nm], $c = 0.4036$ [nm] である．ただし，O^{2-} イオンは (001) 面上にあるものは固定されている．この自発分極 P_s の大きさを求めよ．

解説

分極は単位格子当たりの電気双極子モーメントの大きさであり，組成構成イオンの各双極子モーメント $p_x = Q_x r_x$, ($x =$Ba^{2+}, Ti^{4+}, O^{2-}) の総和

$$P_s = \frac{\sum_x N_x p_x}{V} \tag{11.19}$$

で与えられる．ただし Q_x は x イオンの電荷，N_x は単位格子を構成する x イオンの数，V は単位格子体積 $V = abc$ である．各イオンの因子を求めると

$$\mathrm{Ba}^{2+} : N_{\rm Ba} = 8 \times \left(\frac{1}{8}\right) = 1,\ Q_{\rm Ba} = +2e = 3.2 \times 10^{-19}\,[\mathrm{C}]\ ;$$

$$p_{\rm Ba} = 0.19 \times 10^{-29}\,[\mathrm{C \cdot m}]$$

$$\mathrm{Ti}^{4+} : N_{\rm Ti} = 1, \quad Q_{\rm Ti} = +4e = 6.4 \times 10^{-19}\,[\mathrm{C}] \quad ;$$

$$p_{\mathrm{Ti}} = 0.77 \times 10^{-29}\,[\mathrm{C \cdot m}]$$

$$\mathrm{O}^{-2} : N_{\mathrm{O}} = 2 \times \left(\frac{1}{2}\right) = 1,\ Q_{\mathrm{O}} = -2e = -3.2 \times 10^{-19}[\mathrm{C}] \quad ;$$

$$p_{\mathrm{O}} = 0.12 \times 10^{-29}\,[\mathrm{C \cdot m}]$$

である．式 (11.19) により

$$\begin{aligned} P_s &= \frac{\sum_x N_x p_x}{V} \\ &= \frac{(1 \times 0.19 \times 10^{-29}[\mathrm{C \cdot m}]) + (1 \times 0.77 \times 10^{-29}\,[\mathrm{C \cdot m}]) + (1 \times 0.12 \times 10^{-29}\,[\mathrm{C \cdot m}])}{(3.992 \times 10^{-10})(3.992 \times 10^{-10})(4.063 \times 10^{-10})\,[\mathrm{m}^3]} \\ &= \frac{1.08 \times 10^{-29}\,[\mathrm{C \cdot m}]}{6.475 \times 10^{-29}[\mathrm{m}^3]} = 0.17\,[\mathrm{C/m}] \end{aligned}$$

と求まる．

11.4 電気伝導性酸化物

キーワード ●電気伝導度 ●移動度 ●酸化物半導体 ●結晶粒界

11.4.1 多結晶酸化物の組織構造

多結晶酸化物は，酸化物の結晶粒とその結晶粒間の粒界とで構成されている．一般に結晶粒は原子やイオンが規則的に周期的に配列した空間を形成しているが，空格子点や不純物原子やイオンなどによる欠陥を含む場合がある．特に，結晶粒界は欠陥群が著しく無秩序な構造をしている．したがって，粒界は伝導キャリアの捕獲中心がたくさんあり，ポテンシャル壁をつくる．これらのことから，多結晶酸化物の電気伝導特性の主題は結晶粒界をいかに制御するかにある．

ここでは多結晶酸化物の組織構造を模式的に取り上げ，その電気伝導度について考察する．現在，多結晶酸化物の電気伝導について提案されている代表的な模型を表 11.3 に示した．ここに示した酸化物の電気伝導度 σ は，結晶粒の伝導度 σ_g と粒界の伝導度 σ_b の両者によると考える．

Fe は種々の酸化物（ウスタイト FeO，ヘマタイト α-$\mathrm{Fe_2O_3}$，マグネタイト $\mathrm{Fe_3O_4}$) を生成するが，その中でマグネタイトは良好な電気伝導性と強磁性（フェリ磁性）を示すことが知られている．図 11.10 はマグネタイト膜（膜厚 $275 \pm 10\,[\mathrm{nm}]$) の表面状態の走査型電子顕微鏡観察写真を示したものである．試料は Fe の蒸着膜を酸化還元処理して作製したもので，6 通りの時間当たり

表 11.3　多結晶酸化物の代表的な組織構造模型と電気伝導度の概念.

形状	組織構造模型	伝導度特性
カラム構造	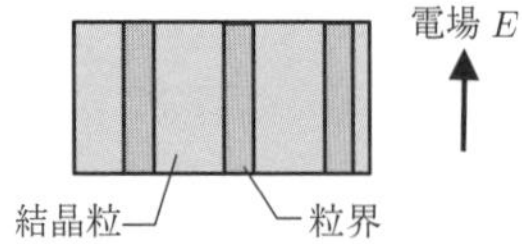	$\sigma = \sigma_g n_h + \sigma_b(1-\xi)$ n_h = 正孔密度, ξ = 結晶粒の体積分率
層状構造	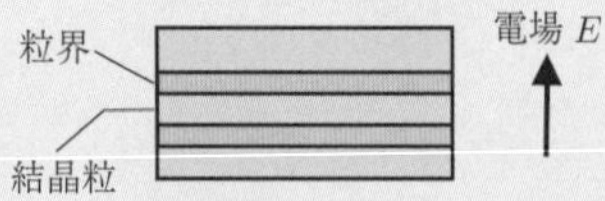	$\dfrac{1}{\sigma} = \dfrac{n_h}{\sigma_g} + \dfrac{(1-\xi)}{\sigma_b}$
球状粒子	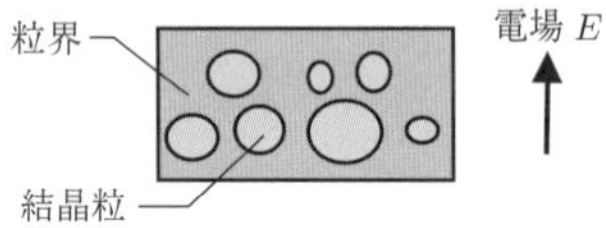	$\sigma = \dfrac{\sigma_b\|\sigma_g(1+2\xi)+2\sigma_b(1-\xi)\|}{\sigma_g(1-\xi)+\sigma_b(2+\xi)}$
立方体粒子	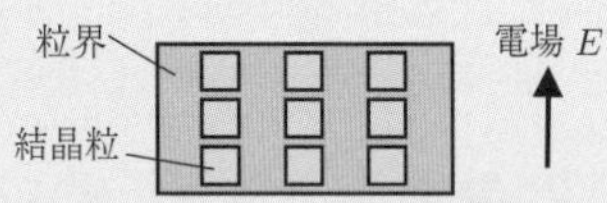	$\sigma = \sigma' \dfrac{3-\xi}{2\xi}$　; $(0 < \xi \leq 1)$ σ' = 測定値（見かけの伝導度）

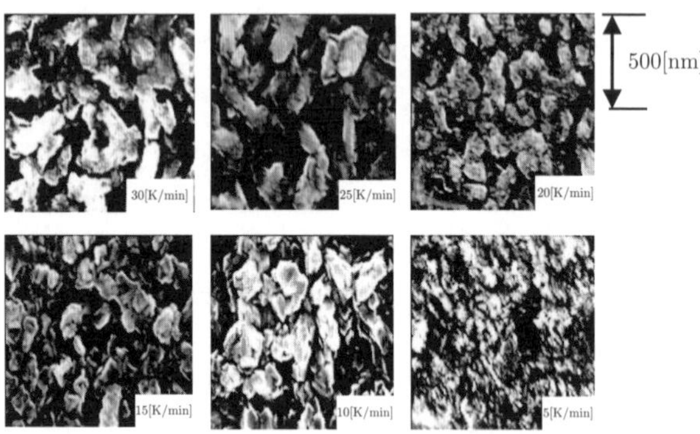

図 11.10　薄膜酸化法により作製したマグネタイト膜の走査型電子顕微鏡観察.
時間当たりの焼成温度勾配をパラメータとする.

の焼成温度勾配をパラメータとしている. 温度勾配が緩やかな場合, 膜表面は微結晶粒が緻密に集合して平坦である. 昇温勾配が増加すると結晶粒は増大し, 結晶粒界も明瞭となる. さらに昇温勾配が増すと結晶粒の形状は不揃いで, 膜表面状態が粗状になり, 粒界幅も拡大している. この粒界を制御することは電気伝導特性の意味から重要と考えられる.

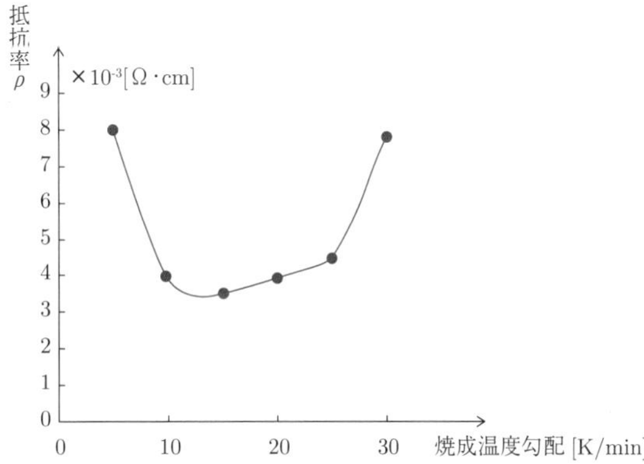

図 11.11 マグネタイトの電気抵抗率．試料は図 11.10 と同じ．

図 11.11 はそれら各試料の電気抵抗率を示したものである．5 [K/min] の場合，膜表面は緻密構造になっているが，昇温勾配が比較的緩やかであるため，結晶粒界にマグネタイト以外の酸化物を生成し，抵抗を大きくしていると考えられる．粒界での非伝導性の介在物が少なく．粒界幅がよく制御されている場合，ホッピング伝導により抵抗率は低下し 3.5×10^{-3} [Ω-cm] となる．また，30 [K/min] では非常に大きな結晶粒が形成され，粒界幅も広く煩雑な構造になっている．そのため，伝導担体のホッピング確率が低下し抵抗率を増大させている．

NOTE 11.2

絶縁体模型

モット理論：変長ホッピング

モットはエネルギー準位が不規則に分布している状態間の伝導を考えた．このような状態での伝導に寄与するキャリアはフォノンを吸収して励起されるトンネル伝導であることを示した．伝導度 σ はその伝導路を反映して

$$\sigma \propto \exp\left[-\left(\frac{T_0}{T}\right)^{\frac{1}{\gamma+1}}\right]$$

で与えた．ただし，γ は伝導路の次元数であり，

$\gamma = 1$　1 次元　(例 有機金属塩等)

$\gamma = 2$　2次元（例 TFe_2O_4 等）

$\gamma = 3$　3次元（例 アモルファス半導体等）

モット (Mott) 絶縁体模型

モット絶縁体はエネルギー・バンドの状態に視点をおく．モット理論によると固体が金属になるか，絶縁体（半導体も含まれる）になるかは次のように分類できる．$T = 0$ [K] のフェルミ・エネルギーがバンドのどれかを横切るときは，電子を付け加えたり，取り除いたりするのに非常に小さなエネルギーしか必要としないから金属の性質を示す．一方，フェルミ・エネルギーがバンドギャップの中にあるときには系はバンド絶縁体もしくは半導体になる．

ハバード（Hubbard）絶縁体模型

ハバード絶縁体は固体内の電子運動に視点をおく．固体内の電子間相互作用において，p 軌道と d 軌道の混成電子によって構成されるバンドから，p バンドの電子を除外した扱い方（縮退ハバード模型）と d 軌道の縮退度を考慮に入れた（非縮退ハバード模型）バンド模型である．この模型によると，電子系の最もエネルギーの低い状態は，電子間相互作用が無視できるときには自由電子模型に従って，バンドの最低準位から電子を順に詰めることによって得られる．したがって単位格子当たりの電子数が奇数であれば，バンドがどのようなものであっても↑スピン電子，↓スピン電子で部分的に詰まるだけであるから，系の基底状態は必ず金属的である．また単位胞あたりの電子数が偶数であれば基底状態では絶縁体になる．

11.4.2　酸化物半導体：真性半導体・外因性半導体

酸化物の電気伝導に関与するキャリアは，正負の各イオンおよび電子や正孔である．特に電子や正孔の移動度はイオンよりも 10^3～10^6 倍大きく，酸化物中の電子や正孔の密度が僅かでも n 型や p 型半導体の性質を示す．

真性半導体

CuO や NbO_2 などの酸化物は温度上昇によって電子が価電子帯から伝導帯へ励起し，真性半導体として振る舞う．

外因性半導体

外因性半導体は真性半導体中に不純物を注入したものであり，その伝導特性はキャリアが電子または正孔かによってn型かp型の半導体となる．酸化物半導体の特性は酸化物中の陽イオン間の電荷のやり取りによって決まる．実際，形式的に金属イオンをMとすると

$$M^{3+} + q_e \Leftrightarrow M^{2+} \quad (\text{n 型})$$

$$M^{2+} + q_h \Leftrightarrow M^{3+} \quad (\text{p 型})$$

これらn型およびp型半導体はそれぞれ負性温度係数 (NTC) および正性温度係数 (PTC) の特性を有する．NTC 特性は酸化物の電気抵抗が温度上昇とともに減少するので，温度に対して負の係数をもつ．NTC 伝導特性は主として酸化物の結晶粒によって支配される．一方，PTC 特性は抵抗値が温度上昇とともに増大し金属的な傾向を示す．その特性は主として酸化物の結晶粒界によって支配される．これら酸化物は温度の上昇とともに電子が価電子帯から伝導帯へ励起することから，半導体と同じ現象が現れる．バンド理論によれば，電気伝導度 σ は伝導帯の電子密度 n_e と価電子帯の正孔密度 n_h に比例する．σ は第8章の式 (8.1) により

$$\sigma = \sigma_e + \sigma_h = q_e n_e \mu_e + q_h n_h \mu_h \tag{11.20}$$

で与えられる．ここで n_e と n_h はボルツマン近似により

$$n_e = n_{e0} \exp\left(-\frac{E_c - E_F}{k_B T}\right) \tag{11.21}$$

$$n_h = n_{h0} \exp\left(-\frac{E_F - E_v}{k_B T}\right) \tag{11.22}$$

である．ただし，E_F はフェルミ・エネルギー，E_c は伝導帯エネルギー準位の最下端，E_v は価電子帯エネルギー準位の最上端，および n_{e0}，n_{h0} は温度 $T = 0\,[\mathrm{K}]$ での電子と正孔の濃度である．

第8章の議論により $E_c - E_v = E_g$ とし，温度 T での電子と正孔の平衡状態は一定な定数 K で与えられる．

$$K^2 = n_e n_h = n_{e0} n_{h0} \exp\left(-\frac{E_g}{k_B T}\right) \tag{11.23}$$

真性半導体の場合，$n_n = n_h$ であるから式 (11.20) より

$$\sigma = e(n_{e0} n_{h0})^{\frac{1}{2}} (\mu_e + \mu_h) \exp\left(-\frac{E_g}{2k_B T}\right) \tag{11.24}$$

となる．バンド間隔 E_g が大きく $E_g \gg 2k_B T$ のような酸化物の場合，伝導特性は指数関数項が支配的となるので

$$\sigma \propto \exp\left(-\frac{E_g}{2k_B T}\right) \tag{11.25}$$

で特徴づけられる．

11.4.3 ポーラロン伝導機構

絶縁体は，自身の空の伝導バンドに何らかの方法で電子を注入するか，もしくは充満している価電子帯の電子を一部取り除くことで伝導性を生じる．

この場合，キャリア（電子もしくは正孔）は，その近傍にあるイオンを分極し，その分極によりポテンシャル壁が形成される．そのためポテンシャル壁により，ある格子位置に局在するキャリアを小さいポーラロンという．また，いくつかの格子を含む限られた領域に局在するキャリアを大きいポーラロンとよぶ．これらポーラロンは熱的に活性化され，ホッピング（格子振動またはフォノン散乱）によって運動する．

キャリアが小さいポーラロンとして局所的に格子歪みを伴って，ホッピング移動する場合，その移動度 μ は

$$\mu \propto T^{-\frac{3}{2}} \exp\left(-\frac{E_H}{k_B T}\right) \tag{11.26}$$

で与えられる．ここで E_H はホッピングの活性化エネルギーであり，~ 0.01 [eV] 程度の大きさである．ポーラロンは低温域でキャリアが不純物準位に束縛されているので，ポーラロンが伝導に寄与するには，熱的励起を通して束縛状態から解放する必要がある．そのためキャリアが自由なポーラロン状態へ移行するための活性化エネルギー（励起エネルギー）を E_0 とすると，この活性化キャリア数 n は

$$n \propto \exp\left(-\frac{E_0}{k_B T}\right) \tag{11.27}$$

で与えられる．この場合，アクセプタから熱的に励起された正孔の小さいポーラロンであれば，ホッピングによる伝導度 σ は

$$\sigma = n\mu \propto T^{-\frac{3}{2}} \exp\left(-\frac{E_0 + E_H}{k_B T}\right)$$

の形式に従う．

一方，伝導が大きいポーラロンに依存する場合，大きいポーラロンはキャリアを電子とみなして扱うことができるので第 7 章の議論に従う．

付 録【A】エルミート微分方程式

第6章の式 (6.51) で与えられたエルミートの微分方程式（線形2階斉次微分方程式）

$$\frac{d^2u}{dx^2} - 2x\frac{du}{dx} + 2nu = 0 \quad (n = 0, 1, 2, \cdots) \tag{A.1}$$

の解を導出する.

解法にはフロベニウスの方法を適用する．すなわち式 (A.1) の解 $u(x)$ について

$$\begin{aligned} u &= \sum_{k=0}^{\infty} a_k x^{c+k} \\ &= a_0x^c + a_1x^{c+1} + \cdots + a_kx^{c+k} + \cdots \end{aligned} \tag{A.2}$$

の級数形式（フロベニウス級数）を仮定する．ただし，a_k $(k = 0, 1, 2, \cdots)$ は決定すべき係数であり，c は x の次数である．式 (A.2) を式 (A.1) へ代入する．そのため式 (A.2) の関数 $u(x)$ を x について微分すると

$$\begin{aligned} \frac{du}{dx} &= a_0cx^{c-1} + a_1(c+1)x^c + a_2(c+2)x^{c+1} + a_3(c+3)x^{c+2} + \\ &\quad \cdots + a_k(c+k)x^{c+k-1} + \cdots \end{aligned} \tag{A.3}$$

$$\begin{aligned} \frac{d^2u}{dx^2} &= a_0c(c-1)x^{c-2} + a_1c(c+1)x^{c-1} + a_2(c+1)(c+2)x^c \\ &\quad + a_3(c+2)(c+3)x^{c+1} + \cdots + a_k(c+k-1)(c+k)x^{c+k-2} + \cdots \end{aligned} \tag{A.4}$$

である．上式を式 (A.1) に適用すると

$$\begin{aligned} \frac{d^2u}{dx^2} - 2x\frac{du}{dx} + 2nu &= a_0c(c-1)\,x^{c-2} + a_1c(c+1)x^{c-1} \\ &\quad + a_2(c+1)(c+2)x^c + a_3(c+2)(c+3)x^{c+1} + \cdots \\ &\quad - 2a_0cx^c - 2a_1(c+1)x^{c+1} - 2a_2(c+2)x^{c+2} - 2a_3(c+3)x^{c+3} + \cdots \\ &\quad + 2na_0x^c + 2na_1x^{c+1} + 2na_2x^{c+2} + 2na_3x^{c+3} + \cdots \\ &= 0 \end{aligned} \tag{A.5}$$

となる．式 (A.5) が成り立つためには，右辺の x の各次数項の係数が 0 となる

ことが要請される．そこで次のように係数方程式を立てる．ただし，$a_0 \neq 0$，$0 \leq c$ である．

$$
\left.
\begin{array}{ll}
x\text{ の次数項} & \text{係数方程式}(a_0 \neq 0,\ 0 \leq c) \\
x^{c-2} & a_0 c(c-1) = 0 \ \Rightarrow\ c = 0, 1 \quad (a_0 \neq 0, 0 \leq c) \\
x^{c-1} & a_1 c(c+1) = 0 \ \Rightarrow\ c = 0,\ \text{および } c = 1 \text{ のとき } a_1 = 0 \\
 & \quad \therefore a_1 = 0 \\
x^{c} & a_2(c+1)(c+2) - 2a_0 c + 2na_0 = 0 \\
 & \quad \therefore a_2 = \dfrac{2c-2n}{(c+1)(c+2)} a_0 \\
x^{c+1} & a_3(c+2)(c+3) - 2a_1(c+1) + 2na_1 = 0 \\
 & \quad \therefore a_3 = \dfrac{2[(c+1)-n]}{(c+2)(c+3)} a_1 = 0 \\
x^{c+2} & a_4(c+3)(c+4) - 2a_2(c+2) + 2na_2 = 0 \\
 & \quad \therefore a_4 = \dfrac{2(c+2)-2n}{(c+3)(c+4)} a_2 \\
 & \qquad\quad = \dfrac{[2(c+2)-2n](2c-2n)}{(c+1)(c+2)(c+3)(c+4)} a_0 \\
\vdots & \quad \vdots \qquad\qquad \vdots \\
x^{c+k} & \quad \therefore a_{k+2} = \dfrac{2(c+k)-2n}{(c+k+2)(c+k+1)} a_k \\
 & \qquad\qquad = (\cdots) a_0
\end{array}
\right\}
\tag{A.6}
$$

これより，式 (A.1) の係数が順次求められる．

(1) $c = 0$（$a_0 \neq 0$，$0 \leq c$；a_0 は任意の定数）のとき，

$$
a_1 = 0,\ a_2 = -\frac{2n}{2!} a_0,\ a_3 = 0,\ a_4 = \frac{2^2(n-2)n}{4!} a_0 \tag{A.7}
$$

$\cdots$

これらを式 (A.5) へ適用すると，

$$
\begin{aligned}
u_0 = a_0 \biggl[1 - \frac{2n}{2!} x^2 + \frac{2^2 n(n-2)}{4!} x^4 - \frac{2n(n-2)(n-4)}{6!} x^6 + \cdots \\
+ (-2)^k \frac{n(n-2)(n-4)\cdots(n-2k+2)}{2k!} x^{2k} + \cdots \biggr]
\end{aligned}
\tag{A.8}
$$

(2) $c = 1$ ($a_0 \neq 0$，$0 \leq c$) のとき，

$$a_1 = 0, \quad a_2 = -\frac{2(n-1)}{3!}a_0, \quad a_3 = 0, \quad a_4 = \frac{2^2(n-1)(n-3)}{5!}a_0, \cdots \tag{A.9}$$

これらを式 (A.5) へ適用すると

$$u_1 = a_0 x\left[1 - \frac{2(n-1)}{3!}x^2 + \frac{2^2(n-1)(n-3)}{5!}x^4 + \cdots \right.$$
$$\left. +(-2)^k \frac{n(n-1)(n-3)\cdots(n-2k+1)}{(2k+1)!}x^{2k} + \cdots\right] \tag{A.10}$$

である．したがって，式 (A.1) の求めるべき解は

$$\begin{aligned} u(x) &= u_0 + u_1 \\ &= a_0\left[1 - \frac{2n}{2!}x^2 + \frac{2^2 n(n-2)}{4!}x^4 - \frac{2n(n-2)(n-4)}{6!}x^6 + \cdots \right. \\ &\qquad \left. +(-2)^k \frac{n(n-2)(n-4)\cdots(n-2k+2)}{2k!}x^{2k} + \cdots\right] \\ &\quad + a_0 x\left[1 - \frac{2(n-1)}{3!}x^2 + \frac{2^2(n-1)(n-3)}{5!}x^4 + \cdots \right. \\ &\qquad \left. +(-2)^k \frac{n(n-1)(n-3)\cdots(n-2k+1)}{(2k+1)!}x^{2k} + \cdots\right] \end{aligned} \tag{A.11}$$

である．ただし，a_0 は任意の定数である．

式 (A.11) は一般化した関数形式に整理できる．x の次数に着目する．

(i) $\boldsymbol{n}$ が偶数のとき　式 (A.8) は次の偶関数の多項式で表される．実際，a_0 は任意の定数であるから，

$$a_0 = (-1)^{\frac{n}{2}} \frac{n!}{\left(\dfrac{n}{2}\right)!} \tag{A.12}$$

と選ぶと，一般解は

$$u(x) = u_0 = H_n(x)$$

で表示すると，

$$H_n(x) = (2x)^n - \frac{n(n-1)}{1!}(2x)^{n-2} + \frac{n(n-1)(n-2)(n-3)}{2!}(2x)^{n-4} + \cdots \tag{A.13}$$

で与えられ，n 次のエルミート多項式とよぶ．

(ii) $\boldsymbol{n}$ が奇数のとき　式 (A.10) は n 次の奇関数の多項式になる．上記と同様に a_0 を

$$a_0 = (-1)^{\frac{n-1}{2}} \frac{2 \cdot n!}{\left(\dfrac{n-1}{2}\right)!}, \qquad \text{ただし，} \frac{n-1}{2} = \text{整数} \tag{A.14}$$

と選ぶと，一般解 $u(x) = u_1 = H_n(x)$ は

$$H_n(x) = (2x)^n - \frac{n(n-1)}{1!}(2x)^{n-2} + \frac{n(n-1)(n-2)(n-3)}{2!}(2x)^{n-4} + \cdots \tag{A.15}$$

となり，式 (A.13) と一致している．これよりエルミート多項式は次のように与えられる．

$$\left.\begin{array}{ll} H_0(x) = 1 & \text{式 (A-13) の第 1 項のみ} \\ H_1(x) = 2x & \text{式 (A-13) の第 1 項のみ} \\ H_2(x) = 4x^2 - 2 & \text{式 (A-13) の第 2 項まで} \\ H_3(x) = 8x^3 - 12x & \text{式 (A-13) の第 3 項まで} \end{array}\right\} \tag{A.16}$$

付 録【B】運動量演算子と固有値

[I] 古典力学角運動量

【定義】古典力学での角運動量は次のように定義する；

質量 m の粒子が半径 $\boldsymbol{r}$ とする円軌道上を一定の速度 $\boldsymbol{v}$ で回転するとき，粒子の角運度量（ベクトル）$\boldsymbol{L}$ を

$$\boldsymbol{L} = \boldsymbol{r} \times \boldsymbol{p} \tag{B.1}$$

と定義する．ただし，$\boldsymbol{p}$ は運動量 $(\boldsymbol{p} = m\boldsymbol{v} = m(v_x\boldsymbol{e}_x + v_y\boldsymbol{e}_y + v_z\boldsymbol{e}_z))$ である．これら各ベクトルは

$$\boldsymbol{L} = L_x\boldsymbol{e}_x + L_y\boldsymbol{e}_y + L_z\boldsymbol{e}_z \tag{B.2}$$

$$\boldsymbol{r} = r_x\boldsymbol{e}_x + r_y\boldsymbol{e}_y + r_z\boldsymbol{e}_z \tag{B.3}$$

$$\boldsymbol{p} = p_x\boldsymbol{e}_x + p_y\boldsymbol{e}_y + p_z\boldsymbol{e}_z \tag{B.4}$$

である．ただし，$\boldsymbol{e}_x, \boldsymbol{e}_y, \boldsymbol{e}_z$ は直交座標軸の各単位ベクトルである．

[II] 角運動量演算子

運動量演算子は，第 5 章の運動量の量子化形式により

$$\tilde{p} = -i\hbar\nabla \tag{B.5}$$

$$\nabla = \frac{\partial}{\partial x}\boldsymbol{e}_x + \frac{\partial}{\partial y}\boldsymbol{e}_y + \frac{\partial}{\partial z}\boldsymbol{e}_z \tag{B.6}$$

である．ここで位置の演算子式 $\tilde{r}$ の x, y, z 各成分の固有値を x, y, z すると，式 (B.1) に対応する角運動量演算子 $\tilde{L}$ は次のように与えられる．

$$\begin{aligned}
\tilde{L} &= \tilde{r} \times \tilde{p} \\
&= (y\tilde{p}_z - z\tilde{p}_y)\,\boldsymbol{e}_x + (z\tilde{p}_x - x\tilde{p}_z)\boldsymbol{e}_y + (x\tilde{p}_y - y\tilde{p}_x)\boldsymbol{e}_z \\
&= i\hbar\left(z\frac{\partial}{\partial y} - y\frac{\partial}{\partial z}\right)\boldsymbol{e}_x + i\hbar\left(x\frac{\partial}{\partial z} - z\frac{\partial}{\partial x}\right)\boldsymbol{e}_y + i\hbar\left(y\frac{\partial}{\partial x} - x\frac{\partial}{\partial y}\right)\boldsymbol{e}_z \\
&= \tilde{L}_x\boldsymbol{e}_x + \tilde{L}_y\boldsymbol{e}_y + \tilde{L}_z\boldsymbol{e}_z
\end{aligned} \tag{B.7}$$

ただし，演算子の各成分表示は

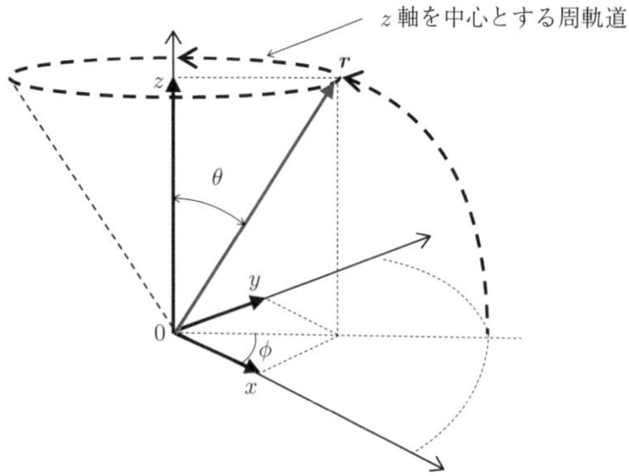

図 B.1　直交座標と球面極座標の関係.

$$\left.\begin{aligned} \tilde{L}_x &= i\hbar\left(z\frac{\partial}{\partial y} - y\frac{\partial}{\partial z}\right) \\ \tilde{L}_y &= i\hbar\left(x\frac{\partial}{\partial z} - z\frac{\partial}{\partial x}\right) \\ \tilde{L}_z &= i\hbar\left(y\frac{\partial}{\partial x} - x\frac{\partial}{\partial y}\right) \end{aligned}\right\} \tag{B.8}$$

である.

[III] 演算子の直交座標系表示から極座標表示への変換

原子の電子軌道が円軌道であり，原子全体の電子軌道を球対称であるとすると，電子の運動を表す座標系は直交座標系 (x, y, z) から極座標系 (r, θ, ϕ) へ移す（図 B.1 参照）.

$$\left.\begin{aligned} & r^2 = x^2 + y^2 + z^2 \\ & x = r\sin\theta\cos\phi \\ & y = r\sin\theta\sin\phi \\ & z = r\cos\theta \end{aligned}\right\} \tag{B.9}$$

また,

$$\theta = \cos^{-1}\left(\frac{z}{r}\right) \quad ; \quad \frac{y}{x} = \tan\phi \ \Rightarrow \ \phi = \tan^{-1}\left(\frac{y}{x}\right) \tag{B.10}$$

の変換関係が与えられる.

次に，波動関数の各パラメータへの依存性を検討する.

[i] 条件 i：$r, \theta =$ 一定にして z 軸のまわりを回り続ける場合

運動状態を表す関数 $\psi(r,\theta,\phi)$ は ϕ を変数とする関数 $\psi(\phi)$ で与えられる．そこで関数 $\psi(\phi)$ の ϕ に対する変化分は次のように書ける．

$$\frac{\partial\psi}{\partial\phi}=\frac{\partial\psi}{\partial x}\frac{\partial x}{\partial\phi}+\frac{\partial\psi}{\partial y}\frac{\partial y}{\partial\phi}+\frac{\partial\psi}{\partial z}\frac{\partial z}{\partial\phi} \tag{B.11}$$

ここで，式 (B.9) により，

$$\frac{\partial x}{\partial\phi}=-r\sin\theta\sin\phi=-y\ ;\ \frac{\partial y}{\partial\phi}=r\sin\theta\cos\phi=x\ ;\ \frac{\partial z}{\partial\phi}=0 \tag{B.12}$$

であるから，式 (B.11) は次のようになる．

$$\begin{aligned}\frac{\partial\psi}{\partial\phi}&=\frac{\partial\psi}{\partial x}(-y)+\frac{\partial\psi}{\partial y}(x)+\frac{\partial\psi}{\partial z}(0)\\&=x\frac{\partial\psi}{\partial y}-y\frac{\partial\psi}{\partial x}\end{aligned} \tag{B.13}$$

これより演算子 $\dfrac{\partial}{\partial\phi}$ は

$$\frac{\partial}{\partial\phi}=x\frac{\partial}{\partial y}-y\frac{\partial}{\partial x} \tag{B.14}$$

である．上式の両辺に量子化定数 $i\hbar$ を掛けると

$$i\hbar\frac{\partial}{\partial\phi}=i\hbar\left(x\frac{\partial}{\partial y}-y\frac{\partial}{\partial x}\right)=-i\hbar\left(y\frac{\partial}{\partial x}-x\frac{\partial}{\partial y}\right) \tag{B.15}$$

であるから，上式を式 (B.8) の z 成分式に適用すると，演算子

$$\tilde{L}_z=-i\hbar\frac{\partial}{\partial\phi} \tag{B.16}$$

を得る．

[ii] 条件 ii：$r,\phi=$ 一定で，(x,y) 平面に対して垂直に回転運動する場合

関数 $\psi(r,\theta,\phi)$ は，θ を変数とする関数 $\psi(\theta)$ で与えられる．そこで関数 $\psi(\theta)$ の θ についての変化分は次のように与えられる．

$$\frac{\partial\psi}{\partial\theta}=\frac{\partial\psi}{\partial x}\frac{\partial x}{\partial\theta}+\frac{\partial\psi}{\partial y}\frac{\partial y}{\partial\theta}+\frac{\partial\psi}{\partial z}\frac{\partial z}{\partial\theta} \tag{B.17}$$

同様に，式 (B.9) により x,y,z を θ についてそれぞれ微分を行う．

$$\frac{\partial x}{\partial\theta}=r\cos\theta\cos\phi \tag{B.18}$$

$$\frac{\partial y}{\partial\theta}=r\cos\theta\sin\phi \tag{B.19}$$

$$\frac{\partial z}{\partial \theta} = -r\sin\theta \tag{B.20}$$

ここで上式の右辺を代数的に書き換える．

式 (B.18) と式 (B.19) の右辺にそれぞれ $\sin\theta/\sin\theta$ を，式 (B-20) の右辺には $\cos\theta/\cos\theta$ を掛け，さらに式 (B-9) を用いて書き換える．

$$\frac{\partial x}{\partial \theta} = r\cos\theta\cos\phi\frac{\sin\theta}{\sin\theta} = r\sin\theta\cos\phi\frac{\cos\theta}{\sin\theta} = x\cot\theta \tag{B.21}$$

$$\frac{\partial y}{\partial \theta} = r\cos\theta\sin\phi\frac{\sin\theta}{\sin\theta} = r\sin\theta\sin\phi\frac{\cos\theta}{\sin\theta} = y\cot\theta \tag{B.22}$$

$$\frac{\partial z}{\partial \theta} = -r\sin\theta\frac{\cos\theta}{\cos\theta} = -r\cos\theta\frac{\sin\theta}{\cos\theta} = -z\tan\theta \tag{B.23}$$

これらを式 (B.17) の右辺に代入すると，

$$\frac{\partial \psi}{\partial \theta} = \cot\theta\left(x\frac{\partial}{\partial x} + y\frac{\partial}{\partial y}\right)\psi - \tan\theta\cdot z\frac{\partial \psi}{\partial z} \tag{B.24}$$

もしくは演算子

$$\frac{\partial}{\partial \theta} = \cot\theta\left(x\frac{\partial}{\partial x} + y\frac{\partial}{\partial y}\right) - \tan\theta\cdot z\frac{\partial}{\partial z} \tag{B.25}$$

を得る．

[IV] 角運動量演算子の自乗計算

古典力学の角運動量式 (B.1) の自乗表示

$$L^2 = L_x^2 + L_y^2 + L_z^2 \tag{B.26}$$

に対応する角運動量演算子は次のように与えられる．

$$\begin{aligned}\tilde{L}^2 &= \tilde{L}_x^2 + \tilde{L}_y^2 + \tilde{L}_z^2 \\ &= \frac{1}{2}(\tilde{L}_x + i\tilde{L}_y)(\tilde{L}_x - i\tilde{L}_y) + \frac{1}{2}(\tilde{L}_x - i\tilde{L}_y)(\tilde{L}_x + i\tilde{L}_y) + \tilde{L}_z^2\end{aligned} \tag{B.27}$$

そこで式 (B.27) の右辺の計算を実行する．そのために必要な各項の形式を求めなければならない．具体的には式 (B.8) および，式 (B.9) を用いて計算を行う．

[i] 式 (B.27) 右辺第 1 項

$$\begin{aligned}\tilde{L}_x + i\tilde{L}_y &= i\hbar\left(z\frac{\partial}{\partial y} - y\frac{\partial}{\partial z}\right) - \hbar\left(x\frac{\partial}{\partial z} - z\frac{\partial}{\partial x}\right) \\ &= \hbar\left[z\frac{\partial}{\partial x} + iz\frac{\partial}{\partial y} - (x+iy)\frac{\partial}{\partial z}\right]\end{aligned} \tag{B.28}$$

ここで式 (B.9) より

$$x + iy = r\sin\theta\cos\phi + ir\sin\theta\sin\phi = r\sin\theta(\cos\phi + i\sin\phi) = r\sin\theta\cdot e^{i\phi}$$
$$z = r\cos\theta\cdot e^{-i\phi}\cdot e^{i\phi} \tag{B.29}$$

と書ける．これらを式 (B.28) の右辺に適用すると次のようになる．

$$\begin{aligned}\tilde{L}_x + i\tilde{L}_y &= \hbar r e^{i\phi}\left(e^{-i\phi}\cos\theta\frac{\partial}{\partial x} + ie^{-i\phi}\cos\theta\frac{\partial}{\partial y} - \sin\theta\frac{\partial}{\partial z}\right)\\ &= \hbar r e^{i\phi}\Big[(\cos\phi - i\sin\phi)\cos\theta\frac{\partial}{\partial x}\\ &\qquad + i(\cos\phi - i\sin\phi)\cos\theta\frac{\partial}{\partial y} - z\sin\theta\frac{\partial}{\partial z}\Big]\end{aligned} \tag{B.30}$$

ここで，上式の括弧部分を θ の関数で書き表す．式 (B.9) より

$$\cos\phi = \frac{x}{r\sin\theta} \quad ; \quad \sin\phi = \frac{y}{r\sin\theta} \quad ;$$
$$\cos\theta = \frac{z}{r} \quad \Rightarrow \quad \sin\theta\cos\theta = \frac{z}{r}\sin\theta \quad \Rightarrow \quad \sin\theta = \frac{z}{r}\tan\theta \tag{B.31}$$

の関係を式 (B.30) に代入する．

$$\begin{aligned}\tilde{L}_x + i\tilde{L}_y &= \hbar r e^{i\phi}\Big[\left(\frac{x}{r\sin\theta} - i\frac{y}{r\sin\theta}\right)\cos\theta\frac{\partial}{\partial x}\\ &\qquad + i\left(\frac{x}{r\sin\theta} - i\frac{y}{r\sin\theta}\right)\cos\theta\frac{\partial}{\partial y} - \frac{z}{r}\tan\theta\frac{\partial}{\partial z}\Big]\\ &= \hbar e^{i\phi}\left[(x - iy)\cot\theta\frac{\partial}{\partial x} + (ix + y)\cot\theta\frac{\partial}{\partial y} - z\tan\theta\frac{\partial}{\partial z}\right]\\ &= \hbar e^{i\phi}\Big[\cot\theta\left(x\frac{\partial}{\partial x} + y\frac{\partial}{\partial y}\right) + i\cot\theta\left(x\frac{\partial}{\partial y} - y\frac{\partial}{\partial x}\right)\\ &\qquad - z\tan\theta\frac{\partial}{\partial z}\Big]\end{aligned} \tag{B.32}$$

さらに上式に式 (B.14) と式 (B.25) を代入すると，

$$\tilde{L}_x + i\tilde{L}_y = \hbar e^{i\phi}\left(\frac{\partial}{\partial\theta} + i\cot\theta\frac{\partial}{\partial\phi}\right) \tag{B.33}$$

を得る．

同様の手続きにより

$$\tilde{L}_x - i\tilde{L}_y = -\hbar e^{i\phi}\left(\frac{\partial}{\partial\theta} - i\cot\theta\frac{\partial}{\partial\phi}\right) \tag{B.34}$$

が得られる．式 (B.33) と式 (B.34) の積をとることにより，式 (B.27) 右辺第 1 項を求めることができる．

$$
\begin{aligned}
&(\tilde{L}_x + i\tilde{L}_y)(\tilde{L}_x - i\tilde{L}_y) \\
&\quad = \left[\hbar e^{i\phi}\left(\frac{\partial}{\partial\theta} + i\cot\theta\frac{\partial}{\partial\phi}\right)\right]\left[-\hbar e^{-i\phi}\left(\frac{\partial}{\partial\theta} - i\cot\theta\frac{\partial}{\partial\phi}\right)\right] \\
&\quad = -\hbar^2 e^{i\phi}\left(\frac{\partial}{\partial\theta} + i\cot\theta\frac{\partial}{\partial\phi}\right)\left(e^{-i\phi}\frac{\partial}{\partial\theta} - ie^{-i\phi}\cot\theta\frac{\partial}{\partial\phi}\right) \\
&\quad = -\hbar^2\left(\frac{\partial^2}{\partial\theta^2} + \cot\theta\frac{\partial}{\partial\theta} + \cot^2\theta\frac{\partial^2}{\partial\phi^2} + i\frac{1}{\sin^2\theta}\frac{\partial^2}{\partial\theta\partial\phi}\right) \qquad \text{(B.35)}
\end{aligned}
$$

[ii] 式 (B.27) 右辺第 2 項

$$
\begin{aligned}
&(\tilde{L}_x - i\tilde{L}_y)(\tilde{L}_x + i\tilde{L}_y) \\
&\quad = \left[-\hbar e^{-i\phi}\left(\frac{\partial}{\partial\theta} - i\cot\theta\frac{\partial}{\partial\phi}\right)\right]\left[\hbar e^{i\phi}\left(\frac{\partial}{\partial\theta} + i\cot\theta\frac{\partial}{\partial\phi}\right)\right] \\
&\quad = -\hbar^2\left(\frac{\partial^2}{\partial\theta^2} + \cot\theta\frac{\partial}{\partial\theta} + \cot^2\theta\frac{\partial^2}{\partial\phi^2} - i\frac{1}{\sin^2\theta}\frac{\partial^2}{\partial\theta\partial\phi}\right) \qquad \text{(B.36)}
\end{aligned}
$$

式 (B.33)，式 (B.34) および式 (B.36) を式 (B.27) の右辺に代入する．

$$
\begin{aligned}
\tilde{L}^2 &= -\hbar^2\left[\frac{\partial^2}{\partial\theta^2} + \cot\theta\frac{\partial}{\partial\theta} + \frac{1}{\sin^2\theta}\frac{\partial^2}{\partial\phi^2}\right] \\
&= -\hbar^2\left[\frac{1}{\sin\theta}\frac{\partial}{\partial\theta}\left(\sin\theta\frac{\partial}{\partial\theta}\right) + \frac{1}{\sin^2\theta}\frac{\partial^2}{\partial\phi^2}\right] \\
&= \hbar^2\tilde{\Lambda} \qquad \text{(B.37)}
\end{aligned}
$$

ただし，$\tilde{\Lambda}$ はルジャンドル演算子

$$
\tilde{\Lambda} = -\left[\frac{1}{\sin\theta}\frac{\partial}{\partial\theta}\left(\sin\theta\frac{\partial}{\partial\theta}\right) + \frac{1}{\sin^2\theta}\frac{\partial^2}{\partial\phi^2}\right] \qquad \text{(B.38)}
$$

である．

[V] 角運動量演算子と固有値

角運動量演算子の自乗は式 (B.37) で与えられた．問題はルジャンドル演算子 $\tilde{\Lambda}$ の固有値を求めることに帰着する．

そこで演算子 $\tilde{\Lambda}$ に対する固有関数を u，固有値を λ とすると，次の方程式を形づくることができる．

$$\tilde{\Lambda} u = \lambda u \tag{B.39}$$

したがって問題は式 (B.39) に式 (B.38) を適用し，その固有値を求めることになる．

$$\frac{1}{\sin\theta}\frac{\partial}{\partial\theta}\left(\sin\theta\frac{\partial u}{\partial\theta}\right)+\frac{1}{\sin^2\theta}\frac{\partial^2 u}{\partial\phi^2}+\lambda u=0 \tag{B.40}$$

上式は球関数方程式とよばれる．したがって式 (B.40) は一般的なラプラス方程式と同意であり，同じ解をもたなければならない．この解釈に従って計算を進めよう．

一般に球関数はラプラス方程式

$$\nabla^2 u \equiv \frac{\partial^2 u}{\partial x^2}+\frac{\partial^2 u}{\partial y^2}+\frac{\partial^2 u}{\partial z^2}=0 \tag{B.41}$$

を満たす斉次方程式である．具体的には式 (B.9) の関係を使って，式 (B.41) の直交座標表示から極座標表示に書き直す．ラプラス方程式は

$$\nabla^2 u = \frac{1}{r^2\sin\theta}\left[\sin\theta\frac{\partial}{\partial r}\left(r^2\frac{\partial u}{\partial r}\right)+\frac{\partial}{\partial\theta}\left(\sin\theta\frac{\partial u}{\partial\theta}\right)+\frac{1}{\sin\theta}\frac{\partial^2 u}{\partial\phi^2}\right] \tag{B.42}$$

で与えられる．方程式が斉次型であるから

$$\nabla^2 u = 0 \tag{B.43}$$

このことは式 (B.42) の右辺の括弧内の式が 0 ということ，すなわち

$$\sin\theta\frac{\partial}{\partial r}\left(r^2\frac{\partial u}{\partial r}\right)+\frac{\partial}{\partial\theta}\left(\sin\theta\frac{\partial u}{\partial\theta}\right)+\frac{1}{\sin\theta}\frac{\partial^2 u}{\partial\phi^2}=0$$

もしくは

$$\frac{1}{\sin\theta}\frac{\partial}{\partial\theta}\left(\sin\theta\frac{\partial u}{\partial\theta}\right)+\frac{1}{\sin^2\theta}\frac{\partial^2 u}{\partial\phi^2}+\frac{\partial}{\partial r}\left(r^2\frac{\partial u}{\partial r}\right)=0 \tag{B.44}$$

である．いま，この方程式を満たす r の L 次斉次方程式の仮定解を

$$u = r^L f(\theta,\phi) \tag{B.45}$$

とする．ただし $f(\theta,\phi)$ は多項式 $f(\cos\theta,\sin\theta,\cos\phi,\sin\phi)$ である．式 (B.45) を式 (B.44) に適用すると，微分

$$r^2\frac{\partial u}{\partial r}=r^2\left(Lr^{L-1}f(\theta,\phi)\right)=Lr^{L+1}f(\theta,\phi)$$

$$\frac{\partial}{\partial r}\left(r^2\frac{\partial u}{\partial r}\right) = L(L+1)r^L f(\theta,\phi)$$

を考慮して，

$$\frac{1}{\sin\theta}\frac{\partial}{\partial\theta}\left(\sin\theta\frac{\partial f}{\partial\theta}\right) + \frac{1}{\sin^2\theta}\frac{\partial^2 f}{\partial\phi^2} + L(L+1)f = 0 \tag{B.46}$$

となる．このように極座標表示された一般的なラプラス方程式と式 (B.46) は同意であるから，式 (B.46) と式 (B.40) の両者の各項を比較すれば，固有値 λ

$$\lambda = L(L+1) \tag{B.47}$$

を得る．式 (B.47) は方程式 (B.39) の演算子 $\tilde{\Lambda}$ に対する固有値 λ であり，同時に式 (B.37) に対する固有値である．すなわち

$$\tilde{L}^2 = \hbar^2\tilde{\Lambda} \quad \Rightarrow \quad \tilde{L}^2 \;\Rightarrow\; \hbar^2 L(L+1) \tag{B.48}$$

もしくは

$$\tilde{L} \;\Rightarrow\; \hbar\sqrt{L(L+1)} \tag{B.49}$$

である．通常，$\hbar$ を量子単位にとり

$$\tilde{L} \;\Rightarrow\; \sqrt{L(L+1)} \tag{B.50}$$

とする．

以上のようにこの形式はスピン角運動量演算子 $\tilde{S}$，軌道角運度量演算子 $\tilde{L}$，全角運度量演算子 $\tilde{J}$ についてもそれぞれ

$$\tilde{S} \;\Rightarrow\; \sqrt{S(S+1)} \tag{B.51}$$

$$\tilde{L} \;\Rightarrow\; \sqrt{L(L+1)} \tag{B.52}$$

$$\tilde{J} \;\Rightarrow\; \sqrt{J(J+1)} \tag{B.53}$$

が成り立つ．

[VI] 全電子スピン量子数 S の座標表示と不対電子スピン量子数 $s = 1/2$

[i] スピン座標表示

図 B.2(a) に示すようにスピン $\boldsymbol{S}$（ベクトル）の直交座標成分を S_x, S_y, S_z とし，量子化軸（観測軸）を z 軸とする．一般に量子力学での系の状態（ベクトル）は複素ヒルベルト空間で表されるので，直交座標表示から複素平面座標表示への操作を行う．

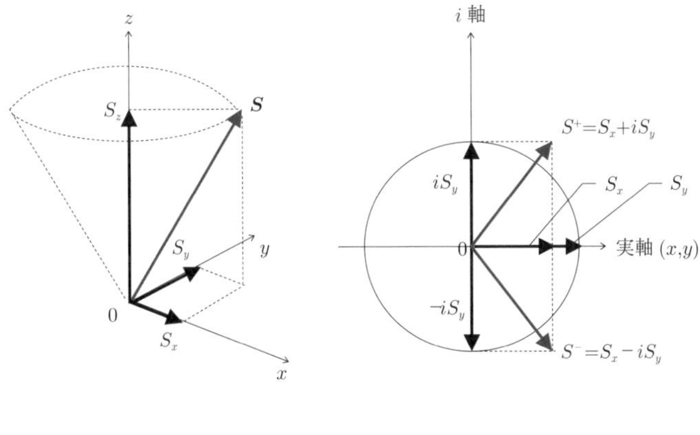

図 B.2 スピンの座標表示の概念図.

図 B.2 はスピン S の直交座標表示から複素平面座標表示への移行を示したものである（第 9 章図 9.7，図 9.8 参照）.

> **NOTE B.1**
>
> **ヒルベルト空間**
>
> ヒルベルト空間とは概念的には，ユークリッド空間（平面や空間）の概念を一般化したもので，ベクトルを 3 次元よりも高い次元（無限）の空間に拡張したものである．量子力学における状態（ベクトル）あるいは固有関数はヒルベルト空間上の正規化されたベクトルである．

[ii] 不対電子スピンの固有値 $s = 1/2$ の導出

原子の全スピン角運動量量子数 S は不対電子スピン s_n $(n = 1, 2, 3, \cdots)$ の総和

$$S = \sum_n s_n \quad (n = 1, 2, 3, \cdots) \tag{B.54}$$

で与えられる．ここでは原子の不対電子スピンが 1 個，すなわち $S = s$ の場合について固有値を求める．そこで図 B.2 によりスピン演算子は以下のように定める．ただし，ここでは演算子を意味するチルダは省略する．

・s_q^α　$(\alpha = x, y, z)$　位置 q にあるスピン演算子

・$c_{qs}^\dagger, c_{qs}$　位置 q におけるスピン状態 s ($s=\uparrow(1), \downarrow(2)$) の生成および消滅演算子

・σ_q^α ($\alpha = x, y, z$)　パウリのスピンマトリックスであり，以下のように与えられる．

$$\sigma_q^x = \begin{pmatrix} 0 & 1 \\ 1 & 0 \end{pmatrix} \quad ; \quad \sigma_q^y = \begin{pmatrix} 0 & -i \\ i & 0 \end{pmatrix} \quad ; \quad \sigma_q^z = \begin{pmatrix} 1 & 0 \\ 0 & -1 \end{pmatrix} \tag{B.55}$$

$$\left.\begin{array}{l} (\sigma_q^x)^2 = (\sigma_q^y)^2 = (\sigma_q^z)^2 = 1 \\ \sigma_q^x\sigma_q^y = i\sigma_q^z \quad ; \quad \sigma_q^z\sigma_q^x = i\sigma_q^y \quad ; \quad \sigma_q^y\sigma_q^z = i\sigma_q^x \\ \sigma_q^x\sigma_q^y + \sigma_q^y\sigma_q^x = \sigma_q^y\sigma_q^z + \sigma_q^z\sigma_q^y = \sigma_q^z\sigma_q^x + \sigma_q^x\sigma_q^z = 0 \end{array}\right\} \tag{B.56}$$

$$s_q^\alpha = \frac{1}{2}\sum_{s,s'=1}^{2} c_{qs}^\dagger \sigma_{ss'}^\alpha c_{qs'} \quad , \quad (\alpha = x, y, z) \tag{B.57}$$

$$\begin{aligned} c_q^\dagger &= \begin{pmatrix} 0 & 1 \\ 0 & 0 \end{pmatrix} = \frac{1}{2}(\sigma_q^x + i\sigma_q^y) \\ c_q &= \begin{pmatrix} 0 & 0 \\ 1 & 0 \end{pmatrix} = \frac{1}{2}(\sigma_q^x - i\sigma_q^y) \end{aligned} \tag{B.58}$$

スピン演算子 $s^2 = s_x^2 + s_y^2 + s_z^2$　;　固有値 $s^2 = s(s+1)$　(B.59)

数平面におけるスピン演算子 s は図 B.2(b) から

$$s^+ = s_x + is_y \quad ; \quad s^- = s_x - is_y \tag{B.60}$$

で与えられる．したがって式 (B.57)～式 (B.60) により

$$\begin{aligned} s^2 &= \left(\frac{1}{2}(c^\dagger\sigma^x c)\right)^2 + \left(\frac{1}{2}(c^\dagger\sigma^y c)\right)^2 + \left(\frac{1}{2}(c^\dagger\sigma^z c)\right)^2 \\ &= \frac{1}{4}[(\sigma^x)^2 + (\sigma^y)^2 + (\sigma^z)^2] \\ &= \frac{1}{4}[1+1+1] = \frac{3}{4} \end{aligned} \tag{B.61}$$

ここで上式は式 (B.59) の関係を満たすものであるから

$$s^2 = s(s+1) = \frac{3}{4} \tag{B.62}$$

である．ゆえに上式の右辺を満たす電子スピンの固有値（正の実数値）s は

$$s = \frac{1}{2} \tag{B.63}$$

である．

付録【C】変分法

変分法は力学系のエネルギー最小条件を見出し，その最適値（固有値）を求める方法である．

一般に力学系の状態は，変数 x とする関数 $\psi_j(x)$ で定義し，その構成要素 $\varphi_r(x)$ $(r = 1, 2, \cdots, n)$ の 1 次線形結合で与えられるものとする．

$$\begin{aligned}\psi_j(x) &= c_{j1}\varphi_1(x) + c_{j2}\varphi_2(x) + \cdots + c_{jn}\varphi_n(x) \\ &= \sum_r^n c_{jr}\,\varphi_r(x) \end{aligned} \tag{C.1}$$

ここで状態関数は次の関係式

$$\int \psi_j^* \psi_j dx = 1 \tag{C.2}$$

および規格化係数 c_{jr} $(r = 1, 2, \cdots, n)$

$$\sum_{r=1}^n |c_{jr}|^2 = 1 \tag{C.3}$$

により規格化される．この規格化とは状態関数 $\psi_j(x)$ で表される物質は x の指定された領域内において必ず存在する，すなわち存在確立が 1 であることを意味する．そこで規格化された系の運動方程式はシュレーディンガー方程式で与えられる．

$$\mathscr{H}\psi_j = E\psi_j \tag{C.4}$$

ただし，$\mathscr{H}$ は系の全エネルギーを表す演算子（ハミルトニアン）であり，E はその固有値である．ここでの目的は式 (C.4) を変分法で扱うことにある．

定義によりエネルギー最小条件

$$\frac{\partial E}{\partial x} = 0 \tag{C.5}$$

を満たす係数を見出す．

まず，式 (C.4) の左側から共役関数 $\psi_j^*(x)$ を掛けると

$$\psi_j^* \mathscr{H}\psi_j = \psi_j^* E\psi_j \tag{C.6}$$

となる．上式を x について積分すると

$$\begin{aligned}\int \psi_j^* \mathscr{H}\psi_j dx &= \int \psi_j^* E\psi_j dx \\ &= E\int \psi_j^* \psi_j dx = E\int |\psi_j|^2\, dx \end{aligned} \tag{C.7}$$

である．これより固有値 E は

$$E=\frac{\int \psi_j^* \mathscr{H} \psi_j dx}{\int |\psi_j|^2 dx} \tag{C.8}$$

と与えられる．この形式は変分法とよばれる．

次にこれを具体的に計算する．仮定として系の状態準位 j に着目することで，式 (C.1) の添字 j は略して

$$\psi(x)=\sum_r c_r \varphi_r(x) \tag{C.9}$$

を式 (C.8) へ代入する．

$$\begin{aligned} E &= \frac{\displaystyle\int \left(\sum_r c_r\varphi_r\right)^* \mathscr{H} \left(\sum_r c_r\varphi_r\right) dx}{\displaystyle\int \left(\sum_r c_r\varphi_r\right)^* \left(\sum_r c_r\varphi_r\right) dx} \\ &= \frac{\displaystyle\sum_r\sum_s c_r c_s \int \varphi_r^* \mathscr{H} \varphi_s dx}{\displaystyle\sum_r\sum_s c_r c_s \int \varphi_r^* \varphi_s dx} \end{aligned} \tag{C.10}$$

ここでハミルトニアン $\mathscr{H}$ はエルミート演算子であるので，その固有値 E_{rs} はエルミート性により実数であり，固有関数 φ は正規直交規格化された関数

$$\int \varphi_r^* \mathscr{H} \varphi_s dx = E_{rs} \tag{C.11}$$

および

$$\int \varphi_r^* \varphi_s dx = \delta_{rs} = \begin{cases} 1 & (r=s) \\ 0 & (r\neq s) \end{cases} \tag{C.12}$$

である．式 (C.11)，式 (C.12) を式 (C.10) に適用すると

$$E=\frac{\displaystyle\sum_r\sum_s c_r c_s E_{rs}}{\displaystyle\sum_r\sum_s c_r c_s \delta_{rs}}$$

となる．したがって，

$$\sum_r\sum_s c_r c_s E_{rs} = \sum_r\sum_s c_r c_s \delta_{rs} E$$

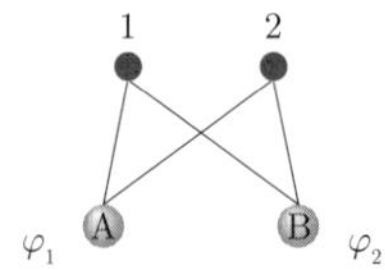

図 C.1　2 原子分子の結合状態.

もしくは

$$\sum_r \sum_s c_r c_s (E_{rs} - E\delta_{rs}) = 0 \tag{C.13}$$

と書ける．ここで係数 $c_r c_s$ について

$$c_r c_s = c_{rs} \quad (s = 1, 2, \cdots) \tag{C.14}$$

とすると

$$\sum_s c_{rs} \left(E_{rs} - E\delta_{rs}\right) = 0 \tag{C.15}$$

の形式を得る．これは永年方程式とよばれる．

変分法は固有値の近似値を求めるのに有効な方法である．式 (C.15) の永年方程式を用いて 2 原子分子の結合状態を調べてみる．

図 C.1 に示すように，2 つの原子 A，B はそれぞれ電子 1，2 を有する．これら 2 つの原子結合は式 (C.1) により

$$\left.\begin{array}{lll} \text{反結合状態} & \uparrow\ \uparrow & \psi_- = c_{21}\varphi_1 - c_{22}\varphi_2 \\ \text{結合状態} & \uparrow\ \downarrow & \psi_+ = c_{11}\varphi_1 + c_{12}\varphi_2 \end{array}\right\} \tag{C.16}$$

と表せる．これらを式 (C.4) のシュレーディンガー方程式に適用すると，式 (C.15) の永年方程式は

$$\left.\begin{array}{lll} c_{11}(E_{11} - E) & +c_{12}E_{12} & = 0 \\ c_{21}E_{21} & +c_{22}(E_{22} - E) & = 0 \end{array}\right\} \tag{C.17}$$

と書ける．式 (C.17) の両式を満足する固有値 E は

$$\begin{vmatrix} E_{11} - E & E_{12} \\ E_{21} & E_{22} - E \end{vmatrix} = 0 \tag{C.18}$$

により導かれる．

$$E = E_\pm = \frac{E_{11} + E_{22}}{2} \mp \left[E_{12}^2 + \left(\frac{E_{11} - E_{22}}{2}\right)^2\right]^{\frac{1}{2}} \tag{C.19}$$

この結果から式 (C.16) のエネルギー状態は，結合状態の方が反結合状態よりも低く ($E_+ < E_-$) 安定であることがわかる．この両者のエネルギー差は

$$\Delta E = E_- - E_+ = E_{\uparrow\uparrow} - E_{\uparrow\downarrow} = \left[(2E_{12})^2 + (E_{11} - E_{22})^2\right]^{\frac{1}{2}} \quad \text{(C.20)}$$

である．

付録【D】WKB (Wentzel-Kramers-Brillioiun) 近似（ウェンツェル–クラマース–ブリュアン近似）

WKB近似は x を変数とする関数 $\varphi(x)$ の線形2階微分方程式

$$\varepsilon^2 \frac{d^2\varphi}{dx^2} - f(x)\varphi = 0 \tag{D.1}$$

において，2次微分項に小さいパラメータ ε をもつ場合の近似解を求める方法である．ただし，$f(x)$ は与えられた既知の関数である．

固体量子論において，WBK近似の手法は，図D.1のように任意のポテンシャルエネルギー $U(x)$ を有するトンネル障壁問題に応用できる．図の障壁の左側から運動エネルギー E の波動（粒子）が入射してくるものとする．この場合，エネルギー条件として $E > U$, $E = U$, $E < U$ の3通りについて考える．実際に第6章で示したシュレーディンガー方程式

$$-\frac{\hbar^2}{2m}\frac{d^2\varphi}{dx^2} + V\varphi = E\varphi \tag{D.2}$$

を式(D.1)に対応する形式に書き換える．

(i) $E > U$ の場合

$$\varepsilon^2 \frac{d^2\varphi}{dx^2} + \varphi = 0 \quad ; \quad \varepsilon = \pm\sqrt{\frac{\hbar^2}{2m(E-U)}} \tag{D.3}$$

(ii) $E = U$ の場合　入射波は図中の回転点で反射を生じる．

(iii) $E < U$ の場合

$$\alpha^2 \frac{d^2\varphi}{dx^2} - \varphi = 0 \quad ; \quad \alpha = \pm\sqrt{\frac{\hbar^2}{2m(U-E)}} \tag{D.4}$$

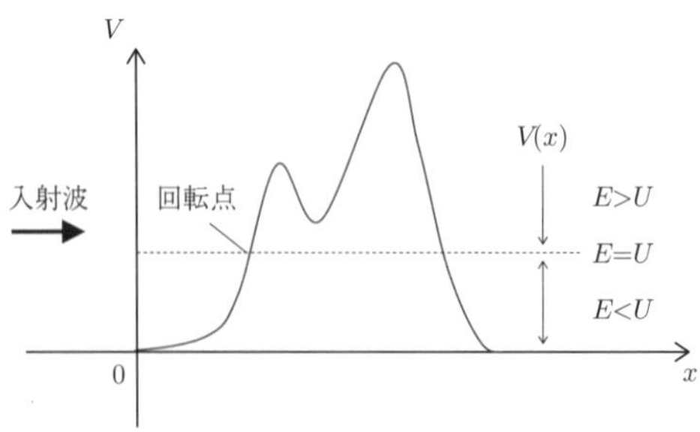

図 D.1　任意のポテンシャル障壁の概念図．

上式で $\hbar$ が小さな定数であるので，パラメータ ε, α は十分小さいとみなせる．また，(i) と (iii) はエネルギー状況が異なるが，方程式は同じ手続きで扱えるので，便宜上ここでは式 (D.3) について検討する．そこで式 (D.1) は与えられた関数 $f(x)$ を $f(x) = -1$ とすると，式 (D.3) のシュレーディンガー方程式と対応する．

$$\varepsilon^2 \frac{d^2\varphi}{dx^2} + \varphi = 0 \tag{D.5}$$

上式の解の特性を調べるため $x = 0,\ \varphi(0) = 0;\ x = 1,\ \varphi(1) = 1$ の境界条件を満たす解を求めてみる．式 (D.5) の微分方程式を解くと

$$\varphi(x) = \frac{\sin\left(\dfrac{x}{\varepsilon}\right)}{\sin\left(\dfrac{1}{\varepsilon}\right)} \tag{D.6}$$

の解を得る．しかし，得られた解は，分母と分子がいずれも領域内の任意の x について，$\varepsilon \to 0$ で急激に振動するので，$\varepsilon = 0$ で不定となるため式 (D.6) は式 (D.5) の厳密解ではない．このように解の特性を考慮して式 (D.1) の厳密解を求めるための方法が要請される．そこで式 (D.1) の微分方程式に対して，全領域にわたって満足するような近似解を見出す方法として提案されたのが WKB 近似法である．

ここで φ について，次のように $\varepsilon \to 0$ で特異性が存在する ε のべき級数形の仮定解を導入する．

$$\varphi(x) = \exp\left\{\frac{1}{\varepsilon}\int_x [S_0(x) + \varepsilon S_1(x) + \varepsilon^2 S_2(x) + \cdots]dx\right\} \tag{D.7}$$

ただし $S_0(x), S_1(x), S_2(x), \cdots$ は決定すべき関数である．

そこで決定すべき関数を導くため，便宜的に式 (D.7) の右辺の積分部分を

$$\int_x [S_0(x) + \varepsilon S_1(x) + \varepsilon^2 S_2(x) + \cdots]dx = Z(x) \tag{D.8}$$

とおいて，関数 $\varphi(x)$ を x について微分する．

$$\frac{d\varphi(x)}{dx} = \frac{d\varphi}{dZ}\frac{dZ}{dx} = \frac{1}{\varepsilon}[S_0(x) + \varepsilon S_1(x) + \varepsilon^2 S_2(x) + \cdots]\varphi(x) \tag{D.9}$$

$$\begin{aligned}\frac{d^2\varphi(x)}{dx^2} = \Bigg\{ & \frac{1}{\varepsilon^2}[S_0(x) + \varepsilon S_1(x) + \varepsilon^2 S_2(x) + \cdots]^2 \\ & + \frac{1}{\varepsilon}[S_0'(x) + \varepsilon S_1'(x) + \varepsilon^2 S_2'(x) + \cdots]\Bigg\}\varphi(x)\end{aligned} \tag{D.10}$$

付録 D

これらの微分項を式 (D.1) へ適用し，両辺の $\varphi(x)$ を打ち消せば

$$\begin{aligned}&[S_0(x)+\varepsilon S_1(x)+\varepsilon^2 S_2(x)+\cdots]^2\\&\quad+\varepsilon[S_0'(x)+\varepsilon S_1'(x)+\varepsilon^2 S_2'(x)+\cdots]=f(x)\end{aligned} \tag{D.11}$$

となる．さらに ε のべき順に整理すると

$$S_0^2(x)+\varepsilon(S_0'+2S_0S_1)+\varepsilon^2(S_1'+2S_0S_2+S_1^2)+\cdots=f(x) \tag{D.12}$$

と書ける．上式の小さなパラメータ ε について 2 乗項以上を無視すると

$$\begin{cases}\varepsilon^0 \text{ 項；} S_0^2(x)=f(x) & \text{(D.13)}\\ \varepsilon^1 \text{ 項；} S_0'(x)+2S_0(x)S_1(x)=0 & \text{(D.14)}\\ \varepsilon^2 \text{ 項；} \cdots \\ \quad\vdots \qquad \vdots \\ \varepsilon^n \text{ 項；} \cdots\end{cases}$$

となる．したがって式 (D.13) から

$$S_0(x)=\pm\sqrt{f(x)} \tag{D.15}$$

が求まる．また，式 (D.14) から

$$S_1(x)=-\frac{S_0'(x)}{2S_0(x)}=-\frac{1}{2S_0(x)}\frac{dS_0(x)}{dx} \tag{D.16}$$

を得る．ここで式 (D.7) について，近似として指数部の第 2 項までとると，

$$\begin{aligned}\varphi(x)&=\exp\left\{\frac{1}{\varepsilon}\int_x[S_0(x)+\varepsilon S_1(x)]dx\right\}\\&=\exp\left(\frac{1}{\varepsilon}\int_x S_0(x)dx\right)\cdot\exp\left(\int_x S_1(x)dx\right)\end{aligned} \tag{D.17}$$

である．上式の右辺に式 (D.15)，(D.16) を適用すると

[右辺第 1 項]　$$\exp\left(\frac{1}{\varepsilon}\int_x S_0(x)dx\right)=\exp\left(\pm\frac{1}{\varepsilon}\int_x\sqrt{f(x)}dx\right) \tag{D.18}$$

[右辺第 2 項]　$$\begin{aligned}\exp\left(\int_x S_1(x)dx\right)&=\exp\left[-\int_x\frac{1}{2S_0}\frac{dS_0}{dx}dx\right]\\&=\exp\left[-\frac{1}{2}\ln S_0(x)\right]\end{aligned}$$

$$= \exp\left[\ln \frac{1}{\sqrt{S_0(x)}}\right]$$

$$= \frac{1}{\sqrt{S_0(x)}} = [f(x)]^{-\frac{1}{4}} \tag{D.19}$$

である．ただし，第 2 項は実関数であることを考慮している．これらを式 (D.17) に当てはめると

$$\varphi(x) = [f(x)]^{-\frac{1}{4}} \exp\left(\pm\frac{1}{\varepsilon}\int_x \sqrt{f(x)}dx\right) \tag{D.20}$$

を得る．したがって式 (D.1) および任意のポテンシャル障壁を有するシュレーディンガー方程式の WKB 近似による一般形式解は次のように表せる．

$$\varphi(x) = a[f(x)]^{-\frac{1}{4}} \exp\left(\frac{1}{\varepsilon}\int_x \sqrt{f(x)}dx\right)$$
$$+ b[f(x)]^{-\frac{1}{4}} \exp\left(-\frac{1}{\varepsilon}\int_x \sqrt{f(x)}dx\right) \tag{D.21}$$

ただし，a, b は定数である．積分の範囲はポテンシャル障壁の領域をとる．

付 録【E】ルジャンドル関数と立方結晶磁気異方性

[I] ルジャンドル関数

球面境界値問題の 2 階線形微分方程式はルジャンドル微分方程式とよばれ，次式で与えられる．

$$(1-x^2)\frac{d^2y}{dx^2}-2x\frac{dy}{dx}+n(n+1)y=0 \tag{E.1}$$

上式の一般解は n 次のルジャンドル関数として与えられ，付録【A】のエルミート微分方程式の解法で用いたフロベニウスの方法によって導かれる．ここでは導出の手続きは省略して式 (E.1) の一般解を形式的に次式で表す．

$$y=a_0y_1(x)+a_1y_2(x) \tag{E.2}$$

ただし，a_0, a_1 は定数，$y_1(x)$ は偶数次の項だけからなる整級数，$y_2(x)$ は奇数次の項だけでなる整級数である．

$$\begin{aligned}y_1(x)&=1-\frac{n(n+1)}{2!}x^2+\frac{(n-2)n(n+1)(n+3)}{4!}x^4-\cdots\\ y_2(x)&=x-\frac{(n-1)(n+2)}{3!}x^3+\frac{(n-3)(n-1)(n+2)(n+4)}{5!}x^5-\cdots\end{aligned} \tag{E.3}$$

(i) n が 0 を含む偶数 $n=0,2,4,6,\cdots$, のとき，式 (E.2) の偶数次の項 $a_0y_1(x)$ の a_0 を適当にえらび，$x=1$ のとき $a_0y_1(x)=1$ となる関数を $P_n(x)$ で書き表すと，次のような多項式が得られる．

$$\left.\begin{aligned}P_0(x)&=1\\ P_2(x)&=\frac{1}{2}(3x^2-1)\\ P_4(x)&=\frac{1}{8}(35x^4-30x^2+3)\\ &\ \ \vdots\end{aligned}\right] \tag{E.4}$$

(ii) $n=$ 奇数の自然数 $n=1,3,5,\cdots$ のとき $P_n(x)$；

$$\left.\begin{aligned}P_1(x)&=x\\ P_3(x)&=\frac{1}{2}(5x^3-3x)\\ P_5(x)&=\frac{1}{8}(63x^5-70x^3+15x)\\ &\ \ \vdots\end{aligned}\right] \tag{E.5}$$

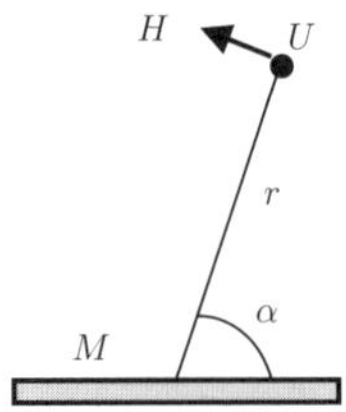

図 E.1 磁気双極子模型.

関数 $P_n(x)$ はルジャンドル関数，式 (E.4) および式 (E.5) の級数表示はルジャンドル多項式とよぶ．なお関数 $P_n(x)$ はロートリグの公式

$$P_n(x) = \frac{1}{2^n n!}\frac{d^n}{dx^n}(x^2-1)^n \tag{E.6}$$

で定義される.

[II] 立方結晶磁気異方性エネルギーの導出

議論を簡明にするため立方晶の対称格子内の磁気双極子が作るポテンシャル・エネルギーを考える.

図 E.1 に示すように磁気双極子 M の中心から任意の距離 r の点につくるポテンシャル・エネルギー U は r 方向と磁気双極子とのなす角（仰角）を α とすると次式で与えられる.

$$U = B\cos\alpha \tag{E.7}$$

ただし，B は定数である.

$$B = \frac{M}{4\pi\mu_0 r^2} \tag{E.8}$$

ここで式 (E.7) 右辺の方向余弦の立方対称をとるため，式 (E.4)，式 (E.5) を用いてルジャンドル多項式に展開する．ただし，変数 x は式 (E.7) の $\cos\alpha$ に対応する.

(i) $x = \cos\alpha$ の次数が偶数 $n\,(= 0, 2, 4, \cdots)$ の場合

$$\begin{aligned}
n &= 0; \qquad P_0(\cos\alpha) = 1 \\
n &= 2; \qquad P_2(\cos\alpha) = \frac{3}{2}\left(\cos^2\alpha - \frac{1}{3}\right) \\
n &= 4; \qquad P_4(\cos\alpha) = \frac{35}{8}\cos^4\alpha - \frac{15}{4}\cos^2\alpha + \frac{3}{8} \\
&\vdots \qquad\qquad \vdots \qquad\qquad \vdots
\end{aligned} \tag{E.9}$$

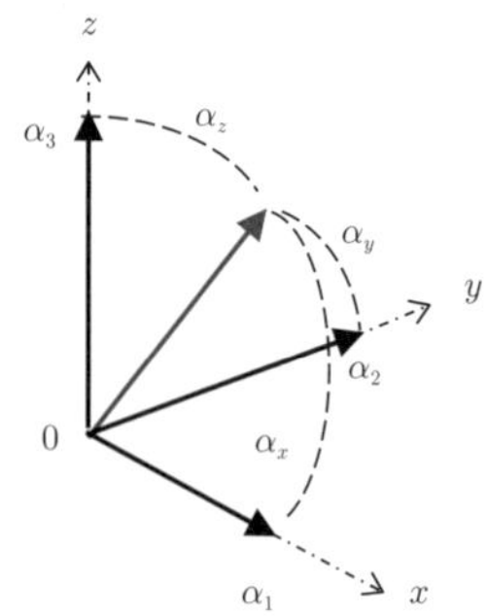

図 E.2　立方晶における 3 軸方向への方向余弦 $(\alpha_1, \alpha_2, \alpha_3)$.

(ii) $x = \cos\alpha$ の次数が奇数 $n\,(= 1, 3, 5, \cdots)$ の場合

$$
\begin{aligned}
n &= 1; \qquad P_1(\cos\alpha) = \cos\alpha \\
n &= 3; \qquad P_3(\cos\alpha) = \frac{5}{2}\cos^3\alpha - \frac{3}{2}\cos\alpha \\
n &= 5; \qquad P_5(\cos\alpha) = \frac{63}{8}\cos^5\alpha - \frac{35}{4}\cos^3\alpha + \frac{15}{8}\cos\alpha \\
&\vdots \qquad\qquad \vdots \qquad\qquad \vdots
\end{aligned}
\tag{E.10}
$$

図 9.25 の測定例で示したように磁気異方性は結晶の格子軸に対する軸対称性によるもので，格子点の点対称はとらない．この条件を満たすのは x の次数が偶数の場合だけ，すなわち式 (E.2) 式 (E.3) の偶関数の項である．点対称は奇関数であるので異方性には入らない．一般解は式 (E.1) の 6 次以上の値は小さいので無視して 4 次の項まで取り入れる．

$$
y_1(\cos\alpha) = c_1 + c_2\cos^2\alpha + c_3\cos^4\alpha + \cdots \tag{E.11}
$$

ただし，$c_j\ (j = 1, 2, 3, \cdots)$ 係数である．

$$
c_1 = a_0 - \frac{1}{2}a_2 + \frac{3}{8}a_4, \quad c_2 = \frac{3}{2}a_2 - \frac{15}{4}a_4, \quad c_3 = \frac{35}{8}a_4, \cdots, \tag{E.12}
$$

次に立方晶における磁気異方性軸の 3 軸方向への方向余弦を図 E.2 のようにとる．

$$
\alpha_1 = \cos\alpha_x, \quad \alpha_2 = \cos\alpha_y, \quad \alpha_3 = \cos\alpha_z \tag{E.13}
$$

この系の方向余弦を式 (E.11) に適用すると

$$
y_1(\alpha_1, \alpha_2, \alpha_3) = c_1 + c_2(\alpha_1 + \alpha_2 + \alpha_3)^2 + c_3(\alpha_1 + \alpha_2 + \alpha_3)^4 + \cdots \tag{E.14}
$$

と表せる．対称性を考慮に入れて上式の右辺の計算を行う．

第 1 項；

$$c_1 = \text{定数（定数なので異方性には関係しない）}$$

第 2 項；

$$\begin{aligned}(\alpha_1+\alpha_2+\alpha_3)^2 &= \alpha_1^2+\alpha_2^2+\alpha_3^2 \\ &\quad + 2(\alpha_1\alpha_2+\alpha_2\alpha_3+\alpha_3\alpha_1)\end{aligned} \tag{E.15}$$

ただし，方向余弦 2 次の公式（対称性）は

$$\alpha_1^2+\alpha_2^2+\alpha_3^2=1$$

である．また，式 (E.15) 右辺第 2 項は第 1 項の対称性に比べて低いので除外すると，式 (E.15) は

$$(\alpha_1+\alpha_2+\alpha_3)^2=1 \tag{E.16}$$

である．

第 3 項；

$$\begin{aligned}(\alpha_1+\alpha_2+\alpha_3)^4 &= \alpha_1^4+\alpha_2^4+\alpha_3^4 \\ &\quad + 2(\alpha_1^3\alpha_2+\alpha_1^2\alpha_2\alpha_3+\alpha_1^3\alpha_3+\alpha_2^3\alpha_1+\alpha_2^2\alpha_3\alpha_1 \\ &\quad + \alpha_2^3\alpha_3+\alpha_3^3\alpha_1+\alpha_3^2\alpha_1\alpha_2+\alpha_3^3\alpha_2) \\ &\quad + \alpha_1^2\alpha_2^2+\alpha_2^2\alpha_3^2+\alpha_3^2\alpha_1^2\end{aligned} \tag{E.17}$$

上式について方向余弦 4 次の公式

$$\alpha_1^4+\alpha_2^4+\alpha_3^4=1-2(\alpha_1^2\alpha_2^2+\alpha_2^2\alpha_3^2+\alpha_3^2\alpha_1^2)$$

および，括弧内の低対称性を考慮すると式 (E.17) は

$$(\alpha_1+\alpha_2+\alpha_3)^4=1-(\alpha_1^2\alpha_2^2+\alpha_2^2\alpha_3^2+\alpha_3^2\alpha_1^2) \tag{E.18}$$

と表される．

第 4 項；

上式の過程と同様に対称性を考慮すると次のように得られる．

$$(\alpha_1+\alpha_2+\alpha_3)^4=\alpha_1^2\alpha_2^2\alpha_3^2 \tag{E.19}$$

以上第 1 項から第 4 項までの計算結果を式 (E.14) に適用すると

$$y_1(\alpha_1,\alpha_2,\alpha_3)=\beta_0+\beta_1(\alpha_1^2\alpha_2^2+\alpha_2^2\alpha_3^2+\alpha_3^2\alpha_1^2)+\beta_2\alpha_1^2\alpha_2^2\alpha_3^2 \tag{E.20}$$

となる．ただし，$\beta_0, \beta_1, \beta_2$ は係数 $a_0; c_1, c_2, c_3$ による定数係数である．上式を式 (E.7) へ適用すると，方向余弦表示によるポテンシャル・エネルギーは

$$\begin{aligned} U(\alpha_1, \alpha_2, \alpha_3) &= By_1(\alpha_1, \alpha_2, \alpha_3) \\ &= K_0 + K_1(\alpha_1^2\alpha_2^2 + \alpha_2^2\alpha_3^2 + \alpha_3^2\alpha_1^2) + K_2\alpha_1^2\alpha_2^2\alpha_3^2 \end{aligned} \tag{E.21}$$

で書ける．ただし，K_0, K_1, K_2 は定数である．特に上式右辺の第 2 項以降は立方結晶の磁気異方性エネルギー E_A を意味しており

$$E_A = K_1(\alpha_1^2\alpha_2^2 + \alpha_2^2\alpha_3^2 + \alpha_3^2\alpha_1^2) + K_2\alpha_1^2\alpha_2^2\alpha_3^2. \tag{E.22}$$

その係数 K_1, K_2 を立方結晶磁気異方性定数とよぶ．

付 録【F】有効質量

[I] 有効質量の概念

[i] 電気伝導の担体　電気伝導に係わる担体（電子や正孔など）が固体内のポテンシャル・エネルギーなどにより影響を受ける場合，担体の質量は電子の質量 m ではなく見かけの質量 $m^*(= m_e; m_h)$

$$\frac{1}{m^*} = \frac{1}{\hbar^2}\frac{d^2E(k)}{dk^2} \tag{F.1}$$

で与えられ，これを有効質量 m^* という．ただし $E(k)$ は波数 k で表されるバンド・エネルギーである．エネルギー・バンドは式 (5.14) により波数 k の 2 次曲線で表され，価電子帯の上端は負の曲率で，また，伝導帯の下端は正の曲率で与えられる．式 (5.14) の右辺の係数の質量は，伝導電子の m^* が負の値（電荷 $q = -e$）をとる．電子が価電子帯から伝導帯へ移ると，抜け跡には正の m^* 値の正孔（電荷 $q = e$）が生成される．

m^* の値は，結晶の種類，同じ結晶の格子軸の方向によって異なる．そのため有効質量 m^* はテンソル形式

$$\left(\frac{1}{m*}\right) = \frac{1}{\hbar^2}\left[\frac{d^2E(k)}{dk_\alpha dk_\beta}\right] \quad (\alpha, \beta = x, y, z) \tag{F.2}$$

で与えられる．ここで電子の移動速度は群速度 v_g による．すなわち，結晶内で伝導に寄与するすべての電子や正孔を定常状態における波動関数の重ね合わせた波束とみなし，この波束の伝わる速度を群速度 v_g という．この伝導に係わる波束の運動状態は下記の形式に従う．

・運動量：　$$p(k) = m^* v_g(k) = \hbar k \tag{F.3}$$

・エネルギー：　$$E(k) = \frac{p^2(k)}{2m^*} + U = \frac{\hbar^2}{2m^*}k^2 + U \tag{F.4}$$

（U；結晶内の電子の位置エネルギー）

・ローレンツ力：　$$m^*\frac{dv_g(k)}{dt} = eE \quad (E\ \text{電場}) \tag{F.5}$$

(a) 群速度 v_g の形式

式 (F.3) より

$$v_g = \frac{\hbar k}{m^*} \tag{F.6}$$

およびエネルギーの波数に対する変化率は式 (F.4) より

$$\frac{dE(k)}{dk} = \frac{\hbar^2}{m^*}k \tag{F.7}$$

式 (F.6) と式 (F.7) から

$$\therefore v_g = \frac{1}{\hbar}\frac{dE(k)}{dk} \tag{F.8}$$

(b) 有効質量 m^* の形式

式 (E.8) を時間 t で微分

$$\frac{dv_g}{dt} = \frac{1}{\hbar}\frac{d}{dt}\left[\frac{dE(k)}{dk}\right] = \frac{1}{\hbar}\frac{d^2E}{dk^2}\left(\frac{dk}{dt}\right) \tag{F.9}$$

ここで式 (F.9) の右辺の dk/dt は，式 (F.3) により

$$\frac{dk}{dt} = \frac{m^*}{\hbar}\frac{dv_g}{dt} = \frac{m^*}{\hbar}\frac{eE}{m^*} = \frac{eE}{\hbar} \tag{F.10}$$

式 (F.5) と式 (F.10) を式 (F.9) に適用する

$$\frac{eE}{m^*} = \frac{1}{\hbar}\frac{d^2E}{dk^2}\left(\frac{eE}{\hbar}\right) \tag{F.11}$$

$$\therefore \frac{1}{m^*} = \frac{1}{\hbar^2}\frac{d^2E}{dk^2} \tag{F.12}$$

[ii] 電子の有効質量　固体内の自由電子（質量 m，電荷 $q=-e$）は，弱い電磁場の作用下でローレンツ力

$$m^*\left(\frac{d\boldsymbol{v}}{dt} + \frac{\boldsymbol{v}}{\tau}\right) = -e(\boldsymbol{E} + \boldsymbol{v}\times\boldsymbol{B}) \tag{F.13}$$

を受ける．その際，電子の運動量の変化分 ($\delta\boldsymbol{p} = md\boldsymbol{v}/dt$) を質量の変化により m ではなく見かけの質量（電子の有効質量）m^* で補われることを示している．

[II] 半導体における有効質量の測定

半導体の有効質量はサイクロトロン共鳴を用いて測定できる．図 F.1 に示すように半導体の担体（電子と正孔）の有効質量 m^* とする．これに磁束密度 B の磁場を作用すると，担体はローレンツ力がはたらいて磁場の作用軸のまわりで回転運動をする．この回転運動の角速度 ω_c は

$$\omega_c = \frac{qB}{m^*} \tag{F.14}$$

で与えられる．したがって，m^* の値は上式に従って，外部から振動数 ω の電場を作用し，$\omega = \omega_c$ の共鳴スペクトルを測定すれば得られる．

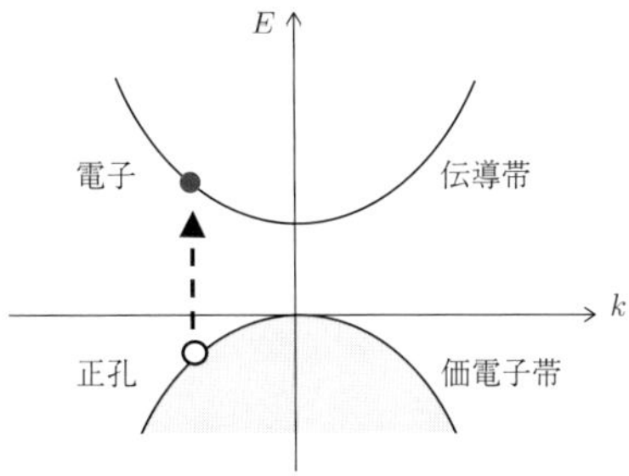

図 F.1　半導体エネルギー・バンドの概念図.
有効質量 m^*（正孔 $m^* = m_h > 0$, 電子 $m* = m_e < 0$）

付録【G】結晶系一覧

結晶系： ブラベイ格子	軸長，軸間角および面間隔 ミラー指数 (h,k,l) 格子定数 $(a,b,c;\alpha,\beta,\gamma)$ 面間隔 d
立方晶： (cubic) 単純，体心，面心	軸 長 $a=b=c$ ； 軸間角 $\alpha=\beta=\gamma=90^\circ$ $\dfrac{1}{d^2}=\dfrac{h^2+k^2+l^2}{a^2}$
正方晶： (tetragonal) 単純，体心	軸 長 $a=b\neq c$ ； 軸間角 $\alpha=\beta=\gamma=90^\circ$ $\dfrac{1}{d^2}=\dfrac{h^2+k^2}{a^2}+\dfrac{l^2}{c^2}$
直方晶（斜方晶）： (orthorhombic) 単純，体心， 一面，心面心	軸 長 $a\neq b\neq c$ ； 軸間角 $\alpha=\beta=\gamma=90^\circ$ $\dfrac{1}{d^2}=\dfrac{h^2}{a^2}+\dfrac{k^2}{b^2}+\dfrac{l^2}{c^2}$
斜方面体晶： (rhombohedral) 単純	軸 長 $a=b\neq c$ ； 軸間角 $\alpha=\beta=\gamma\neq 90^\circ$ $\dfrac{1}{d^2}=\dfrac{(h^2+k^2+l^2)\sin^2\alpha+2(h\,k+k\,l+l\,h)(\cos^2\alpha-\cos\alpha)}{a^2(1-3\cos^2\alpha+2\cos^3\alpha)}$
六方晶： (hexagonal) 単純	軸 長 $a=b\neq c$；軸間角 $\alpha=\beta=90^\circ$, $\gamma=120^\circ$ $\dfrac{1}{d^2}=\dfrac{4}{3}\left(\dfrac{h^2+h\,k+k^2}{a^2}\right)+\dfrac{l^2}{c^2}$
単斜晶： (monoclinic) 単純，一面心	軸 長 $a\neq b\neq c$ ； 軸間角 $\alpha=\gamma=90^\circ\neq\beta$ $\dfrac{1}{d^2}=\dfrac{1}{\sin^2\beta}\left(\dfrac{h^2}{a^2}+\dfrac{k^2\sin^2\beta}{b^2}+\dfrac{l^2}{c^2}-\dfrac{2k\,l\cos\beta}{ac}\right)$
三斜晶： (triclinic) 単純	軸 長 $a\neq b\neq c$ ； $\alpha\neq\beta\neq\gamma\neq 90^\circ$ $\dfrac{1}{d^2}=\dfrac{S_{11}h^2+S_{22}k^2+S_{33}l^2+2(S_{12}hk+S_{23}kl+S_{13}hl)}{V^2}$ $S_{11}=b^2c^2\sin^2\alpha,\quad S_{22}=a^2c^2\sin^2\beta,\quad S_{33}=a^2b^2\sin^2\gamma$ $S_{12}=abc^2(\cos\alpha\cos\beta-\cos\gamma), S_{23}=a^2bc(\cos\beta\cos\gamma-\cos\alpha)$ $S_{31}=ab^2c(\cos\gamma\cos\alpha-\cos\beta)$

結晶系	ブラベイ格子
立方晶	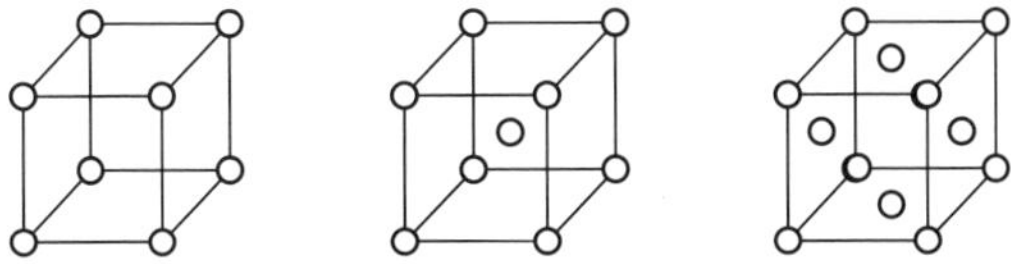 単純立方　体心立方　面心立方
正方晶	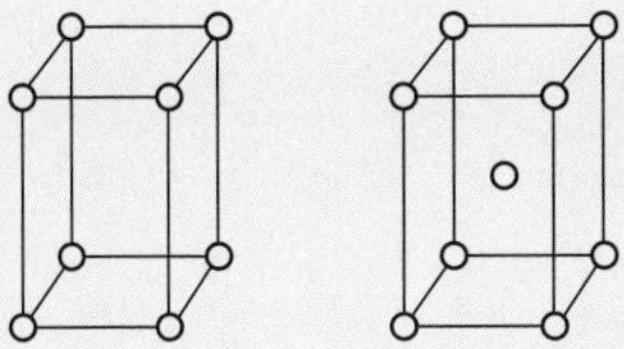 単純正方　体心正方
直方晶（斜方晶）	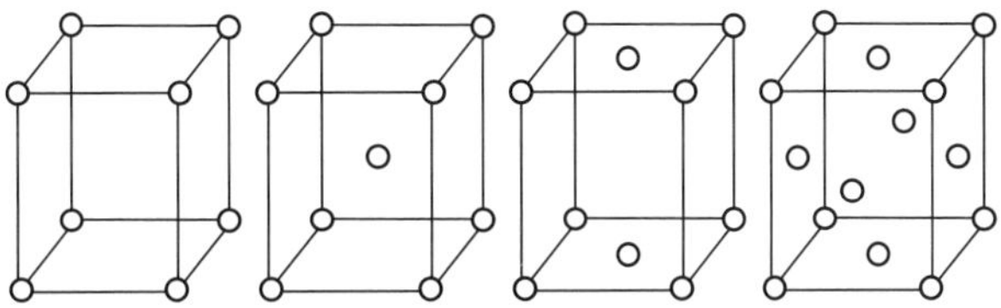 単純斜方　体心斜方　一面心斜方　面心斜方
斜方面体晶	単純斜方面体 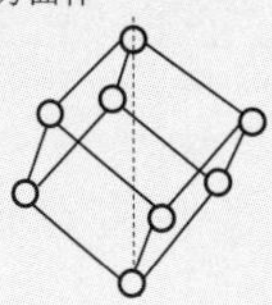
六方晶	単純六方 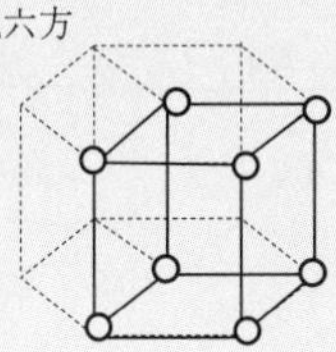
単斜晶	単純単斜 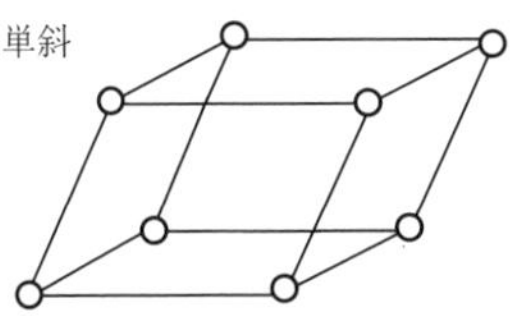 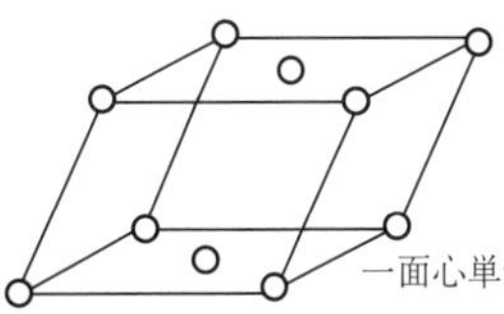 一面心単斜
三斜晶	単純三斜 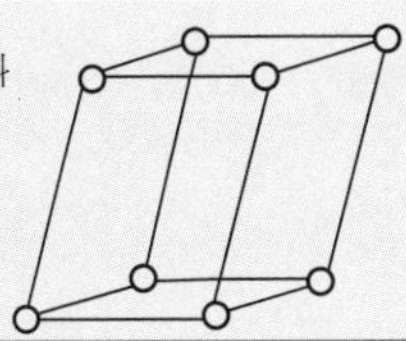

付録【H】物理定数（単位系 SI）

物理量	定数［単位］
重力加速度（標準値）	$g_0 = 9.80665$ [m/s^2]
万有引力定数	$G = 6.674 \times 10^{-11}$ [Nm^2/kg^2]
大気圧（標準値）	$p_0 = 1$ [atm] $= 1013.25$ [hPa] $= 760$ [mmHg]
光の速度（真空中）	$c = 2.9979 \times 10^8$ [m/s]
アボガドロ数	$N_0 = 6.02214179 \times 10^{23}$ [1/mol]
ボルツマン定数	$k_B = 1.3806504 \times 10^{-23}$ [J/K]
気体定数	$R_0 = N_0 k_B = 8.314472$ [J/mol $\cdot$ K]
プランク定数	$h = 6.62606896 \times 10^{-34}$ [J $\cdot$ s] $\hbar = \dfrac{h}{2\pi} = 1.054571628 \times 10^{-34}$ [J $\cdot$ s]
陽子質量	$m_p = 1.672621637 \times 10^{-27}$ [kg]
中性子質量	$m_n = 1.674927211 \times 10^{-27}$[kg]
電子質量	$m_e = 9.10938215 \times 10^{-31}$ [kg]
電荷素量	$e = 1.602176487 \times 10^{-19}$ [C]
電子比電荷	$\dfrac{-e}{m_e} = -1.758820150 \times 10^{11}$ [C/kg]
透磁率（真空中）	$\mu_0 = 4\pi \times 10^{-7}$[H/m] $= 1.2566370614 \times 10^{-6}$ [H/m]
誘電率（真空中）	$\varepsilon_0 = \dfrac{1}{\mu_0 c^2} = 8.854187817 \times 10^{-12}$ [F/m]
ボーア半径	$a_0 = \dfrac{4\pi\varepsilon_0 \hbar^2}{m_e e^2} = 5.2917720859 \times 10^{-11}$ [m]
ボーア磁子	$\mu_B = \dfrac{e\hbar}{2m_e} = 9.27400915 \times 10^{-24}$ [J/T]
核磁子	$\mu_N = \dfrac{e\hbar}{m_p} = 5.05078324 \times 10^{-27}$ [J/T]

電磁気の SI 単位系			
電気量	Q [クーロン C]	磁極	Q_m [ウェーバー Wb]
電束密度	D [C/m^2]	磁束	Φ [ウェーバー Wb]
分極	P [C/m^2]	磁束密度	B [Wb/m^2; テスラ T]
電流	J_e [アンペア A]	磁化	I [Wb/m^2; T]
電位	V [ボルト V]	磁場	H [A/m]
電場	E [V/m]	インダクタンス	L [ヘンリー H]
電気抵抗	R [オーム Ω]	透磁率	μ [H/m]
電気容量	C [ファラド F]		
誘電率	ε [F/m]		

SI 単位における電束密度と磁束密度の定義

$$D = \varepsilon_0 E + P$$

$$B = \mu_0 H + I$$

参考文献

[1] C. Kittel: Introduction to Solid State Physics (8th Edition), John Wiley & Sons, Inc., New York (2004).

[2] J. M. Ziman: Principles of the Theory of Solids (2nd Edition), Cambridge University Press (1979).

[3] B. D. Cullity 著, 松村源太郎 訳: 新版 X 線回折要論, アグネ承風社 (1999).

[4] N. W. Ashcroft and N. D. Mermin 著, 松原武生, 町田一成 訳: 固体物理の基礎（全 4 巻）, 吉岡書店 (1981～1982).

[5] H. P. Myers 著, 永澤耿 訳: 固体物理学概論:, アグネ技術センター (1993).

[6] 安達健五 監修: 金属の電子論 1, アグネ (1969).

[7] 安達健五 監修: 金属の電子論 2, アグネ (1990).

[8] 長岡洋介: 遍歴する電子, 産業図書 (1980).

[9] C. J. Ballhausen 著, 田中信行, 尼子義人 訳: 配位子場理論入門, 丸善 (1967).

[10] J. A. Stratton: Electromagnetic Theory, McGraw-Hill (1941).

[11] W. K. H. Panofsky and M. Phillips: Classical Electricity and Magnetism (2nd Edition), Addison-Wesley Pub. Co. (1962).

[12] 高橋英俊: 電磁気学 (物理学選書 3), 裳華房 (1959).

[13] R. C. O' Handley: Modern Magnetic Materials; Principles and Applications, John Wiley & Sons, Inc. (1999).

[14] C. Kittel: "Physical Theory of Ferromagnetic Domains." Reviews of Modern Physics Vol. 21, No. 4 (1949) 541.

[15] 中嶋貞雄: 超伝導入門, 培風館 (1971).

[16] 津田惟雄, 那須奎一郎, 藤森淳, 白鳥紀一: 電気伝導性酸化物（改訂版）, 裳華房 (1993).

[17] 小泉義晴, 高橋宣明: 固体電子論の基礎, 東海大学出版会 (1997).

[18] 小泉義晴, 高橋宣明: 固体物性論の基礎, 東海大学出版会 (1998).

[19] 小泉義晴, 高橋宣明: 篠崎寿夫: 現代工学のための量子力学の数理入門, 現代工学社 (1999).

索　引

◀さ▶

た

◀ま▶

◀や▶

◀ら▶

◀わ▶

●監修者紹介●

小泉　義晴（こいずみ　よしはる）

1963 年　東海大学 工学部 応用理学科 卒業

現　在　東海大学 名誉教授，工学博士

専門分野　応用物性

●著者紹介●

千葉　雅史（ちば　まさふみ）

1987 年　東海大学大学院 工学研究科 応用理学専攻 修了

現　在　東海大学 工学部 精密工学科 教授，博士（工学）

専門分野　電子物性物理学

内田　ヘルムート貴大（うちだ　へるむーとたかひろ）

2016 年　ドイツ・ゲッティンゲン大学 物理学部 材料物理学研究所
(Institut fuer Materialphysik) 博士課程 修了

現　在　東海大学 工学部 機械工学科 准教授，Dr.rer.nat. (Ph.D.)

専門分野　材料工学・材料物理学

大学生の固体物理入門

Fundamentals of
Solid State Physics

2021 年 9 月 25 日　初版 1 刷発行
2024 年 2 月 15 日　初版 2 刷発行

検印廃止
NDC 420, 428.4

ISBN 978–4–320–03615–4

監修者　小泉 義晴

著　者　千葉 雅史
内田 ヘルムート貴大

発行者　南條光章

発行所　**共立出版株式会社**

〒112–0006
東京都文京区小日向4丁目6番19号
電話（03）3947–2511（代表）
振替口座 00110–2–57035
URL www.kyoritsu-pub.co.jp

印　刷　藤原印刷

製　本　ブロケード

一般社団法人
自然科学書協会
会員

Printed in Japan